光盘界面

案例欣赏

案例欣赏

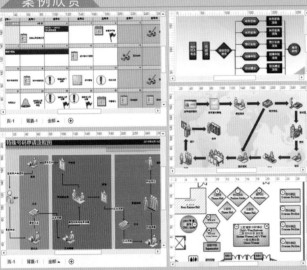

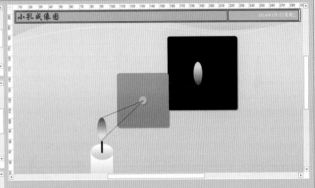

视频文件

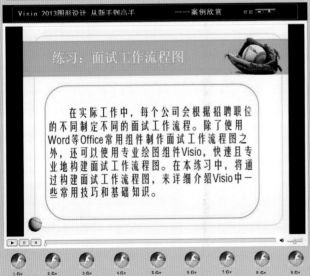

素材下载

案例欣赏

办公室布局图
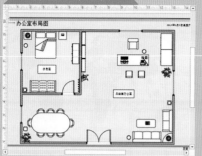

道路施工进度表
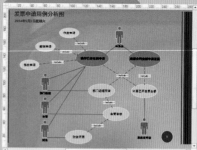

发票申请用例分析图

风险评估流程图
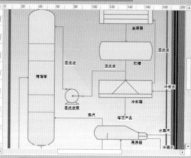

工艺流程图
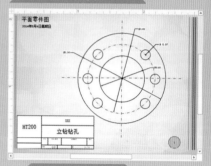

平面零件图

企业组织结构图
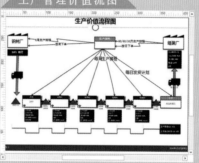

生产管理价值流图
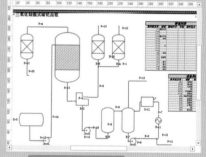

生产设备图

施工计划图
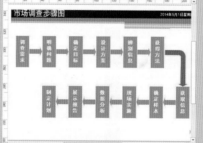

市场调查步骤图
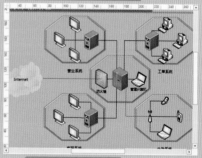

网络计费系统拓扑图
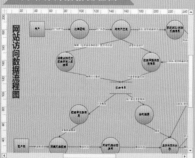

网站访问数据流程图
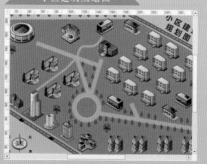

小区建筑规划图
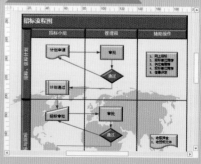

招标流程图

从新手到高手

ViSiO
2013 图形设计
从新手到高手

□ 郭新房 孙岩 等 编著

清华大学出版社
北京

内 容 简 介

Visio 2013 是微软公司所研发的办公软件之一，也是目前市场上主流的绘图软件。本书由浅入深地介绍了使用 Visio 2013 制作商业图形、图表和流程图的方法，详细介绍了使用 Visio 设计不同类型流程图形的经验与过程。全书共分为 18 章，涵盖了 Visio 2013 概述、管理绘图文档、使用形状、编辑文本、应用主题和样式、应用图像、应用图表、应用 Visio 数据、构建常规图表、构建流程图、构建日程安排图、构建网络图、构建商务图、构建工程图、构建软件和数据库图等内容。本书将枯燥乏味的基础知识与案例相融合，秉承了基础知识与实例相结合的特点。通过本书的学习，读者不仅可以掌握 Visio 2013 的知识点，而且还可以将本书中的经典案例应用到实际工作中。

本书简单易懂、内容丰富、结构清晰、实用性强、案例经典，适合于项目管理人员、办公自动化人员、大中院校师生及计算机培训人员使用，同时也是 Visio 爱好者的必备参考书。

图书在版编目（CIP）数据

Visio 2013 图形设计从新手到高手/郭新房，孙岩等编著. —北京：清华大学出版社，2014（2022.1重印）
（从新手到高手）
ISBN 978-7-302-37223-3

Ⅰ. ①V… Ⅱ. ①郭… ②孙… Ⅲ. ①图形软件 Ⅳ. ①TP391.41

中国版本图书馆 CIP 数据核字（2014）第 152102 号

责任编辑：冯志强
封面设计：吕单单
责任校对：徐俊伟
责任印制：刘海龙

出版发行：清华大学出版社
       网   址：http://www.tup.com.cn，http://www.wqbook.com
       地   址：北京清华大学学研大厦 A 座   邮   编：100084
       社 总 机：010-62770175   邮   购：010-83470235
       投稿与读者服务：010-62776969，c-service@tup.tsinghua.edu.cn
       质量反馈：010-62772015，zhiliang@tup.tsinghua.edu.cn
印 装 者：三河市铭诚印务有限公司
经   销：全国新华书店
开   本：190mm×260mm   印   张：21.25   插 页：1   字   数：612 千字
       （附光盘 1 张）
版   次：2014 年 12 月第 1 版   印   次：2022 年 1 月第 9 次印刷
定   价：59.80 元

产品编号：057921-01

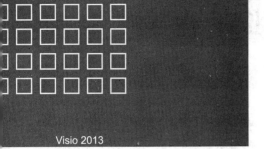

前　言

Visio 2013 是 Microsoft 公司推出的新一代商业图表绘制软件，其界面友好、操作简单、功能强大，便于用户以可视化的方式处理、分析和交流复杂信息或系统，以便做出更好的业务决策。Visio 2013 增加了多种功能以提高用户绘制图形的效率，改进了操作界面，使用户在绘图时更加快捷。另外，提供了通过数据控制矢量图形的功能，用户可以直接为矢量图形添加数据表和制作数据图形，增强图形与数据库之间的关联。

本书是一本典型的实例教程，由多位经验丰富的 Visio 图形设计师编著而成。并且，立足于企事业办公自动化和数字化，详细介绍各种商业图形的设计方法。

本书内容

全书系统全面地介绍了 Visio 2013 的应用知识，每章都提供了丰富的实用案例，用来巩固所学知识。本书共分为 18 章，内容概括如下：

第 1 章 Visio 2013 概述，包括 Visio 2013 简介、Visio 2013 新增功能、Visio 2013 界面介绍、Visio 2013 窗口介绍等内容；第 2 章管理绘图文档，包括创建绘图文档、管理绘图页、美化绘图页、设置文档页面等内容；第 3 章使用形状，包括排列形状、连接形状、美化形状、获取形状、形状的高级操作等内容。

第 4 章编辑文本，包括创建文本、使用公式和标注、设置字体格式、设置段落格式等内容；第 5 章应用主题和样式，包括应用主题、自定义主题、应用样式、自定义图案样式等内容；第 6 章应用图像，包括插入图片、编辑图片、调整图片效果、设置图片格式等内容。

第 7 章应用图表，包括创建图表、编辑图表、设置图表格式、设置图表布局等内容；第 8 章应用 Visio 数据，包括设置形状数据、使用形状数据表、使用数据图形等内容；第 9 章构建常规图表，包括构建框图、构建层级树、构建三维块图、构建扇状图等内容。

第 10 章构建流程图，包括构建基本流程图、构建跨职能流程图、构建工作流和工作流程图等内容；第 11 章构建日程安排图，包括构建日历、构建日程表、构建甘特图、构建 PERT 图等内容；第 12 章构建网络图，包括构建基本网络图、构建详细网络图、构建机架图、构建记录目录服务图等内容。

第 13 章构建商务图，包括构建图表、构建灵感触发图、构建组织结构图、使用数据透视图表等内容；第 14 章构建地图和平面布置图，包括构建建筑图、构建空间设计图、构建建筑附属图等内容；第 15 章构建工程图，包括构建工艺流程图、构建电气工程图、构建机械工程图等内容。

第 16 章构建软件和数据库图，包括构建 UML 模型、构建网站图、构建软件开发图等内容；第 17 章 Visio 协同办公，包括发图绘图、共享绘图、打印绘图文档、Visio 协同其他软件等内容；第 18 章自定义 Visio 应用，包括自定义模板、自定义模具、自定义功能区和自定义快速访问工具栏等内容。

本书特色

本书是一本介绍 Visio 2013 基础知识与实用技巧的教程，编者在编写过程中精心设计了丰富的体例，可帮助读者顺利学习本书内容。

❑ **系统全面，超值实用**。全书提供了 30 多个练习案例，通过案例的分析与制作讲解 Visio 2013 的应用知识。在实例部分，除了详细介绍实例的应用知识，还在侧栏中同步介绍相关联的知识要点。每章穿插大量提示、分析、注意和技巧等栏目，构筑了面向实际的知识体系。本书采用了紧凑的体例和版式，相同的内容下，篇幅缩减了 30% 以上。

- □ **串珠逻辑，收放自如。** 统一采用三级标题灵活安排全书内容，摆脱了普通教程按部就班讲解的窠臼。每章都配有扩展知识点，便于用户查阅相应的基础知识。内容安排收放自如，方便读者学习。

- □ **全程图解，快速上手。** 各章内容分为基础知识、实例演示和疑难解答三部分，全部采用图解方式，图像均做了大量的裁切、拼合、加工，信息丰富、效果精美，阅读轻松，上手容易。

- □ **书盘结合，相得益彰。** 本书使用 Director 技术制作了多媒体光盘，提供了本书实例的素材文件和全程配音教学视频文件，便于读者自学和跟踪练习。

- □ **知识链接，扩展应用。** 本书新增加了知识链接内容，摆脱了以往图书中只安排基础知识的限制，增加了一些 Visio 高级应用内容。本书中所有的知识链接内容，都以 PDF 格式存放在光盘中，方便读者学习知识链接中的案例与实际应用技巧。

读者对象

本书内容详尽、讲解清晰，全书包含 30 多个 Visio 2013 应用实例，以及 50 多个知识链接，全面介绍了 Visio 2013 的应用。本书制作了多媒体光盘，图文并茂。本书适合高职高专院校学生学习使用，也可作为计算机办公用户深入学习 Visio 2013 的参考资料。

参与本书编写的除了封面署名人员外，还有李海庆、王树兴、许勇光、马海军、祁凯、孙江玮、田成军、刘俊杰、王泽波、张银鹤、刘治国、阎迎利、何方、李海庆、王树兴、朱俊成、康显丽、崔群法、倪宝童、王立新、温玲娟、杨宁宁、郭晓俊、方宁、王黎、安征、亢凤林、李海峰等。由于水平有限，疏漏之处在所难免，欢迎读者朋友登录清华大学出版社的网站 www.tup.com.cn 与我们联系，帮助我们改进提高。

编　者

2014.5

目　录

第1章

Visio 2013 概述

Visio 是一种便于 IT 和商务专业人员就复杂信息、系统和流程进行可视化处理、分析和交流的软件，它不仅可以将用户的思想、设计与最终产品演变成形象化的图像进行传播，而且还可以帮助用户创建具有专业外观的图表，以便理解、记录和分析信息、数据、系统和过程。另外，Visio 还具有丰富文档内容、克服文字描述与技术障碍等优点，从而让图表变得更加简洁、易于阅读与理解。在本章中，将详细介绍 Visio 的应用领域、新增功能等基础知识。

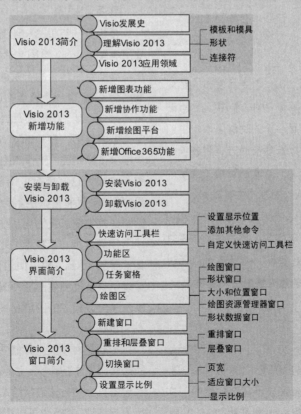

1.1 Visio 2013 简介　　　　　　　　难度星级：★★

在使用 Visio 2013 绘制专业的图表与模型之前，用户需要先了解一下 Visio 2013 的功能、应用领域、发展史及新增功能等，从而可充分地了解 Visio 2013。

1.1.1　Visio 发展史

简体中文版 Microsoft Office System 于 2003 年 11 月 13 日正式发布。Microsoft Office System 包括：Office 2003、Visio 2003、FrontPage2003、Publisher 2003 与 Project 2003，以及两个全新的程序 Microsoft Office OneNote 和 Microsoft Office InfoPath。Visio 2003 中文版超强的功能和全新的以用户为中心的设计，使用户更易于发现和使用其现有功能。

在基于 Visio 2003 的基础上，微软于 2007 年发布了 Visio 2007 版本，该版本在界面上延续了 2003 版特色，增加了快速入门、自动连接形状、集成数据和协同工作等新功能。

随后，Visio 2010 于 2010 年 4 月发布，相对于 Visio 2007 来讲，Visio 2010 采用了全新的 Microsoft Office Fluent 界面，新的功能区取代了旧版本中的命令工具栏，并以选项卡的方式将各项命令进行分组。除此之外 Visio 2010 还新增了全新的形状窗口、数据图形图例、图表结构等功能。

在 2013 年，微软公司发布了最新的 Visio 2013 版本，该版本有助于 IT 和商务人员对各类信息进行分析、交流、可视化处理等，并且还可以通过 Visio 订阅，与团队合作创建先进的多用途图表。

1.1.2　理解 Visio 2013

Microsoft Office Visio 2013 可以帮助用户轻松地可视化分析与交流复杂的信息，并可以通过创建与数据相关的 Visio 图表来显示复杂的数据与文本。Office Visio 2013 包含 Visio 标准版 2013、Visio 专业版 2013 和 Visio Pro for Office 365 版。各版本的具体功能如下所述。

- ❑ **Visio 标准版 2013 版**　该版本可以使用一组丰富的全新和经过更新的形状和模具，轻松地创建多重用途的图表。
- ❑ **Visio 专业版 2013 版**　该版本可以进行团队合作，轻松地创建和共享可简化复杂信息的专业级图表。
- ❑ **Visio Pro for Office 365 版**　该版本可以通过 Office 365 订阅最新服务，并可利用 Visio 专业版 2013 的所有功能。

Office Visio 2013 利用强大的模板（Template）、模具（Stencil）与形状（Shape）等元素，来实现各种图表与模具的绘制功能。各种元素的具体情况，如下所述。

1．模板和模具

模板是一组模具和绘图页的设置信息，是一种专用类型的 Visio 绘图文件，是针对某种特定的绘图任务而组织起来的一系列主控图形的集合，其扩展名为.vst。每一个模板都由设置、模具、样式或特殊命令组成。模板设置绘图环境，可以适合于特定类型的绘图。在 Office Visio 2013 中，主要为用户提供了网络图、工作流图、数据库模型图、软件图等模板，这些模板可用于可视化和简化业务流程、跟踪项目和资源、绘制组织结构图、映射网络、绘制建筑地图以及优化系统。

模具是指与模板相关联的图件或形状的集合，其扩展名为.vss。模具中包含了图件，而图件是指可以用来反复创建图形的图形，通过拖动的方式可以迅速生成相应的图形。

2．形状

形状是在模具中存储并分类的图件，预先画好的形状叫做主控形状，主要通过拖放预定义的形状到绘图页上的方法进行绘图操作。形状具有内置的行为与属性，其行为可以帮助用户定位形状并正确地连接到其他形状；而属性主要显示用来描述或识别形状的数据。

在 Visio 2013 中，用户可以通过手柄来定位、伸缩及连接形状。形状手柄主要包括下列几种：

- ❑ **Selection 手柄**　使用该手柄可以改变形状的尺寸或增加连接符。该手柄在选择形状时会显示红色或蓝色的盒状区。
- ❑ **Rotation 手柄**　使用该手柄可以标识形状上的粘附连接符和线条的位置，其标识为蓝色的 X。
- ❑ **Control 手柄**　使用该手柄可以改变形状的外观，该手柄在某些形状上显示为黄色钻石形状。
- ❑ **Eccentricity 手柄**　使用该手柄可以通过拖动绿色的圆圈的方法，来改变弧形的形状。

3．连接符

在 Visio 2013 中，形状与形状之间需要利用线条来连接，该线条被称作为连接符。连接符会随着形状的移动而自动调整，其起点和终点标识了形状之间的连接方向。

Visio 2013 将连接符分为直接连接符与动态连接符两种。直接连接符是连接形状之间的直线，可以通过拉长、缩短或改变角度等方式来保持形状之间的连接。而动态连接符是连接或跨越连接形状之间的直线的组合体，可以通过自动弯曲、拉伸、直线弯角等方式来保持形状之间的连接。用户可通

过拖动动态连接符的直角顶点、连接符片段的终点、控制点或离心率手柄等方式来改变连接符的弯曲状态。

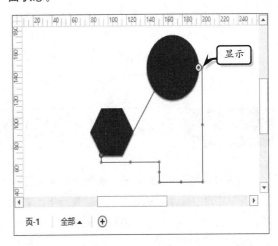

1.1.3　Visio 2013 应用领域

Visio 2013 已成为目前市场中最优秀的绘图软件之一，其强大的功能与简单的操作特性受广大用户所青睐，已被广泛应用于如下众多领域中：

- ❑ **软件设计**　用户可以使用 Visio 2013 设计软件的结构模型，一般情况下需要以流程图的样式设计非正式设计，然后开始编码，并根据实际操作修改系统设计，从而实现软件设计的整体过程。
- ❑ **项目管理**　用户可以使用时间线、甘特图、PERT 图等来设计项目管理的流程。例如，制作项目进度、工作计划、学习计划等项目管理模型。
- ❑ **企业管理**　用户可以使用 Visio 2013 来制作组织结构图、生产流程图等企业模型或流程图。通过企业管理可以调动员工的潜能与积极性，同时也可以使企业财务清晰、资本结构更加合理。
- ❑ **建筑**　建筑设计行业是使用 Visio 2013 软件最频繁的行业，用户可以利用 Visio 2013 软件来设计楼层平面图、楼盘宣传图、房屋装修图等。
- ❑ **电子**　在制作电子产品之前，用户可以利用 Visio 2013 来制作电子产品的结构

模型。

❑ **机械** Visio 2013 软件也可应用于机械制图领域，可以制作出像 AutoCAD 图一样精确的机械图。而且 Visio 2013 还具有与 AutoCAD 一样强大的绘图、编辑等功能。

❑ **通信** 在现代文明社会中，通信是推动人类社会文明、进步与发展的巨大动力。运用 Visio 2013 还可制作有关"通信"方面的图表。

❑ **科研** 科研是为了追求知识或解决问题的一项系统活动，用户还可以使用 Visio 2013 来制作科研活动审核、检查或业绩考核的流程图。

1.2　Visio 2013 新增功能

难度星级：★★

Visio 2013 不仅在易用性、实用性与协同工作等方面，实现了实质性的提升。而且其新增功能和增强功能使得创建 Visio 图表更为流畅，令人印象更加深刻。下面简单介绍一下 Visio 2013 的新增功能。

1.2.1　新增图表功能

当用户启用 Visio 2013 时，系统会自动进入【新建】页面，在该页面中系统为用户提供了 60 多种模板，以帮助用户轻松绘制各种图表。另外，用户还可以根据不同的场合和观众类型，套用新增的布景主题和效果功能，轻松地增加图表的变化性和美观性。

Visio 2013 还配备了最佳化的迷你工具列，让格式设定、新增连接器或调整图形配置等常用的作业程序变得更有效率。此外，Visio 2013 还具有快速修改图形的功能，该功能在不改变图形连接的外部数据或版面配置的情况下，大幅度地提升用户的作业效率。

1. 组织图模板的强化功能

组织图模板是 Visio 最常用的范本之一，新版本的 Visio 2013 全面更新了组织图模板功能。用户可以使用崭新的组织图精灵，加入外部数据来源或图片，轻松地绘制美观的组装图。另外，Visio 2013 还内置了各种组织图样式，除了常用的长条形之外，还具有圆形、格状、花瓣状等图形，以帮助用户根据个人喜好来绘制具有独特风格的组织图。

2. 更精致的设计感

Visio 2013 整合了 Office 系列产品的美工图库，为用户提供了焕然一新的图形样式。同时 Visio 2013 还内置了崭新的组织图模板与最新的设计款式，让用户可以依照个人喜好的设计风格来绘制各种图表。

另外，Visio 2013 还新增了【阴影】【柔边】【光晕】等各种特殊效果，帮助用户绘制具有专业水平且引人入胜的图表。

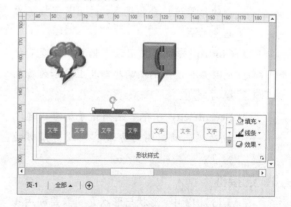

Visio 2013 的图形编辑操作方法类似于 PowerPoint 组件，用户可以像在 PowerPoint 中绘制图形一样自由地控制图形的样式、填充颜色、线条颜色和效果，对于平常惯用 PowerPoint 的用户来讲，Visio 2013 是一项不可多得的利器，可藉此制作出更高水平的项目报告。

3. 更丰富的主题和变体

Visio 2013 强化了布景主题与快速样式的外观自订功能，可以帮助用户制作出独具风格且更具整体感的图表。用户只需在【设计】选项卡中的【主题】与【变体】中选取喜好的样式，便能一次性变更图表的外观设计。

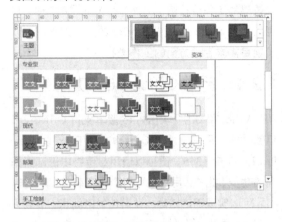

4．新增修改图形功能

Visio 2013 新增加了图形修改功能，可协助用户将已完成配置的图形修改成其他图形，让图表更加一目了然。在旧版本中修改图形时，必须先删除原有图形，然后添加新图形并重新进行设定、连接。但是，在 Visio 2013 中，用户只需选择需要更改的图形，执行【开始】|【编辑】|【更改形状】命令，即可快速更改现有的图形。

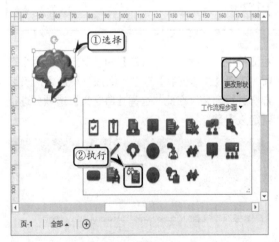

1.2.2　新增协作功能

Visio 2013 新增了小组共同协作的功能，该功能可以实现小组成员共同编辑图表，或者使用网页浏览器共同检阅图表，以及增加或编辑批注等。

1．共同编辑图表功能

在 Visio 2013 中，允许多名人员同时对同一张图表进行各项编辑作业，包括重新调整图表配置、新增图形或加入批注等。运用该功能，可以解决旧版本中使用电子邮件传阅图表，并将每个人所编修的部分重新整合的繁琐流程问题，达到快速且准确共同协作的目的。

2．使用网页浏览器共同检阅图表功能

在 Visio 2013 中，用户可以将图表储存在微软的 SharePoint 等信息共享平台中，让尚未安装 Visio 的使用者也能查看 Visio 图表。而 SharePoint 的 Visio Services 除了可以检阅图表之外，还可以为图表添加批注。另外，Visio 2013 还支持平板装置，让用户可随时随地从任何装置中存取相应的图表。

3．新增强大的批注功能

用户可以使用 Visio 2013 中新增的批注功能，在讨论串中建立和追踪批注回复，大幅改善了检阅时在图表上的沟通方式。

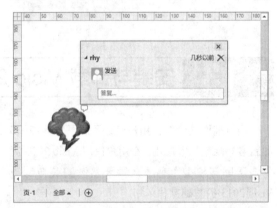

此外，Visio 还结合了微软的 Lync 产品，协助用户随时与共同编辑的成员进行语音通话或召开视讯会议。

1.2.3　新增绘图平台

Visio 2013 不仅新增了极具视觉效果的工作流程图，而且还新增加了支持 UML 2.4 和 BPMN 2.0 的绘图功能，以帮助用户绘制更加专业与精确的图表。

1．支持 UML 2.4

Visio 2013 新增了 UML 图形以及数据库的图

表，内置了 9 种可支持各类图表的模板，在帮助用户轻松绘制简单利落的图表的同时，便于用户使用新的图形和格式选项，增加图表的美观性和可读性。

另外，Visio 2013 突破旧版本以对话框方式为主的操作限制，改为以模板为基础的操作模式，以提高绘图效率。

2．支持 BPMN 2.0

Visio 2013 新增了支持最新的商业流程模型与示意图(BPMN) 2.0 规格的功能，以帮助用户建立符合全球统一标准的商业模型。

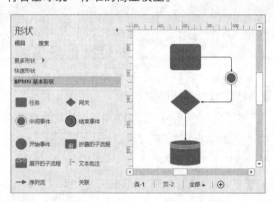

3．新增极具视觉效果的工作流程图

Visio 2013 支持 Workflow Foundation 4.0，新增了阶段或循环等自订动作，协助用户创建极具视觉效果的工作流程图。另外，在 Visio 2013 中，还可以创建 SharePoint 或 Project 的工作流程图，以及项目需求管理方面的工作流程图。

1.2.4　新增 Office 365 功能

Visio 2013 版本中的 Pro 版本支持 Office 365 订阅功能，用户可以从 Office 365 订阅安装 Visio Pro for Office 365，便可以使用与传统内部部署相同的功能。此外，用户还可将产品安装在多部计算机，可以实现随时随地，在最佳的时间点，准确完成 Visio 项目业务的功能。

另外，用户也可以选择透过云端服务，来下载全新的 Visio Pro for Office 365 组件。Office 软件除一般以套装版本或大量授权所提供的永久授权版本之外，还推出了云端版的 Office，该版本包含崭新的部署方式及对各种装置的支持等。

1.3　安装与卸载 Visio 2013

难度星级：★★

通过前面的介绍，用户已经了解了 Visio 2013 的新增功能与基本应用。在用户使用 Visio 2013 制作流程图与模型之前，还需要熟悉安装与卸载 Visio 2013 的基础操作。

1.3.1　安装 Visio 2013

虽然 Visio 2013 是 Office 套装中的一个组件，但是在 Office 软件安装程序中并不包含该组件，用户需要进行单独安装。在安装 Visio 2013 软件之前，用户需要先安装 Office 2013 软件，否则无法安装本软件。Visio 2013 的安装方法分为光盘安装与本地安装，两种安装的步骤一致。在此，主要以本地安装法来详细讲解安装 Visio 2013 的具体步骤。

在安装文件夹中双击 "setup" 文件，弹出【Microsoft Visio Professional 2013】对话框。在该

对话框中，包括【立即安装】和【自定义】两个选项，选择【立即安装】选项，则按系统内置的安装方法进行安装。在此，选择【自定义】选项，进行自定义安装。

此时，系统将自动展开【安装选项】选项卡，在该选项卡中主要列出了需要安装的组件选项，便于用户选择安装的具体内容和所需磁盘空间，在此将安装所有的组件。

然后，激活【文件位置】选项卡，单击【浏览】按钮选择安装位置，或者直接在文本框中输入安装位置。此时，系统会根据安装位置，自动显示安装源所需要的空间，以及驱动器空间。

最后，激活【用户信息】选项卡，在【全名】【缩写】和【公式/组织】文本框中输入相应的内容，单击【立即安装】按钮，开始安装 Visio 2013 组件。

1.3.2　卸载 Visio 2013

卸载 Visio 2013，即是从系统中删除 Visio 2013，其操作方法可分为自动卸载与控制面板卸载。在此，主要以自动卸载的方法来详细讲解卸载 Visio 2013 的操作方法。

在安装文件夹中双击 "setup" 文件，弹出【Microsoft Visio Professional 2013】对话框。选择【删除】选项，并单击【继续】按钮。在弹出的【安装】对话框中，单击【是】按钮。

此时，系统会自动卸载软件，并显示卸载进度。最后，单击【关闭】按钮，完成 Visio 2013 卸载。

1.4 Visio 2013 界面简介

难度星级：★★ ◎知识链接 1-1：妙用访问键

安装完 Visio 2013 之后，首先需要认识一下 Visio 2013 的工作界面。Visio 2013 与 Word 2013、Excel 2013 等常用 Office 组件的窗口界面大体相同。相对于旧版本的 Visio 窗口界面而言，更具有美观性与实用性。

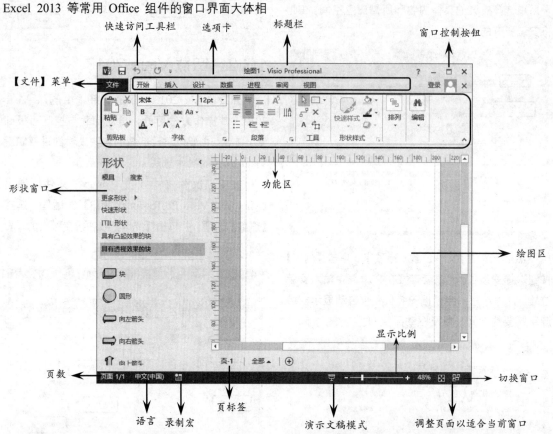

- 快速访问工具栏
- 选项卡
- 标题栏
- 窗口控制按钮
- 【文件】菜单
- 形状窗口
- 功能区
- 绘图区
- 显示比例
- 页数
- 切换窗口
- 语言
- 录制宏
- 页标签
- 演示文稿模式
- 调整页面以适合当前窗口

1.4.1 快速访问工具栏

快速访问工具栏是一个包含一组独立命令的自定义的工具栏。用户不仅可以向快速访问工具栏中添加表示命令的按钮，还可以从两个可能的位置之一移动快速访问工具栏。

1. 设置显示位置

Visio 2013 为用户提供了放置多项常用命令的快速工具栏，通过单击快速工具栏右侧的下拉按钮，可以将快速工具栏的位置调整为在功能区的下方，或在功能区的上方。

①执行
②显示

2. 添加其他命令

默认状态下快速工具栏中只显示【保存】【撤销】与【恢复】3 种命令，用户可通过单击快速工具栏右侧的下拉按钮,在列表中选择相应的命令的方法,为工具栏添加其他命令。

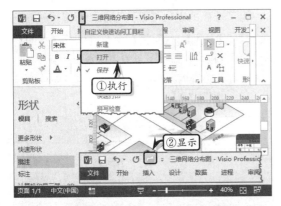

3．自定义快速访问工具栏

当快速工具栏下拉列表中的命令无法满足用户的操作需求时,用户可选择快速工具栏下拉列表中的【其他命令】命令,弹出【Visio 选项】对话框。选择相应的命令,单击【添加】按钮即可。

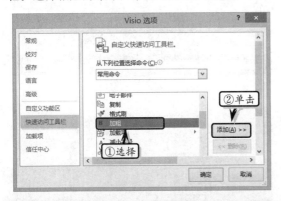

1.4.2　功能区

Visio 2013 中的功能区取代了老版本中的菜单命令,并根据老版本菜单命令的功能划分为开始、插入、设计、数据、进程、审阅和视图等选项卡,而每种选项卡下面又根据具体命令划分了多种选项组。

1．隐藏功能区

在 Visio 2013 中,用户可通过双击选项卡名称的方法,来打开或隐藏功能区。另外,右击选项卡名称,执行【折叠功能区】命令,也可隐藏功能区。

2．使用快捷键

用户还可以在打开 Visio 2013 的窗口中,按下 Alt 键,打开功能区快捷键。根据相应的快捷键执行选项卡命令,并在选项组中执行对应命令的快捷键。

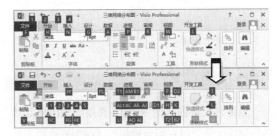

3．使用对话框启动器

选项组中所列出的命令都是一些最常用的命令,用户可通过单击选项组中的【对话框启动器】按钮,在打开的相应对话框中执行更多的同类型命令。例如,单击【开始】选项卡【字体】选项组中的【对话框启动器】按钮,便可以打开【文本】对话框。

1.4.3　任务窗格

任务窗格用来显示任务命令,该窗格一般处于隐藏状态,主要用于专业化设置,例如设置形状的大小和位置、形状数据、平铺和缩放等。在 Visio 2013 中,用户可通过执行【视图】|【显示】|【任务窗格】命令,在其列表中选择相应选项,来显示各种命令。

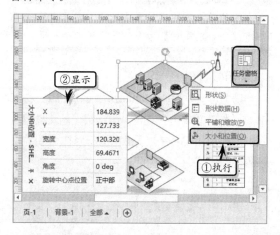

1.4.4　绘图区

绘图区位于窗口的中间,主要显示处于活动状态的绘图元素,用户可通过执行【视图】选项卡中的各种命令,来显示绘图窗口、形状窗口、绘图自由管理器窗口、大小和位置窗口、形状数据窗口等窗口。

1. 绘图窗口

绘图窗口主要用来显示绘图页,用户可通过绘图页添加形状或设置形状的格式。对于包含多个形状的绘图页来讲,用户可通过水平或垂直滚动条来

查看绘图页的不同区域。另外,用户可以通过选择绘图窗口底端的标签,来查看不同的绘图页。

为了准确的定位与排列形状,可以通过执行【视图】|【显示】|【网格】命令或执行【视图】|【显示】|【标尺】命令,来显示网格或标尺

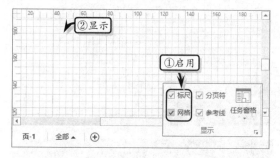

其中,标尺显示的单位会根据绘图类型与使用的比例尺度而改变,当用户使用框图时,标尺将以"英寸"为基本度量单位,当用户使用"场所"时,标尺将以"英尺"为基本度量单位。通过执行【设计】|【页面设置】|【对话框启动器】命令,在弹出的【页面设置】对话框中,激活【页属性】选项卡,在【度量单位】下拉列表中可选择标尺的度量单位。

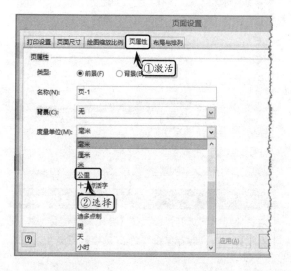

2. 形状窗口

形状窗口中包含了多个模具,用户可通过拖动模具中的形状到绘图窗口上的方法,来绘制各类图表与模型。用户可根据绘图需要,重新定位形状窗

口或单个模具的显示位置。同时，也可以将单个模具以浮动的方式显示在屏幕上的任意位置。

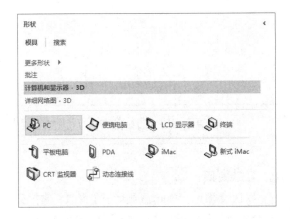

另外，用户还可以对形状窗口进行以下设置：

- ❑ **添加模具** 可以通过单击【更多形状】按钮，在列表中选择相应选项的方法，为形状窗口添加模具。
- ❑ **显示快速形状** 可以通过单击【快速形状】按钮，来显示当前页面中所有模具中的形状。
- ❑ **添加搜索选项** 可以通过激活【搜索】选项卡，在【搜索形状】文本框中输入形状名称，单击【开始搜索】图标即可显示搜索内容。
- ❑ **设置窗口大小** 直接拖动形状与绘图窗口间的垂直分隔条即可。
- ❑ **设置显示信息** 右击形状窗口的标题栏，在快捷菜单中选择相应的命令，即可更改显示在形状窗口中的信息。

3．大小和位置窗口

在绘制含有比例缩放的图表时，大小和位置窗口将是绘图的必备工具。用户可通过执行【视图】|【显示】|【任务窗格】|【大小和位置】命令，显示或隐藏大小和位置窗口。在该窗口中，用户可以根据图表要求来设置或编辑形状的位置、宽高以及角度等。大小和位置窗口中所显示的内容，会根据形状的改变而改变。

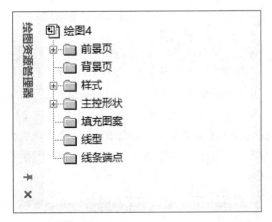

4．绘图资源管理器窗口

用户可通过执行【开发工具】|【显示/隐藏】|【绘图资源管理器】命令，来显示或隐藏绘图资源管理器窗口。该窗口具有分级查看的功能，可以用来查找、增加、删除或编辑绘图中的页面、线型、形状、填充图案、样式等组件。

绘图资源管理器	
	📋 绘图4
	📁 前景页
	📁 背景页
	📁 样式
	📁 主控形状
	📁 填充图案
	📁 线型
	📁 线条端点

5．形状数据窗口

用户可通过右击形状，执行【数据】|【形状数据】命令，来显示或隐藏形状数据窗口。该窗口主要用来修改形状数据，其具体内容会根据形状的改变而改变。

形状数据 - 门	✕
门宽	900 mm
门高	2100 mm
门类型	单悬门
门开启百分比	50
门编号	
防火等级	
基本标高	

Visio 知识链接 1-1：妙用访问键

　　访问键是通过使用功能区中的快捷键，在无需借助鼠标的状态下快速执行相应的任务。在 Visio 中，在处于程序的任意位置中使用访问键，都可以执行访问键对应的命令。

Visio **1.5** **Visio 2013 窗口简介**　　难度星级：★★　◎知识链接 1-2：设置文件位置

　　Visio 2013 提供了多窗口模式，允许用户使用两个甚至更多的 Visio 窗口，达到同时在不同位置工作的目的，从而提高用户的工作效率。另外，用户还可以通过改变多窗口显示方式的方法，来查看所有窗口中的内容。

1.5.1　新建窗口

　　新建窗口的作用是为 Visio 创建一个与源窗口完全相同的窗口，以便用户对相同的图表进行编辑操作。在 Visio 2013 中，执行【视图】|【窗口】|【新建窗口】命令，系统会自动创建一个与源文件相同的文档窗口，并以源文件加数字 2 的形式进行命名。

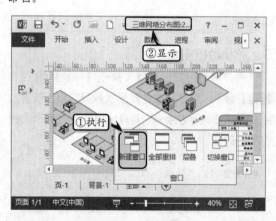

1.5.2　重排和层叠窗口

　　当用户新建窗口，或同时打开多个 Visio 窗口时，为了可以同时查看所有的窗口内容，还需要重排和层叠窗口。

1．重排窗口

　　默认情况下，Visio 只显示一个窗口。重排窗口，是并排显示打开的窗口以便可以同时查看所有的窗口，一般情况下系统会以水平方向并排排列窗口。

　　同时打开两个窗口，执行【视图】|【窗口】|【全部重排】命令，并排查看两个文档窗口。

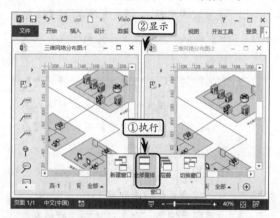

2．层叠窗口

　　层叠窗口是在屏幕中重叠显示所有打开的窗口，一般情况下系统会以上下显示的方式层叠窗口。打开多个窗口，执行【视图】|【窗口】|【层叠】命令，改变窗口的排列方式。

1.5.3　切换窗口

　　在 Visio 中，除了通过重排和层叠窗口的方法来查看不同窗口内的图表之外，用户还可以通过切换窗口的方法，来查看不同的窗口。

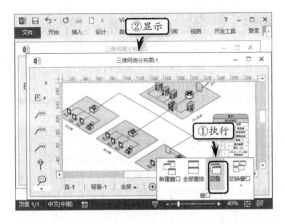

同时打开多个 Visio 文档，并以普通方式显示一个窗口内容。然后，执行【视图】|【窗口】|【切换窗口】命令，选择相应的选项即可。

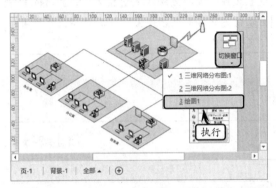

另外，为了便于操作，用户还可以将【切换窗口】命令添加到快速访问工具栏中，便于日常操作。右击【切换窗口】命令，执行【添加到快速访问工具栏】命令，即可将该命令添加到快速访问工具栏中。

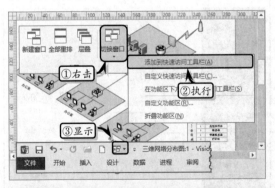

注意

将【切换窗口】命令添加到快速访问工具栏中之后，可右击该命令，执行【从快速访问工具栏删除】命令，删除该命令。

1.5.4　设置显示比例

Visio 2013 为用户提供了页宽、适应窗口大小和显示比例 3 种调整窗口显示比例的方法，便于用户根据图表的具体大小和内容，来调整窗口的显示比例。

1．页宽

页宽是指将窗口缩放到使页面与窗口同宽的地步，方便用户详细查看图表的具体内容。用户只需执行【视图】|【显示比例】|【页宽】命令，即可以该显示样式显示文件。

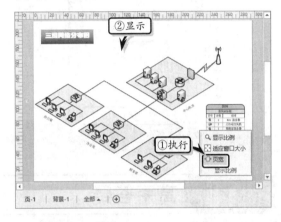

2．适应窗口大小

适应窗口大小是指将窗口缩放至使整个页面适合并填满窗口，执行【视图】|【显示比例】|【适应窗口大小】命令即可。

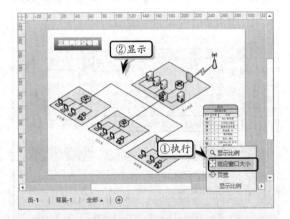

注意

用户也可以单击状态栏右侧的【调整页面以适合当前窗口】按钮，来设置适应窗口大小的显示比例状态。

3. 显示比例

Visio 为用户提供了自定义显示比例的功能，以帮助用户查看具体的图表。一般情况下，用户执行【视图】|【显示比例】|【显示比例】命令，或单击状态栏中的【缩放级别】按钮，可在弹出的【缩放】对话框中设置缩放比例。

注意

用户还可以使用键盘+鼠标的方式来自定义缩放比例。即，按住 Ctrl 键的同时滚动鼠标上方的滚动轮即可缩放窗口。

Visio 知识链接 1-2：设置文件位置

在使用 Visio 制作各类图形时，单击快速访问工具栏中的【打开】按钮，系统会自动显示默认的文件地址。对于经常使用默认位置之外的固定位置中文档的用户来讲，还需要查找文件放置的位置，既麻烦又浪费时间。此时，用户可以通过设置文件位置的方法，来设置文档的显示位置与自动恢复文件的显示位置，从而提高用户的操作速度与工作效率。

Visio 1.6 高手答疑 难度星级：★★

问题 1：如何快速在多个文档中进行切换？

解答： 在绘图页中，右击【切换窗口】命令，执行【添加到快速访问工具栏】命令，将其添加到快速访问工具栏中。

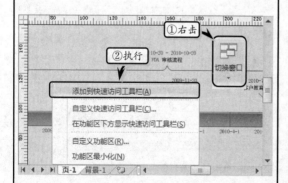

此时，系统会自动将该命令添加到快速访问工具栏中。单击快速访问工具栏中的【切换视图】命令，在其列表中选择相应的文档名称即可。

问题 2：如何注销 Office 账户？

解答： Visio 为用户提供了账户登录功能，执行【文件】|【账户】命令，在展开的列表中选择【注销】命令，即可注销当前账户。

问题 3：如何将文档存储到云中？

解答： Visio 为用户提供云存储功能，方便用户将本地文档存储在云服务器中。执行【文件】|【账户】

命令，在展开的列表中单击【添加服务】下拉按钮，
选择存储位置即可。

问题 4：如何设置文档的基本属性？

解答：执行【文件】|【信息】命令，在【属性】列
表中分别输入相关信息即可。

问题 5：如何在绘图文档中显示实时预览？

解答：执行【文件】|【选项】命令，在弹出的【Visio
选项】对话框中，激活【常规】选项卡，选中【启
用实时预览】复选框，并单击【确定】按钮。

问题 6：如何添加 Visio 编辑语言？

解答：执行【文件】|【选项】命令，在弹出的【Visio
选项】对话框中，激活【语言】选项卡，在【选择
编辑语言】列表框下方选择需要添加的语言，然后
单击【添加】按钮即可。

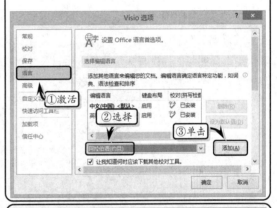

问题 7：如何取消绘图文档中的自动连接功能？

解答：默认情况下，Visio 提供了用于形状之间的自
动连接功能。此时，在【视图】选项卡【视觉帮助】
选项组中，禁用【自动连接】功能，便可以取消系
统自带的自动连接功能。

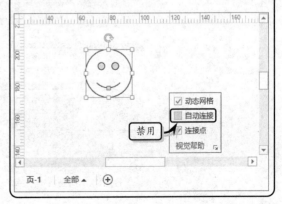

第 2 章

管理绘图文档

　　管理绘图义档是创建、编辑以及保存、保护和打印绘图文档等一系列的操作，它是 Visio 绘制各类图表的首要工作。Visio 2013 中的绘图文档是按照图表用途和领域进行分类的，以方便用户根据所绘图表类型选择相应的绘图模板。另外，用户还可以根据所绘图表的大小，新建、删除或指定绘图页，在满足绘图基本需要的同时达到美化图表的目的。

　　本章将介绍创建绘图文档、保存和保护绘图文档、编辑绘图页、设置文档页面和属性，以及预览和打印绘图页等基础知识，以帮助用户更好地使用 Visio 迅速绘制专业且美观的图表。

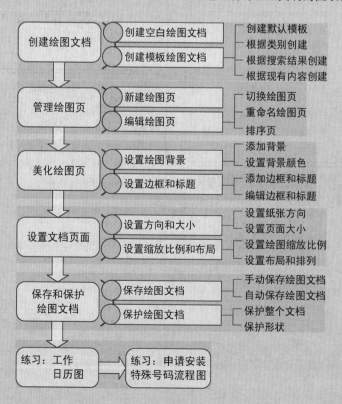

创建绘图文档

难度星级：★★　◉知识链接 2-1：创建绘图页窗口

在 Visio 2013 中，除了可以创建空白绘图文档和各种模板绘图文档之外，还可以根据本地计算机中的现有绘图文档，创建自定义模板绘图文档。

2.1.1　创建空白绘图文档

空白绘图文档是一种不包含任何模具和模板，不包含绘图比例的绘图文档，适用于进行灵活创建的图表。用户可通过下列两种方法来创建空白绘图文档。

1．直接创建

启动 Visio 2013，系统会自动弹出"新建"页面。在该页面中，系统为用户提供了最近使用的模板文档和空白文档，选择【空白绘图】选项即可。

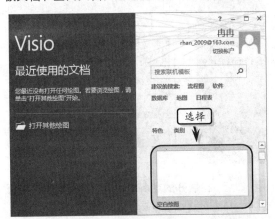

然后，在弹出的页面中，选择空白绘图文档的单位类型，单击【创建】按钮，创建一个空白绘图文档。

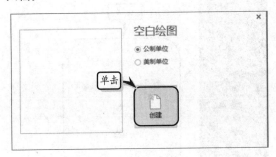

> **注意**
>
> 对话框右上角的用户信息，只有在用户注册了 Office 网站用户并登录该用户时才可以显示。另外，用户可以选择【切换账户】选项，切换登录用户。

2．菜单命令创建

如果用户已经进入到 Visio 2013 中，则需要执行【文件】|【新建】命令，打开"新建"页面，在该页面中选择【空白绘图】选项，即可创建空白绘图文档。

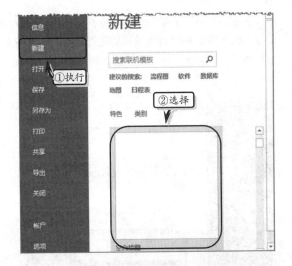

> **技巧**
>
> 按快捷键 Ctrl+N 也可创建空白的绘图文档。

另外，用户也可以通过快速访问工具栏中的【新建】命令来创建空白演示文稿。首先，单击快速访问工具栏右侧的下拉按钮，在其列表中选择【新建】选项，添加【新建】命令按钮。然后，单击快速访问工具栏中的【新建】按钮，即可创建空白演示文稿。

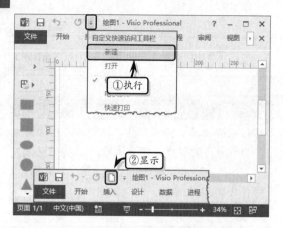

2.1.2　创建模板绘图文档

Visio 2013 中的模板包含了常规、地图和平面布置图、工程、流程图、日程安排图等类型。用户可通过下列 3 种方法，来创建模板绘图文档。

1. 创建默认模板

启动 Visio 2013 组件，或执行【文件】|【新建】命令，此时系统会自动显示"新建"页面中的【特色】选项卡。在该选项卡中，选择所需创建的模板文档。

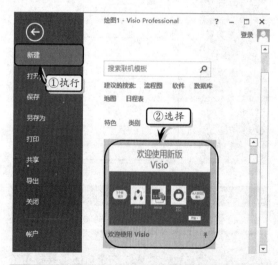

技巧

在新建模板列表中，单击模板名称后面的 📌 按钮，即可将该模板固定在列表中，便于下次使用。

然后，在弹出的创建页面中，预览模板文档内容，单击【创建】按钮，即可创建该类型的模板绘图文档。

2. 根据类别创建

Visio 2013 根据图表用途和领域归纳了相同类别的图表，以供用户选择使用。

执行【文件】|【新建】命令，在展开的"新建"页面中，选择【类别】选项卡。然后，在展开的【类别】选项卡中，选择【商务】选项，准备创建商务类型模板绘图文档。

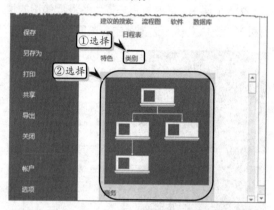

然后，在展开的商务页面中，选择相应的模板文档，并单击【创建】按钮，创建模板文档。

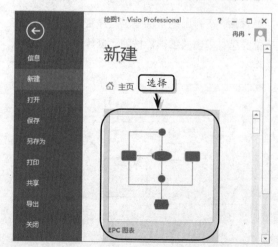

在商务页面中，选择【主页】选项，即可返回到【新建】页面中。

3．根据搜索结果创建

当用户不熟悉模板类别的具体归类时，可以使用搜索功能，快速且准确地查找模板样式。

执行【文件】|【新建】命令，在"新建"页面中的【建议的搜索】选项组中选择相应的搜索类型，即可新建与该类型相关的模板文档。例如，选择【软件】选项，然后，在弹出的软件页面中，将显示联机搜索到的所有有关"软件"类型的模板样式。用户只需在列表中选择一个模板样式即可。

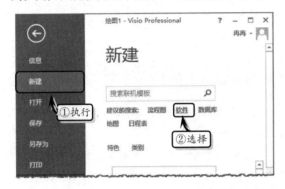

另外，在【新建】页面中的搜索文本框中，输入需要搜索的模板类型，例如，输入"流程"文本，然后单击【开始搜索】图标，即可搜索需要的模板文档。

4．根据现有内容创建

执行【文件】|【新建】命令，在"新建"页面中选择【类别】选项卡。在展开的【类别】选项卡中，选择【根据现有内容新建】选项。

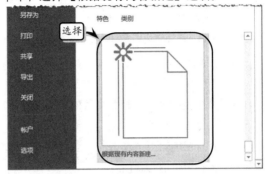

然后在展开的页面中单击【创建】按钮。接着，在弹出的【在现有绘图的基础上新建】对话框中选择 Visio 文件，单击【新建】按钮即可。

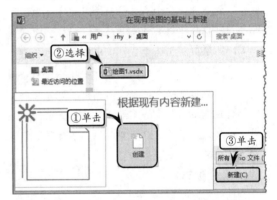

Visio 知识链接 2-1：创建绘图页窗口

当用户需要在一个绘图文档的不同部分进行操作时，为了便于操作与查看部分内容，可以在当前绘图文档中新建一个窗口，以便可以在窗口中显示同一文档的不同部分。另外，为了更好地查看绘图，需要设置绘图窗口的排列方式。

Visio 2.2 管理绘图页

难度星级：★★　●知识链接 2-2：查看绘图页/2-3：加载【开发工具】选项卡

绘图页是构成 Visio 绘图文档的结构性内容，是绘制各类图表的依托。在绘图文档中，用户不仅可以新建绘图页，而且还可以重命名、排列和指派绘图页。

2.2.1 新建绘图页

新建绘图页包括新建前景页和背景页，以及指派背景页等内容。在新建绘图页之前，还需要先了解一下绘图页的分类。

1. 绘图页分类

绘图页包括前景页和背景页两种类型，默认情况下 Visio 会自动选择前景页，并且 Visio 中的大部分操作都是在前景页中进行的，而背景页同样也具有一定的使用价值与功能。

- ❑ **前景页** 主要用于编辑和显示绘图内容，包含流程图形状、组织结构图等绘图模具和模板，是创建绘图内容的主要页面。当背景页与一个或多个前景页相关联时，才可以打印出背景页来。

- ❑ **背景页** 相当于 Word 中的页眉与页脚，主要用于设置绘图页背景和边框样式，例如显示页编号、日期、图例等常用信息。在 Visio 中每个前景页只具备一个与之关联的背景页，用户可以把一个背景页指派到另外一个背景页上。

2. 创建前景页

启用 Visio 之后，系统会自动包含一个前景页。当一个前景页无法满足绘图需求时，则可以通过下列方法来创建前景页。

执行【插入】|【页面】|【新建页】|【空白页】命令，系统会自动在原绘图页的基础上创建一个新的空白页。

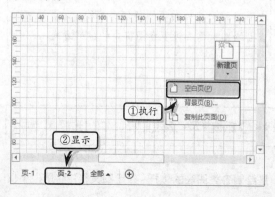

技巧

在绘图页标签栏中，直接单击【全部】标签后面的【插入页】按钮，或者右击【页-1】标签，执行【插入】命令，即可插入一个前景页。

3. 创建背景页

执行【插入】|【页面】|【新建页】|【背景页】命令，在弹出的【页面设置】对话框中的【页属性】选项卡中，选中【背景】选项，并设置背景名称与度量单位。

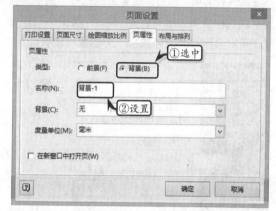

在【页属性】选项卡中，主要包括 5 种选项，具体情况如下表所示。

属性		作用
类型	前景	创建一个前景绘图页
	背景	创建一个背景绘图页
名称		设置绘图页的标签名称
背景		为绘图页选择一个背景绘图页
度量单位		设置绘图页中标尺使用的单位
在新窗口中打开页		启用该复选框，表示将绘图页放到新窗口中打开

技巧

执行【开发工具】|【显示/隐藏】|【绘图资源管理器】命令，右击前景页或背景页并执行【插入页】命令即可创建前景页或背景页。

Visio 知识链接 2-2：查看绘图页

在 Visio 2013 中，用户可以根据工作习惯使用命令、快捷键来查看绘图。

4．指派背景页

选择需要指派背景页的前景页标签,右击执行【页面设置】命令,在【页属性】选项卡中选中【前景】选项,然后在【背景】下拉列表中选择相应的选项并单击【应用】按钮即可。

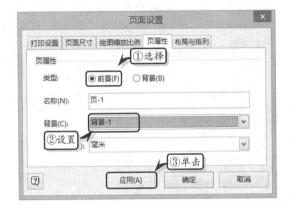

2.2.2 编辑绘图页

在创建绘图页后,用户还可对绘图页进行重命名、排列或删除等编辑操作,以使其符合绘图文档的需要。

1．切换绘图页

当绘图文档中存在多个绘图页时,可以通过下列 3 种方法来切换绘图页。

❑ 页标签 单击绘图窗口下方的绘图页标签栏中相应的页标签,即可切换绘图页。

❑ 【全部】按钮 单击绘图页标签栏中的【全部】按钮,在展开的列表中选择页标签选项,即可切换绘图页。

❑ 【页】对话框 单击Visio窗口左下角的【页码】标签,打开【页】对话框。在该对话框中的【选择页】列表中,选择页标签名称即可切换绘图页。

2．重命名绘图页

默认情况下,绘图页以"页-1"或"背景-1"进行显示,对于具有多个绘图页的文档来讲,为了便于识别页面内容,还需要重命名绘图页。

选择需要重命名的绘图页,右击页标签执行【重命名】命令,输入绘图页名称即可。

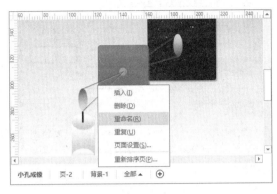

另外,右击需要重命名的页标签,执行【页面设置】命令,在【页面设置】对话框中的【页属性】选项卡中,也可更改页名称。

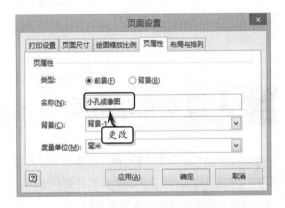

> **技巧**
>
> 在绘图页中双击需要重命名的页标签,直接输入绘图页名称,即可重命名绘图页。

3．排序页

选择需要排序的页标签,右击鼠标执行【重新排序页】命令,在弹出的【重新排序页】对话框中,选中需要排序的页名称,单击【上移】或【下移】按钮即可排序绘图页。

> **技巧**
>
> 将需要移动的页标签拖动到新位置,即可快速排序绘图页。

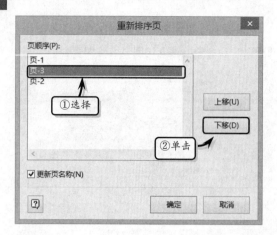

在 Visio 2013 中，默认情况下不显示【开发工具】选项卡。此时，用户需要执行【文件】|【选项】命令来加载该选项卡。

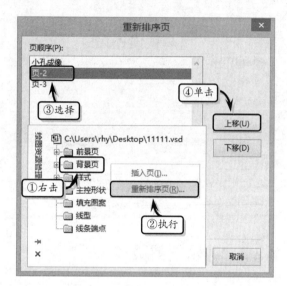

另外，执行【开发工具】|【显示/隐藏】|【绘图资源管理器】命令，右击【前景页】图标，执行【重新排序页】命令。在弹出的【重新排序页】对话框中，选中需要排序的页名称，单击【上移】或【下移】按钮也可调整页面顺序。

2.3 美化绘图页
难度星级：★★★

创建并编辑绘图页之后，用户可通过为绘图页添加内置背景样式，以及添加边框和标题样式的方法，来增加绘图页的美观性和可读性。

2.3.1 设置绘图页背景

Visio 内置了技术、世界、活力等 10 种背景样式，以供用户选择使用，从而增加绘图页的美观性。

1. 添加背景

执行【设计】|【背景】|【背景】命令，在其列表中选中一种背景选项，可为绘图页添加背景效果。

技巧

添加背景之后，执行【设计】|【背景】|【背景】|【无背景】命令，可取消背景效果。

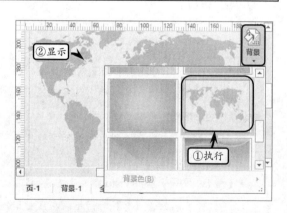

2. 设置背景颜色

为绘图页添加背景效果之后，还可以执行【设计】|【背景】|【背景】|【背景色】命令，在其列表中选择一种色块，可更改背景效果的显示颜色。

另外，用户还可以通过执行【设计】|【背景】|【背景】|【背景色】|【其他颜色】命令，在弹出的【颜色】对话框中的【标准】与【自定义】选项

卡中，设置背景色。

为绘图页添加"平铺"边框和标题样式。

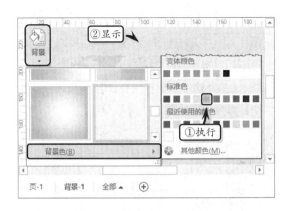

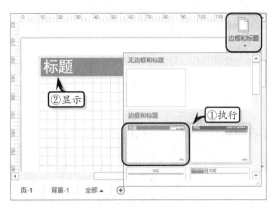

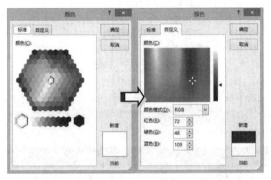

在【标准】选项卡中，用户可以选择任意一种色块。而在【自定义】选项卡中的【颜色模式】下拉列表中，用户可以设置 RGB 或 HSL 颜色模式。其中：

❑ **RGB 颜色模式** 该模式由红、绿、蓝 3 种基色组成，其每种基色的度量值介于 0~255 之间。

❑ **HSL 颜色模式** 该模式基于色调、饱和度与亮度 3 个参数来调整颜色。

2.3.2 设置边框和标题

边框和标题是 Visio 内置的一种效果样式，其作用是为绘图文稿添加可显示的边框，并允许用户输入标题内容。

1．添加边框和标题

执行【设计】|【背景】|【边框和标题】命令，选择相应的选项即可，例如选择【平铺】选项，可

2．编辑边框和标题

一般情况下，边框和标题样式是添加在背景页中的。在编辑边框和标题时，首先需要选择背景页标签，切换到背景中。然后，选择包含标题名称的文本框形状，执行【开始】|【形状样式】|【填充】命令，选择一种填充颜色，即可更改边框的颜色。

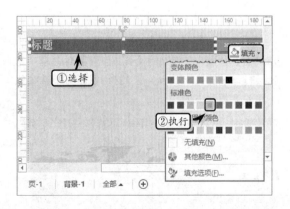

另外，用户还可以选择包含标题名称的文本框，直接输入标题文本。

Visio **2.4** 设置文档页面   难度星级：★★ ●知识链接2-4：设置文档属性

在使用 Visio 制作各类图表时，为适应各类图表的显示要求，还需要设置文档的页面，包括大小、页面尺寸、纸张方向和缩放比例等。

2.4.1 设置方向和大小

在创建 Visio 绘图文档时，系统会根据所创建文档的模板类型自动设置纸张方向和大小。此时，为了使文档页面更加符合绘图内容，还需要设置文档页面的大小和方向。

1．设置纸张方向

在绘图文档中，执行【设计】|【页面设置】|【纸张方向】|【横向】命令，即可将页面的显示方向从纵向方向更改为横向方向。

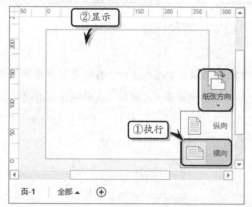

另外，执行【设计】|【页面设置】|【对话框启动器】命令，在弹出的【页面设置】对话框中选择【打印设置】选项卡，在【打印机纸张】选项组中可设置纸张方向。

2．设置页面大小

在绘图文档中，执行【设计】|【页面设置】|【大小】命令，选择相应的选项即可。

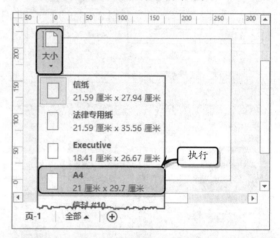

> **注意**
>
> 执行【设计】|【页面设置】|【大小】|【适应绘图】命令，即可将页面大小调整到适合绘制图表的状态。

另外，执行【设计】|【页面设置】|【大小】|【其他页面大小】命令，在弹出的【页面设置】对话框中，选中【自定义大小】选项，输入大小值，即可自定义页面的大小。

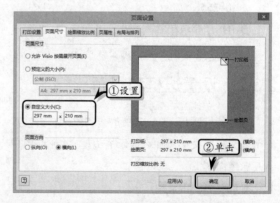

2.4.2 设置缩放比例和布局

Visio 会根据模板类型显示不同的绘图比例，

但并不是所有的模板中的绘图比例都适合当前的绘图类型，所以创建模板文档之后还需要设置绘图的缩放比例。另外，除了设置缩放比例之外，用户还需要通过设置绘图布局和排列方式来美化图表。

1．设置绘图缩放比例

绘图缩放比例是为现实测量尺度与绘图页上长度之间的比例，在【页面设置】对话框中激活【绘图缩放比例】选项卡，在该选项卡中指定绘图的缩放比例即可。

在【绘图缩放比例】选项卡中，主要包括下列几种选项：

- ❑ **无缩放（1：1）**　表示以真实的大小显示绘图。
- ❑ **预定义缩放比例**　主要用来设置缩放比例的类别与比例。其中，缩放类别主要包括结构、土木工程、公制与机械工程 4 种类型，而每种类型中又分别包含了不同的缩放比例。
- ❑ **自定义缩放比例**　用来自定义缩放比例。
- ❑ **页面尺寸（按度量单位）**　根据缩放比例换算后的页面尺寸。

2．设置布局和排列

布局与排列主要用于设置形状与连接符在绘图中的排列方式。在【页面设置】对话框中激活【布局与排列】选项卡，在该选项卡中可设置排列、跨线等参数。

在【布局与排列】该选项卡中，主要包括排列、跨线与其他 3 种选项组，每种选项组中各选项的具体含义如下表所示。

选项组	选项	说明
排列	样式	设置默认连接线的排列样式
	方向	设置图表的方向或流程，在使用"简单水平-垂直"与"简单垂直-水平"样式时，该选项无法设置
	分隔	设置分隔重叠的连接线线条
	重叠	设置连接线的重叠情况
	外观	指定添加到绘图的新连接线应为直线连接线还是曲线连接线
跨线	将跨线添加到	指定向页面上的连接线添加跨线的方式。跨线是在两条交叉线之一上出现的不可编辑的小符号，表明这两条线是交叉的状态
	跨线样式	用来设置跨线的样式
	垂直大小	跨线在垂直线段上的高度
	水平大小	跨线在水平线段上的宽度
其他	放下时移走其他形状	勾选后，各形状彼此排斥，不能重叠
	启用连接线拆分	勾选后，形状可以拆分连接线建立新的连接
	间距	在【布局与排列间距】对话框中可设置形状间的距离、平均形状大小、连接线之间的间距以及连接线和形状之间的间距

> **Visio** 知识链接2-4：设置文档属性
>
> Visio 文档是一种复合型文档，创建 Visio 文档之后，还需要设置文档属性，例如标记用户个人信息。

Visio 2.5 保存和保护绘图文档

难度星级：★★★ ◉知识链接2-5：减缩文件大小/
2-6：使用【信任中心】对话框

创建并编辑 Visio 绘图文档之后，可以通过其保存功能，保存绘图文档以防止不当操作而造成的数据丢失。除此之外，还可以通过保护功能，保护文档内容不被恶意篡改。

2.5.1 保存绘图文档

在 Visio 中，除了手动保存绘图文档之外，用户还可以使用内置的"自动保存"功能，设置文档的自动保存间隔，以达到保护文档的目的。

1．手动保存绘图文档

对于从未保存过的绘图文档，可以执行【文件】|【另存为】命令，或单击快速访问工具栏中的【保存】按钮。在展开的【另存为】页面中，选择【计算机】选项，并单击【浏览】按钮。

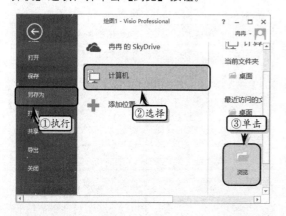

然后，在弹出的【另存为】对话框中设置保存位置、保存类型和文件名，单击【保存】按钮即可完成文档的保存。

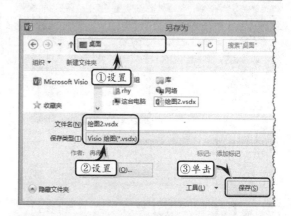

> **技巧**
>
> 用户也可以按快捷键 Ctrl+S 来快速保存绘图文档。

在【另存为】对话框中，单击【保存类型】下拉按钮，在其下拉列表中显示了 25 种保存类型，其具体情况如下表所示。

类型	扩展名	说明
Visio 绘图	.vsdx	以当前的文件格式保存 Visio 文件
Visio 模板	.vstx	可将当前文件保存为模板，用于新的绘图
Visio 模具	.vssx	可将当前文件保存为包含主控形状的模具
Visio 启用宏的绘图	.vsdm	可将当前文件保存为启用宏功能的绘图文档
Visio 启用宏的模具	.vssm	可将当前文件保存为包含主控形状且具启用宏功能的模具
Visio 启用宏的模板	.vstm	可将当前文件保存为具有宏功能的模板

续表

类型	扩展名	说明
Visio 2003-2010 绘图	.vsd	可将当前文件保存为 2003-2010 版本的绘图文件
Visio 2010 Web 绘图	.vdw	可将当前文件保存为 2010 Web 绘图的格式，即使没有安装 Visio，也可以在浏览器中打开
Visio 2003-2010 模具	.vss	可将当前文件保存为 2003-2010 版本的绘图模具
Visio 2003-2010 模板	.vst	可将当前文件保存为 2003-2010 版本的绘图模板
可缩放的向量图形	.svg	可将当前文件保存为支持 W3C2-D 形状标准的图形文件或压缩图形文件
可缩放的向量图形-已压缩	.svgz	
AutoCAD 绘图	.dwg	可将当前文件保存为 CAD 格式的图形文件
AutoCAD 交换格式	.dxf	
Web 页	.htm 与 .html	可将当前文件保存为网页格式的文件，便于在网站中发布
JPEG 文件交换格式	.jpg	可将当前文件保存为 jpg 格式的图像文件
PDF	.pdf	将当前文件保存为 PDF 格式的文件
Tag 图像文件格式	.tif	可将当前文件保存为适用于打印出版的图像文件
Windows 图元文件	.wmf	可将当前文件保存为矢量格式图形文件
Windows 位图	.bmp 与 .dib	可将当前文件保存为 Windows 默认的图象文件
XPS 文档	.xps	可将当前文件保存为 XPS 文档格式的文件
可移植网络图形	.png	可将当前文件保存为适用于 Web 浏览器的图形文件
图形交换格式	.gif	可将当前文件保存为适用于网站上显示的彩色图形文件
压缩的增强型图元文件	.emz	可将当前文件保存为同时支持矢量图形和位图信息的文件
增强型图元文件	.emf	

2．自动保存绘图文档

执行【文件】|【选项】命令，在弹出的【Visio 选项】对话框中，选择【保存】选项卡，勾选【保存自动恢复信息时间间隔】复选框，并设置间隔时间。

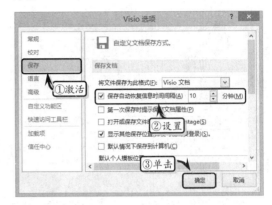

知识链接 2-5：减缩文件大小

使用 Visio 制作大型绘图文档时，由于文档中包含大量图片、主控形状、主题样式等元素，会导致绘图文档或 PDF/XPS 文档过大。此时，用户可通过本知识链接中的方法，减缩文件的大小。

2.5.2　保护绘图文档

制作绘图文档之后，可以通过保护文档或形状的方法，来防止文档被其他人查看或编辑。

1．保护整个文档

在使用文档保护设置之前，需要先添加【开发工具】选项卡。执行【文件】|【选项】命令，激活【高级】选项卡。在【常规】选项组中，勾选【以开发人员模式运行】复选框。

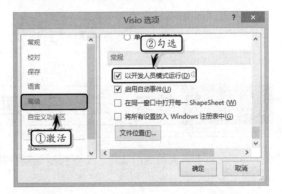

然后，在【开发工具】选项卡【显示/隐藏】
选项组中，勾选【绘图资源管理器】复选框，右击
需要保护的文档名称，执行【保护文档】命令。

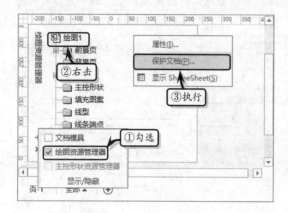

最后，在弹出的【保护文档】对话框中，勾选
需要保护的选项，单击【确定】按钮，即可保护该
文档。

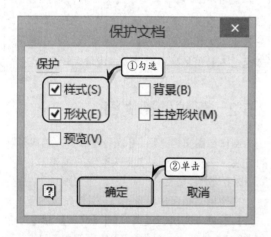

在【保存文档】对话框中，主要包括下列选项：

❏ **样式** 勾选该选项可以阻止创建新样式或
　编辑已有的样式，但可应用【样式】属性。

❏ **背景** 勾选该选项可以阻止删除或编辑
　背景页。

❏ **形状** 勾选该选项可以阻止选择形状。

❏ **主控形状** 勾选该选项可以阻止创建、编辑
　或删除主控形状，但可以创建主控形状实例。

❏ **预览** 勾选该选项可以阻止在更改绘图
　页内容时对预览图形的更改。

2．保护形状

选择文档中的形状，执行【开发工具】|【形
状设计】|【保护】命令，在弹出的【保护】对话
框中，选择需要保护的内容，单击【确定】按钮，
即可保护绘图中的形状。

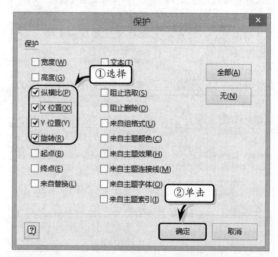

> **Visio　知识链接2-6：使用【信任中心】对话框**
>
> 用户可以通过执行【文件】|【选项】命令，
> 在弹出的【Visio 选项】对话框中，激活【信任中
> 心】选项卡，然后单击【信任中心设置】按钮。
> 在弹出的【信任中心】对话框中设置 Visio 文件的
> 安全与隐私，可防止病毒与恶意攻击。

Visio　**2.6**　练习：工作日历图　难度星级：★★★

Visio 具有强大的绘图功能，不仅可以绘制甘特图、组织结构图、网络图等一些专业化图表，而且

还可以根据日历生成类似台历的数据表格，并允许用户为每日添加各种任务标记，从而排列工作任务，备忘重要事务。在本练习中，将使用 Visio 内置的日历模板制作一个工作日历图。

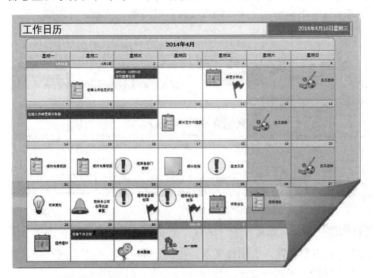

操作步骤 >>>>

STEP|01 创建模板文档。执行【文件】|【新建】命令，在展开的"新建"页面中选择【类别】选项卡。然后，选择【日程安排】选项，并双击【日历】选项。

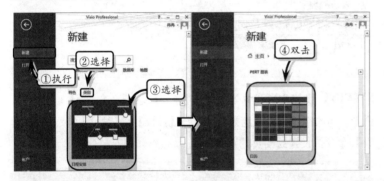

STEP|02 添加"月"形状。将"日历形状"模具中的"月"形状拖到绘图页中，并在弹出的【配置】对话框中设置日历选项。

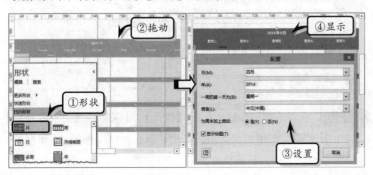

注意

为绘图页添加"约会"形状之后，右击形状执行【配置】命令，在弹出的【配置】对话框中可以更改形状配置。

STEP|03 添加"约会"和"事件"形状。将"约会"形状拖到绘图页中，并在弹出的【配置】对话框中设置事件选项。将"多日事件"形状拖到绘图页中，在弹出的【配置】对话框中设置事件选项，并双击该形状输入事件内容。

STEP|04 添加"任务"和"会议"形状。将"任务"形状拖到绘图页中，双击形状输入说明性文本。将"会议"形状拖到绘图页中，并双击形状输入说明性文本。使用同样方法，添加其他形状。

技巧

将鼠标移至绘图页中"会议"形状右侧的黄色控制点上，拖动鼠标即可调整说明性文本的位置。

STEP|05 设置主题和背景效果。执行【设计】|【主题】|【丝状】命令，为绘图页设置主题效果。执行【设计】|【背景】|【背景】|【实心】命令，设置绘图页的背景效果。

提示

日历模板包含了"日历形状"模具组。该模具组中包含两类内容，一类为月、周、多周、月缩略图、日、年以及约会和多日事件等基本日历形状，而另一类则包括各种日程事务和天气等信息。

STEP|06 设置边框和标题。执行【设计】|【背景】|【边框和标题】|【平铺】命令，为绘图页添加边框和标题。选择"背景-1"页标签，选择标题形状，输入标题文本。

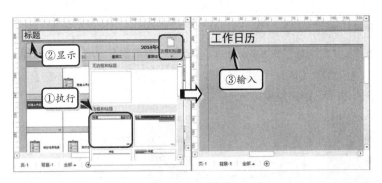

背景、边框和标题的样式会随用户设置的主题、颜色和效果而更新。在为绘图文档添加背景、边框和标题后，用户即可通过主题、颜色和效果的设置，快速为这两个元素应用样式。

STEP|07 保存绘图文档。执行【文件】|【另存为】命令，选择【计算机】选项，并单击【浏览】按钮。然后在弹出的【另存为】对话框中，选择保存位置，设置保存名称和类型，单击【保存】按钮，保存绘图文档。

在【另存为】对话框中，单击【作者】选项后面的文本框，即可激活文本框，添加其他作者名称。

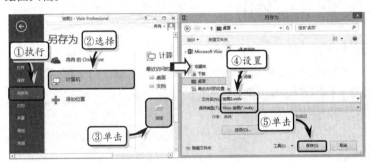

练习：申请安装特殊号码流程图　　　难度星级：★★

流程图是 Visio 中最常制作的图表之一。在本练习中，将运用 Visio 中的【ITIL 图】模板制作一个申请安装特殊号码的流程图。

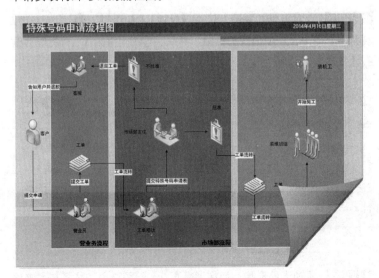

- 创建模板文档
- 添加形状
- 设置形状样式
- 连接形状
- 添加连接说明文本
- 设置背景样式
- 设置边框和标题

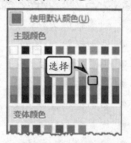

操作步骤 ▶▶▶▶

STEP|01 创建模板文档。执行【文件】|【新建】命令，在"新建"页面中选择【类别】选项卡，选择【商务】选项。然后，双击【ITIL图】选项，创建模板文档。

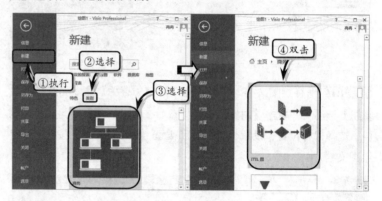

STEP|02 设置主题和背景效果。执行【设计】|【主题】|【主题】|【线性】命令，设置绘图页的主题效果。执行【设计】|【背景】|【背景】|【实心】命令，设置绘图页的背景效果。

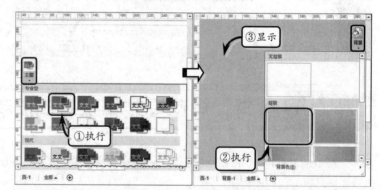

STEP|03 设置边框和标题。执行【设计】|【背景】|【边框和标题】|【都市】命令，添加边框和标题。然后，选择"背景-1"页标签，输入标题文本。

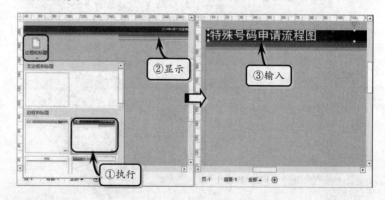

STEP|04 添加流程形状。切换到"页-1"绘图页中，将"基本流程

图形状"模具中的"流程"形状拖到绘图页中，并调整形状的大小和位置。使用同样的方法，添加其他流程形状，并横向排列所有形状。

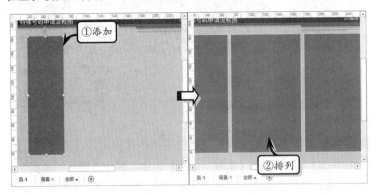

STEP|05 设置形状样式。选择中间的流程形状，执行【开始】|【形状样式】|【快速样式】|【强烈效果-绿色，变体着色 2】命令。然后，双击该形状，输入文本并设置文本的字体和对齐格式。使用同样方法，设置其他流程形状。

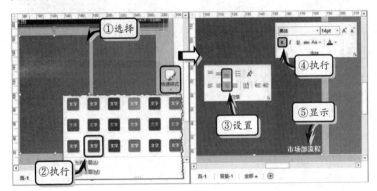

STEP|06 添加 ITIL 形状。将"ITIL 形状"模具中的"个人"形状拖到绘图页中，双击形状输入说明性文本，并调整文本的位置。使用同样方法，添加其他 ITIL 形状，并排列各个形状。

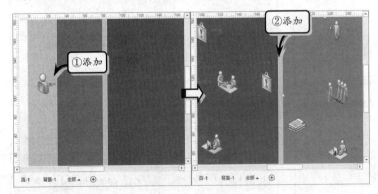

STEP|07 连接形状。执行【开始】|【工具】|【连接线】命令，拖动鼠标连接各个形状。然后，双击各个连接线，输入说明性文本。

提示

在连接形状时，除了使用【连接线】工具之外，还可以将【服务器-3D】模具中的【动态连接线】形状拖到绘图页中，用来连接形状。

提示

在设置字体颜色时，执行【字体颜色】|【其他颜色】命令，可在弹出的【颜色】对话框中自定义字体颜色。

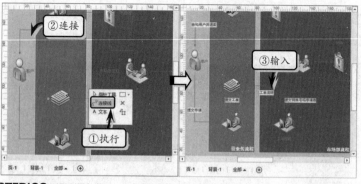

STEP|08 设置线条和文字颜色选择所有的连接线，执行【开始】|【形状样式】|【线条】|【黑色，黑色】命令，设置连接线线条颜色。选择绘图页中所有的形状，执行【开始】|【字体】|【字体颜色】|【黑色，黑色】命令，设置字体颜色。

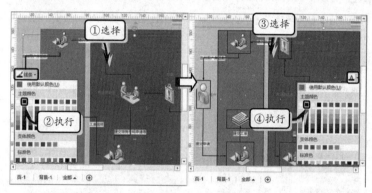

2.8 高手答疑

难度星级：★★★

问题 1：如何打开 OneDrive 中的绘图文档？

解答：执行【文件】|【打开】命令，在"打开"页面中选择【OneDrive】选项，并单击【浏览】按钮。

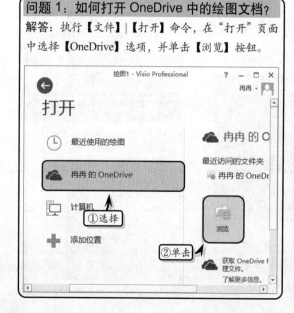

然后，在弹出的【打开】对话框中，选择需要打开的 Visio 文档，单击【打开】按钮即可。

问题 2：如何隐藏打开或保存文件时的 Backstage？

解答：在 Visio 2013 中，执行【保存】或【打开】

命令，系统会自动展开其【打开】和【保存】页面，即 Backstage 页面。用户可通过执行【文件】|【选项】命令，在弹出的【Visio 选项】对话框中，激活【保存】选项卡，勾选【打开或保存文件时不显示 Backstage】复选框，单击【确定】按钮即可。

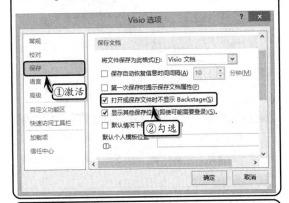

问题 3：如何缩减绘图页的文件大小?

解答： 缩减绘图文件的大小，是通过删除绘图文档中的图片、主控形状或主题等元素，来达到为文档瘦身的目的。执行【文件】|【信息】命令，单击【缩减文件大小】按钮。在弹出的【删除隐藏信息】对话框中，激活【文件大小缩减】选项卡，勾选相应的复选框，单击【确定】按钮即可。

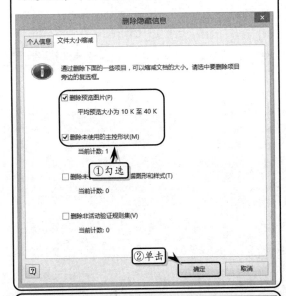

问题 4：如何显示绘图页中的网格线?

解答： 在 Visio 2013 中，系统默认为隐藏绘图网格线。可在【视图】选项卡【显示】选项组中，通过勾选【网格】复选框的方法，来显示绘图页中的网

格线。

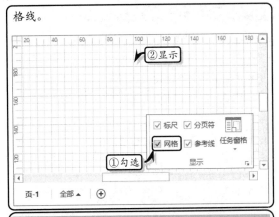

问题 5：如何更改 Visio 文档保存格式?

解答： 执行【文件】|【选项】命令，在弹出的【Visio 选项】对话框中，激活【保存】选项卡，单击【将文件保存为此格式】下拉按钮，选择相应的文件格式即可。

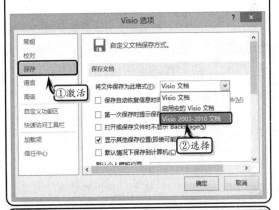

问题 6：如何全屏查看绘图页?

解答： Visio 2013 为用户提供了"演示文稿模式"查看方式，用户只需单击绘图页状态栏中的【演示模式】按钮，即可全屏查看绘图页。

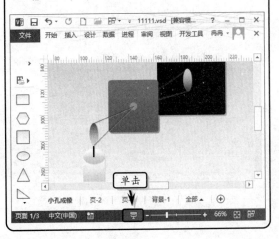

问题 7：如何放大或缩小绘图？

解答： 在使用 Visio 2013 绘制形状时，往往需要对视图进行放大以绘制形状的细节，或对视图进行缩小以快速查看整个绘图页。

在状态栏中，用户可直接单击【缩放级别】数值，打开【缩放】对话框，在其中选择预置的缩放比率，或选择【百分比】选项，再输入缩放的具体百分比值。

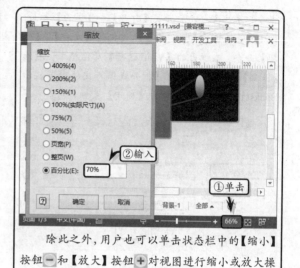

除此之外，用户也可以单击状态栏中的【缩小】按钮━和【放大】按钮✚对视图进行缩小或放大操作。

第 3 章

使 用 形 状

在 Visio 绘图文档中，形状是构成各类图表的基本元素。Visio 根据模板类型分别内置了相对应的多种形状，以方便用户根据绘图要求选择使用。除此之外，用户还可以使用 Visio 内置的绘图工具，轻松绘制各种类型的形状，并对图形进行排列、组合和连接等操作，以弥补内置形状的不足。在本章中，将详细介绍 Visio 形状的有关知识。

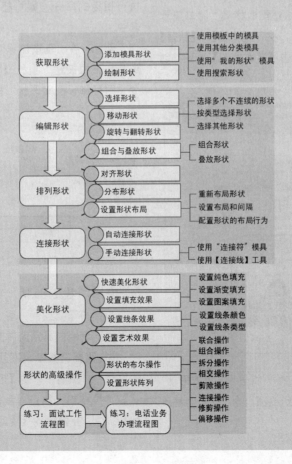

Visio 为用户提供了用于放置各种形状的"模具"，用户只需将"模具"中的形状添加到绘图页中，通过一系列的排列、组合和连接等操作，便可以绘制出各种类型的图表。而当各类"模具"中的形状无法满足绘图需求时，则可以使用 Visio 中的绘制形状功能，绘制各种形状来弥补内置形状的不足之处。

3.1.1　添加模具形状

模具是 Visio 中提供的一种图形素材格式，用于包含各种图形元素或图像。Visio 根据不同的模板文档提供了相对应的模具供用户选择和调用。

1．使用模板中的模具

在使用 Visio 创建基于模板的绘图文档后，Visio 将自动打开与该模板适配的模具，将其显示到【形状】窗格中。例如，执行【文件】|【新建】命令，在展开的页面中双击【基本框图】选项，创建该模板文档。

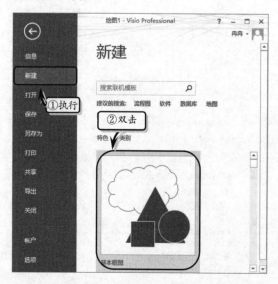

此时，在【形状】窗格中，将显示"基本形状"模具，选择相应的形状拖到绘图页中，即可组建流程图。

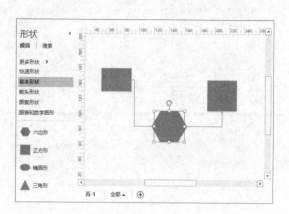

2．使用其他分类模具

在依据模板创建绘图文档后，用户还可以将其他模板所应用的模具分类添加到【形状】窗格中。

在【形状】窗格中单击【更多形状】下拉按钮，执行相应的命令，即可将其添加到下方的模具列表中。

例如，在"基本流程图"模板中，单击【更多形状】下拉按钮，执行【常规】|【图案形状】命令，即可将"图案形状"模具添加到模具列表中。

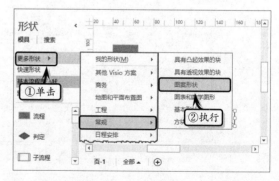

3．使用"我的形状"模具

当用户需要绘制一些专业性图表时，需要使用共享或下载的模具来绘制图表。使用该类型的模具时，首先需要将共享或下载的模具文件复制到指定的目录中。然后，单击【形状】窗格中的【更多形状】下拉按钮，执行【我的形状】|【组织我的形状】命令，在弹出的【我的形状】对话框中双击需

要添加的模具文件即可。

4．使用搜索形状

Visio 2013 为用户提供了搜索形状的功能，使用该功能可以从本地或网络中搜索到相应的形状。

在【形状】窗格中，激活【搜索】选项卡，在【搜索形状】文本框中输入需要搜索的形状名称，单击右侧的【开始搜索】图标即可。

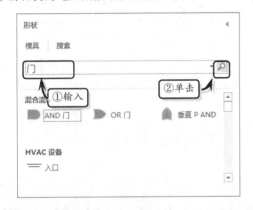

知识链接 3-1：设置搜索选项

右击【形状】窗格，执行【搜索选项】命令，在弹出的【Visio 选项】对话框中的【高级】选项卡中，可以设置搜索位置、搜索结果等选项。

3.1.2　绘制形状

在 Visio 中，任何图标都是由各种形状组成的。用户可以使用 Visio 方便地绘制直线、矩形、圆形等各种几何形状，并将形状组成图形。

1．绘制直线形状

执行【开始】|【工具】|【线条】命令，在绘图页中拖动鼠标即可绘制线段。

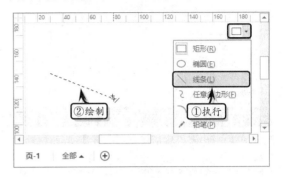

另外，还可以使用【线条】工具绘制相互连接的线段和闭合形状。

- ❑ **相互连接的线段**　在已有线段的一个端点处继续绘制直线，则可以绘制一系列相互连接的线段。
- ❑ **闭合形状**　单击系列线段的最后一条线段的端点，并拖动鼠标至第一条线段的起点，即可绘制闭合形状。

注意

绘制线段形状后，在线段的两端分别以方框显示起点与终点。而绘制的一系列相连的线段，每条线段的端点都以菱形显示。

2．绘制弧线形状

执行【开始】|【工具】|【弧形】命令，在绘图页中单击并拖动鼠标即可绘制一条弧线。

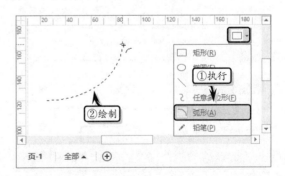

执行【开始】|【工具】|【铅笔】命令，拖动弧线离心率手柄的中间点可调整弧线的曲率大小。

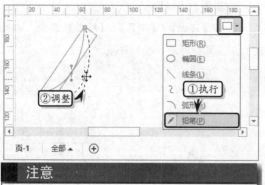

注意

绘制弧线形状之后，使用【铅笔】工具拖动离心率手柄，即可调整弧线形状。

3．绘制曲线形状

执行【开始】|【工具】|【任意多边形】命令，在绘图页中拖动鼠标可绘制一条平滑的曲线。

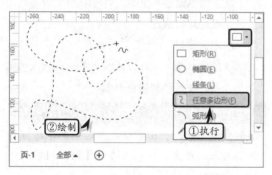

用户想绘制出十分平滑的曲线，则需要在绘制曲线之前，执行【文件】|【选项】命令，在【Visio 选项】对话框中激活【高级】选项卡，设置曲线的精度与平滑度。

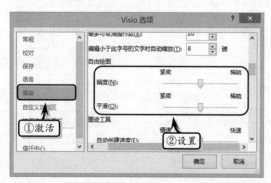

另外，还需要执行【视图】|【视觉帮助】|【对话框启动器】命令，在弹出的【对齐和粘附】对话

框中，禁用【当前活动的】选项组中的【对齐】选项。

4．绘制闭合形状

闭合形状包括"矩形""正方形""椭圆""圆形"形状。执行【开始】|【工具】|【矩形】命令，拖动鼠标，当辅助线穿过形状对角时，释放鼠标可绘制一个正方形。如果拖动鼠标时不显示辅助线，释放鼠标可绘制一个长方形。

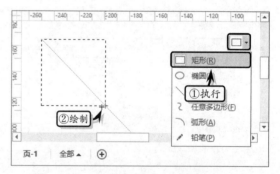

同样方法，执行【开始】|【工具】|【椭圆】命令，拖动鼠标可绘制一个圆形或椭圆形。

注意

使用【矩形】工具与【椭圆】工具绘制形状时，按住 Shift 键可绘制正方形与圆形。

5．使用铅笔工具

使用【铅笔】工具不仅可以绘制直线与弧线，而且还可以绘制多边形。

执行【开始】|【工具】|【铅笔】命令，拖动鼠标可以在绘图页中绘制各种形状。

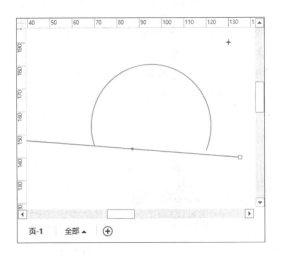

每种形状的绘制方法如下。

❑ **绘制直线**　以直线方式拖动鼠标即可绘制直线，直线模式下指针为右下角显示直线的十字准线。

❑ **绘制弧线**　以弧线方式拖动鼠标即可绘制弧线，弧线模式下的指针为右下角显示弧线的十字准线。

❑ **从弧线模式转换到直线模式**　移动指针到起点或终点处，当十字准线右下角的弧线消失时，以直线方式拖动鼠标即可转换到直线模式。

❑ **从直线模式转换到弧线模式**　移动指针到起点或终点处，当十字准线右下角的直线消失时，以弧线方式拖动鼠标即可转换到弧线模式。

Visio ## 3.2　编辑形状　　　　　难度星级：★★　●知识链接3-2：形状分类

形状是 Visio 绘图中操作最多的元素，用户不仅可以通过单纯的调整形状位置来更改图表的布局，而且还可以通过旋转、对齐和组合形状来更改图表的整体类型。在本小节中，将详细介绍选择形状、旋转形状、移动形状等编辑形状的操作方法和技巧。

3.2.1　形状手柄概述

1．选择手柄

选择手柄是 Visio 中最基本的手柄。选择形状时，在形状四周将显示 8 个"空心方块"□，这些方块被称作"选择手柄"。

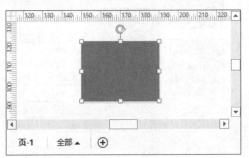

选择手柄的作用主要包括两项，即标识形状被选中，调整形状的尺寸。将鼠标置于选择手柄上，按住鼠标进行拖拽操作，即可更改形状的尺寸。另外，按住 Ctrl 键后再进行该操作，可对形状进行等比例缩放。

2．旋转手柄

旋转手柄也是所有形状共有的手柄，每一个形状只拥有一个旋转手柄。选中形状时，在形状顶端出现的"圆形符号"◎即为旋转手柄。当用户将鼠标置于旋转手柄上方时，鼠标将转换为旋转箭头形状⟳。此时，用户即可拖拽鼠标，旋转形状。

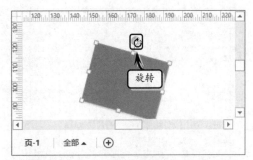

3．控制手柄

控制手柄是一种特殊的手柄，只存在于一些允许用户调节外形的形状中，主要用来调整形状的角度和方向。当用户选择形状时，形状上出现的"黄色方块图案"⬜"即为控制手柄。只有部分形状具有控制手柄，并且不同形状上的控制手柄具有不同的改变效果。例如，在箭头形状的"可伸缩的箭头"形状中，就提供了多个控制手柄，允许用户调节形状的外形。

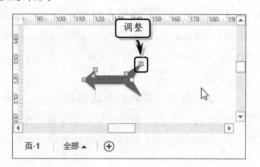

4．锁定手柄

选择形状时，在形状周围出现的"带斜线的方块"⬜即为锁定手柄，表示所选形状处于锁定状态，用户无法对其进行调整大小或旋转等操作。用户只需执行【形状】|【组合】|【取消组合】命令，即可解除形状的锁定状态。

5．控制点和顶点

控制点是存在于一些特殊曲线中的手柄，其作用是控制曲线的曲率。在使用【开始】选项卡【工具】选项组中的【铅笔】工具绘制线条、弧线形状时，形状上出现的"圆点"称为控制点，拖动控制点可以改变曲线的弯曲度，或弧度的对称性。而形状上两头的顶点方块可以扩展形状，从顶点处拖动鼠标可以继续绘制形状。

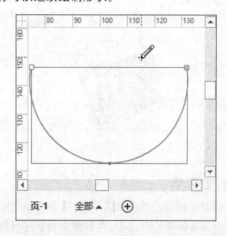

另外，用户还可以利用添加或删除顶点来改变

形状。将"三角形"形状拖动到绘图页中，执行【开始】|【工具】|【铅笔】命令，选择形状后按住 Ctrl 键单击形状边框，可为形状添加新的顶点，拖动顶点即可改变形状。

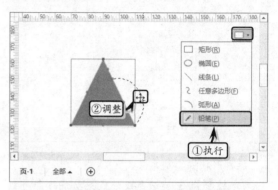

> **注意**
>
> 只有在绘制状态下，才能显示控制点与顶点。当取消绘制状态时，控制点与顶点自动消失。

3.2.2 选择形状

在 Visio 中对形状进行操作之前，需要选择相应形状。一般情况下，用户可以使用下列方法，来选择不同区域和类型的形状。

1．选择多个不连续的形状

执行【开始】|【编辑】|【选择】|【选择区域】或【套索选择】命令，使用鼠标在绘图页中绘制矩形或任意样式的选择轮廓，释放鼠标后即可选择该轮廓内的所有形状。

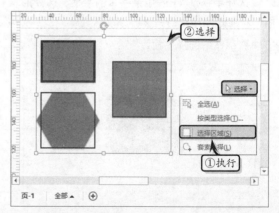

2．按类型选择形状

执行【开始】|【编辑】|【选择】|【按类型选

择】命令,在弹出的【按类型选择】对话框中,用户可以设置所要选择形状的类型。

【按类型选择】对话框中包含有三种选择方式,其作用如下。

选择方式	作用
形状类型	根据形状的性质来确定选择的形状
形状角色	选择连接线、容器和标注等特殊形状
图层	根据用户划分的图层,显示形状列表并供用户选择

3. 选择其他形状

除了上述操作之外,用户可以通过下面几种方法来选择单个或多个形状:

❏ **选择单个形状** 执行【开始】|【工具】|【指针工具】命令,将鼠标置于需要选择的形状上,当鼠标指针变为"四向箭头"时,单击即可选择该形状。

❏ **选择多个连续的形状** 使用【指针工具】命令,选择第一个形状后,按住 Shift 或 Ctrl 键逐个单击其他形状,即可依次选择多个形状。

❏ **选择所有形状** 执行【开始】|【编辑】|【选择】|【全选】命令,或按快捷键 Ctrl+A 即可选择当前绘图页内的所有形状。

Visio 知识链接3-2:形状分类

在 Visio 2013 绘图中,形状表示对象和概念。根据形状不同的行为方式,可以将形状分为一维(1-D)与二维(2-D)两种类型。

3.2.3 移动形状

在 Visio 中,用户不仅可以使用鼠标拖拽的方法直接移动形状,而且还可以借助一些工具,来精确地移动一个或多个形状,从而使绘图页更加整齐。

1. 设置参考线

用户可以使用参考线同步移动多个形状。首先,单击【视图】选项卡【视觉帮助】选项组中的【对话框启动器】按钮,在弹出的【对齐和粘附】对话框中,勾选【对齐】与【粘附到】选项组中的【参考线】复选框。

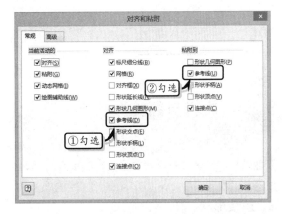

然后,使用鼠标拖动垂直标尺边缘到绘图页中,创建一条垂直参考线。将绘图页中的各个形状拖动到参考线上,当参考线上出现绿色方框时,则表示形状与参考线相连。此时,拖动参考线即可同步移动多个形状。

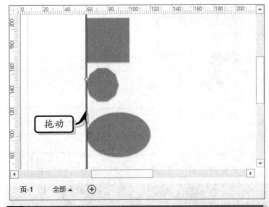

技巧

在绘图页中选择参考线,按下 Delete 键可对其进行删除。

2. 使用【大小和位置】窗格

在 Visio 中，还可以根据形状所在绘图页位置的 X 与 Y 轴坐标来精确地移动形状。选择形状，执行【视图】|【显示】|【任务窗格】|【大小和位置】命令，在【大小和位置】窗格中，修改【X】和【Y】文本框中的数值即可。

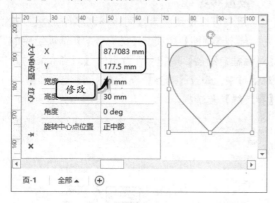

3.2.4　旋转与翻转形状

旋转形状是将形状围绕一个中心点进行转动，而翻转形状则是改变形状的垂直或水平方向，即生成形状的镜像。

1. 旋转形状

选择形状，执行【开始】|【排列】|【位置】|【旋转形状】命令，在其级联菜单中选择相应的命令即可旋转形状。

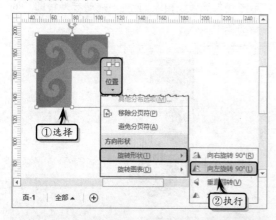

技巧

选择形状，将鼠标置于形状上方的旋转手柄上，当鼠标指针变成"选择形状"时，拖动鼠标即可旋转形状。

另外，选择需要旋转的形状，执行【视图】|【显示】|【任务窗格】|【大小和位置】命令，在【旋转中心点位置】下拉选择列表中选择相应的选项也可旋转形状。

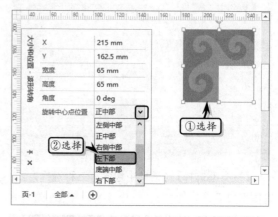

2. 翻转形状

在绘图页中，选择要翻转的形状，执行【开始】|【排列】|【位置】|【旋转形状】|【垂直翻转】或【水平翻转】命令，即可生成所选形状的镜像。

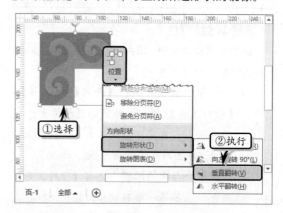

3.2.5　组合与叠放形状

Visio 为用户提供了组合和叠放形状功能，通过组合功能可以将多个形状合并为一个形状，以方便用户对整体形状的操作。而叠放形状则是调整形状的上下摆放顺序，以展示各个形状的最佳效果。

1. 组合形状

组合形状是将多个形状合并成一个形状。选择需要组合在一起的多个形状，执行【开始】|【排列】|【组合】|【组合】命令即可。

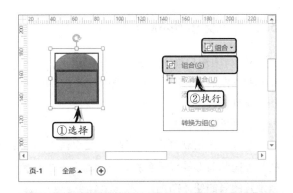

果，需要调整形状的显示层次。选择需要调整层次的形状，执行【开始】|【排列】|【置于顶层】或【置于底层】命令即可。

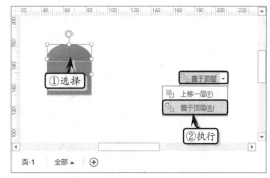

另外，【置于顶层】命令中还包括【上移一层】命令，而【置于底层】命令还包括【下移一层】命令。

注意

选择形状之后，右击形状执行【组合】|【组合】命令，也可组合形状。如果执行【组合】|【取消组合】命令，可取消形状的组合。

2．叠放形状

当多个形状叠放在一起时，为了突出图表效

Visio 3.3 排列形状

难度星级：★★★　●知识链接 3-3：编辑组合形状

排列形状是设置形状的对齐、分布和布局配置方式，不仅可以以横向和纵向均匀地对齐和分布形状，而且还可以以不同的放置样式、方向和间距来排列形状。

3.3.1　对齐形状

对齐形状是沿水平轴或纵轴对齐所选形状。选择需要对齐的多个形状，执行【开始】|【排列】|【排列】命令，在级联菜单中选择相应的命令即可对形状进行水平对齐或垂直对齐。

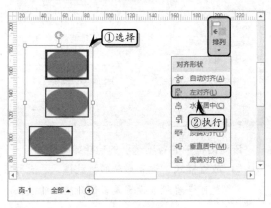

在【排列】命令中，主要包括自动对齐、左对齐、右对齐等 7 种选项，其各个选项的功能如下表所示。

图标	对齐方式	对齐基准
	自动对齐	为系统的默认选项，可以移动所选形状来拉伸连接线
	左对齐	以主形状的最左端为基准，对齐所选形状
	水平居中	以主形状的水平中心线为基准，对齐所选形状
	右对齐	以主形状的最右端为基准，对齐所选形状
	顶端对齐	以主形状的顶部为基准，对齐所选形状
	垂直居中	以主形状的垂直中心线为基准，对齐所选形状
	底端对齐	以主形状的底部为基准，对齐所选形状

3.3.2　分布形状

分布形状是在绘图页上均匀地隔开三个或更多个选定形状。Visio 中的形状分为垂直分布和水平分布两种情况，垂直分布通过垂直移动形状，可以让所选形状的纵向间隔保持一致;而水平分布通过水平移动形状，能够使所选形状的横向间隔保持一致。

执行【开始】|【排列】|【位置】|【横向分布】或【纵向分布】命令，自动分布形状。另外，用户还可以执行【开始】|【排列】|【位置】|【其他分布选项】命令，在弹出的【分布形状】对话框中，对形状进行水平分布或垂直分布。

【分布形状】对话框中各项选项的功能，如下表所示。

选项组	按钮	选项	说明
垂直分布		垂直分布形状	将相邻两个形状的底部与顶端的间距保持一致
		靠上垂直分布形状	将相邻两个形状的顶端与顶端的间距保持一致
		垂直居中分布形状	将相邻两个形状的水平中心线之间的距离保持一致
		靠下垂直分布形状	将相邻两个形状的底部与底部的间距保持一致
水平分布		水平分布形状	将相邻两个形状的最左端与最右端的间距保持一致
		靠左水平分布形状	将相邻两个形状的最左端与最左端的间距保持一致
		水平居中分布形状	将相邻两个形状的垂直中心线之间的距离保持一致
		靠右水平分布形状	将相邻两个形状的最右端与最右端的间距保持一致
创建参考线并将形状粘附到参考线			勾选该选项后，当用户移动参考线时，粘附在该参考线上的形状会一起移动

3.3.3　设置形状布局

Visio 为用户提供了多种类型的布局，在使用布局制作图表时，需要根据图表内容调整布局中形状的排列方式。

1．重新布局形状

重新布局形状是按照流程图、层次结构、压缩树、径向和圆形等样式重新定位绘图页中的形状，以设置图表的整体布局。

执行【设计】|【版式】|【重新布局页面】命令，在其级联菜单中选择相应的命令即可。

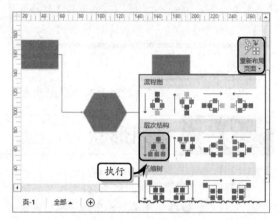

另外，执行【设计】|【版式】|【重新布局页面】|【其他布局选项】命令，在弹出的【配置布局】对话框中可设置布局选项。

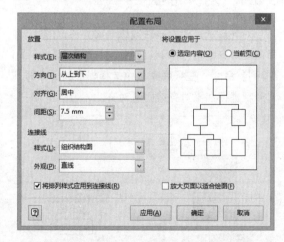

该对话框中的各项选项的功能如下所述。

❏ **放置样式**　设置形状的排放样式。使用预览可查看所选设置是否达到所需的效果。

对于没有方向的绘图（如网络绘图），可以使用"圆形"样式。

❑ **方向** 设置形状的放置方向。只有当使用"流程图""压缩树"或"层次结构"样式时，此选项才会启用。

❑ **对齐** 设置形状的对齐方式。只有当使用"层次结构"样式时，此选项才会启用。

❑ **间距** 设置形状之间的间距。

❑ **连接线样式** 设置用于连接形状的连接线的类型。

❑ **外观** 指定连接线是直线还是曲线。

❑ **将排列样式应用到连接线** 勾选该选项，可将所选的连接线样式和外观应用到当前页的所有连接线中，或仅应用于所选的连接线。

❑ **放大页面以适合绘图** 选中此复选框可在自动排放形状时放大绘图页以适应绘图。

❑ **将设置应用于** 选择【选定内容】选项时，可以将布局仅仅应用到绘图页中选定的形状。选择【当前页】选项时，可以将布局应用到整个绘图页中。

2．设置布局和间隔

执行【设计】|【页面设置】|【对话框启动器】命令，在弹出的【页面设置】对话框中激活【布局与排列】选项卡，单击【间距】按钮。在弹出的【布局与排列间距】对话框中，设置布局与排列的间距值。

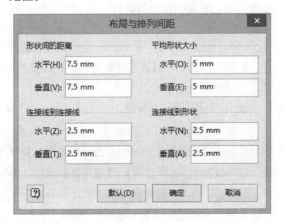

在该对话框中，主要包括下列几种选项。

❑ **形状间的距离** 指定形状之间的间距。

❑ **平均形状大小** 指定绘图中形状的平均大小。

❑ **连接线到连接线** 指定连接线间的最小间距。

❑ **连接线到形状** 指定连接线和形状之间的最小间距。

3．配置形状的布局行为

布局行为是指定二维形状在自定布局过程中的行为。执行【开发工具】|【形状设计】|【行为】命令，在弹出的【行为】对话框中的【放置】选项卡中，可设置布局行为。

在该对话框中，主要包括下列选项。

❑ **放置行为** 指定二维形状与动态连接线交互的方式。

❑ **放置时不移动** 勾选后在自动布局过程中形状不应移动。

❑ **允许将其他形状放置在前面** 勾选后在自动布局过程中其他形状可以放置在所选形状前面。

❑ **放下时移动其他形状** 指定当形状移动到页面上时是否移走其他形状。

❑ **放下时不允许其他形状移动此形状** 勾选后当其他形状拖动到页面上时不移动所选形状。

❑ **水平穿绕**　勾选后动态连接线可水平穿过二维形状。

❑ **垂直穿绕**　勾选后动态连接线可垂直穿过二维形状。

知识链接3-3：编辑组合形状

当用户需要编辑组合后的形状时，往往需要取消形状的组合，在修改完之后，再将所有的形状重新组合在一起。这样一来，操作繁琐，而且经常由于误操作而导致一些不相关的形状改变了位置。新版本的 Visio 为用户提供了在组合状态下编辑单个形状的功能，通过该功能可以帮助用户提高操作效率。

Visio 3.4　连接形状　　　　　难度星级：★★★

在绘制图形的过程中，需要将多个相互关联的形状结合在一起，以构成完整的结构。此时，用户可以使用 Visio 中的【连接线】工具、【连接符】形状或【自动连接】功能，自动或手动连接各个形状。

3.4.1　自动连接形状

Visio 为用户提供了自动连接功能，利用自动连接功能可以将所连接的形状快速添加到图表中，并且每个形状在添加后都会间距一致并且均匀对齐。

在使用自动连接功能之前，用户还需要通过执行【视图】|【视觉帮助】|【自动连接】命令，勾选自动连接功能。

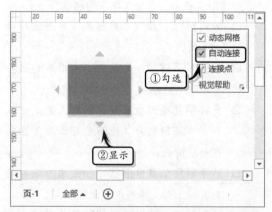

然后，将指针放置在绘图页形状上方，当形状四周出现"自动连接"箭头时，指针旁边会显示一个浮动工具栏，单击工具栏中的形状，即可添加形状并自动建立连接。

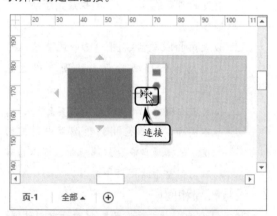

注意

自动连接浮动工具栏中包含"快速形状"模具中的前4个形状，但不包含一维形状。

3.4.2　手动连接形状

Visio 模板在为用户提供多种类型的形状的同时，还为用户提供了【连接线】工具和"连接符"模具，以供用户连接图表形状。

1.　使用"连接符"模具

大多数模板文档中并未包含"连接符"模具，此时需要在【形状】窗格中，单击【更多形状】按钮，选择【其他 Visio 方案】|【连接符】选项，添加"连接符"模具，然后将模具中相应的连接符形状拖动到形状的连接点上即可建立连接。

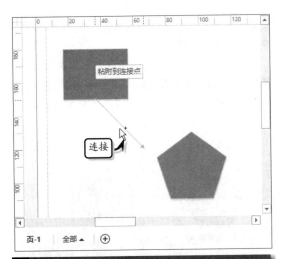

2. 使用【连接线】工具

在 Visio 中，除了使用自动连接符连接形状之
外，还可以使用【连接线】工具来连接各个形状。

执行【开始】|【工具】|【连接线】命令，将
鼠标置于需要进行连接的形状的连接点上，当指针
变为"十字型连接线箭头"时，向相应形状的连
接点拖动鼠标可绘制一条连接线。

另外，在使用【连接线】工具时，用户可通过
下列方法来完成以下快速操作。

❏ **更改连接线类型** 更改连接线类型是将

连接线类型更改为直角、直线或曲线。用户
可右击连接线，在快捷菜单中选择连接线类
型。另外，还可以执行【设计】|【版式】|【连
接线】命令，在菜单中选择连接线类型即可。

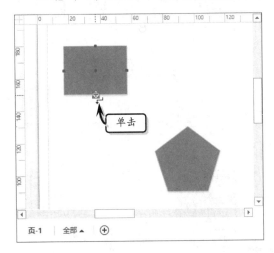

❏ **保持连接线整齐** 在绘图页中选择所有
需要对齐的形状，执行【开始】|【排列】
|【位置】|【自动对齐和自动调整间距】
命令，对齐形状并调整形状之间的间距。

❏ **更改为点连接** 更改为点连接是将连接
从动态连接更改为点连接。选择相应的连
接线，拖动连接线的端点，使其离开形状。
然后，将该连接线放置在特定的点上来获
得点连接，或者放置在形状中部来获得动
态连接。

3.5 美化形状

难度星级：★★★ ●知识链接 3-4：更改形状

Visio 内置了主题效果，每种主题都具有默认
的形状格式，如果单纯地通过更改主题效果来更改
形状格式，多个相同主题效果的图表将变得千篇一
律。此时，用户可以通过设置形状填充颜色、线条
样式，以及添加特有的棱台、发光和映像等艺术效
果，来达到美化形状的目的。

3.5.1 快速美化形状

Visio 内置了 42 种主题样式和 4 种变体样式，
以方便用户快速美化各种形状。选择形状，执行【开

始】|【形状样式】|【快速样式】命令，在其级联
菜单中选择相应的样式即可。

另外，为形状添加主题样式之后，选择形状，
执行【开始】|【形状样式】|【删除主题】命令，
即可删除形状中所应用的主题效果。

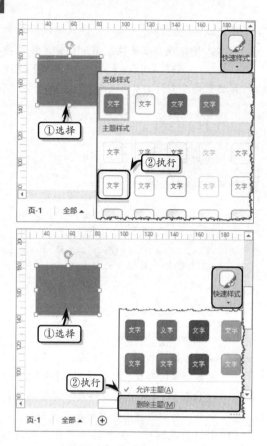

变体颜色和标准色 3 种颜色系列。用户可以根据具体需求选择不同的颜色类型。

另外,当系统内置的颜色系列无法满足用户需求时,可以执行【填充】|【其他颜色】命令,在弹出的【颜色】对话框中的【标准】与【自定义】选项卡中设置需要的颜色。

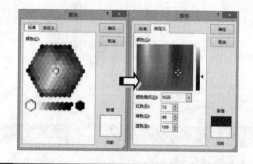

注意

为形状设置填充颜色之后,可执行【开始】|【形状样式】|【填充】|【无填充】命令,取消填充颜色。

3.5.2 设置填充效果

Visio 内置的形状样式取决于主题效果,所以形状样式比较单一。此时,用户可以通过自定义填充效果的方法,设置填充颜色达到美化形状的目的。

1. 设置纯色填充

选择形状,执行【开始】|【形状样式】|【填充】命令,在其级联菜单中选择一种色块即可。

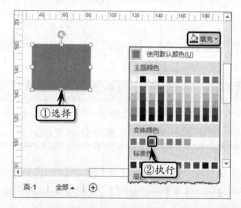

在【填充】级联菜单中,主要包括主题颜色、

2. 设置渐变填充

在 Visio 中除了可以设置纯色填充之外,还可以设置多种颜色过渡的渐变填充效果。选择形状,执行【开始】|【形状样式】|【填充】|【填充选项】命令,弹出【设置形状格式】任务窗格。在【填充线条】选项卡中,展开【填充】选项组,选中【渐变填充】选项,在其展开的列表中设置渐变类型、方向、渐变光圈、光圈颜色、光圈位置等选项即可实现渐变填充。

在【渐变填充】列表中，主要包括下表中的一些选项。

选项	说明
预设渐变	用于设置系统内置的渐变样式，包括红日西斜、麦浪滚滚、金色年华等 24 种内设样式
类型	用于设置颜色的渐变方式，包括线性、射线、矩形与路径方式
方向	用于设置渐变颜色的渐变方向，一般分为对角、由内至外等不同方向。该选项根据【类型】选项的变化而改变，例如当【类型】选项为"矩形"时，【方向】选项包括从右下角、中心辐射等选项；而当【类型】选项为"线性"时，【方向】选项包括线性对角-左上到右下等选项
角度	用于设置渐变方向的具体角度，该选项只有【类型】选项为"线性"时才可用
渐变光圈	用于增加或减少渐变颜色，可通过单击【添加渐变光圈】或【删除渐变光圈】按钮来添加或减少渐变颜色
颜色	用于设置渐变光圈的颜色。先选择一个渐变光圈，然后单击其下拉按钮，选择一种色块即可
位置	用于设置渐变光圈的具体位置。先选择一个渐变光圈，然后单击微调按钮调整百分比值
透明度	用于设置渐变光圈的透明度。选择一个渐变光圈，输入或调整百分比值即可
亮度	用于设置渐变光圈的亮度值，选择一个渐变光圈，输入或亮度百分比值即可改变透明度
与形状一起旋转	勾选该复选框，表示渐变颜色将与形状一起旋转

3．设置图案填充

图案填充是将图案作为形状的填充。在【设置形状格式】任务窗格中，选中【图案填充】选项，设置其模式、前景和背景颜色即可用图案填充形状。

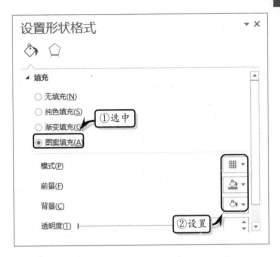

3.5.3　设置线条效果

设置形状的填充效果之后，为了使形状线条的颜色、粗细等与形状相搭配，还需要设置形状线条效果。

1．设置线条颜色

选择形状，执行【开始】|【形状样式】|【线条】命令，在其级联菜单中选择一种色块即可更改线条颜色。

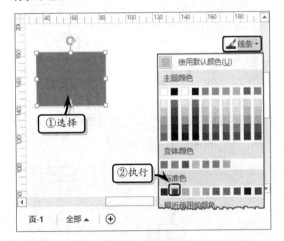

线条颜色的设置与形状填充颜色的设置大体相同，也包括主题颜色、变体颜色和标准色 3 种颜色类型，同时也可以通过执行【其他颜色】命令来自定义线条颜色。

另外，执行【线条选项】命令，可在弹出的【设置形状格式】任务窗格中，设置渐变线样式。

2．设置线条类型

选择形状，执行【开始】|【形状样式】|【线条】|【粗细】或【虚线】命令，在其级联菜单中选择相应的选项即可设置线条的粗细或虚实。

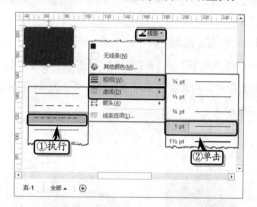

选择直线形状，执行【开始】|【形状样式】|【线条】|【箭头】命令，在其级联菜单中选择一种选项，即可设置线条的箭头样式。

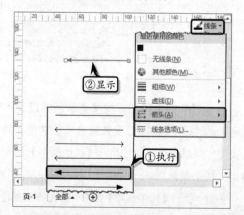

另外，为了增加形状的美观度，还可设置其他

类型的线条样式。执行【线条】|【线条选项】命令，弹出【设置形状格式】窗格。在【填充线条】选项卡中展开【线条】选项组，设置线条的复合类型、短划线类型、圆角预设等样式。

3.5.4 设置艺术效果

艺术效果是 Visio 内置的一组具有特殊外观效果的命令集合，包括阴影、映像、发光、棱台等效果。

1．设置棱台效果

选择形状，执行【开始】|【形状样式】|【效果】|【棱台】|【圆】命令，设置形状的棱台效果。

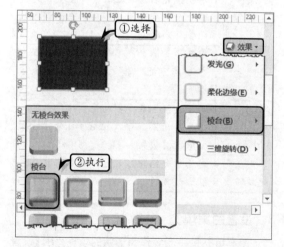

为形状设置棱台效果之后，选择形状，执行【效果】|【棱台】|【无】命令，即可取消棱台效果。

2．设置三维旋转效果

选择形状，执行【开始】|【形状样式】|【效

果】|【三维旋转】|【等轴左下】命令,设置形状的三维旋转效果。

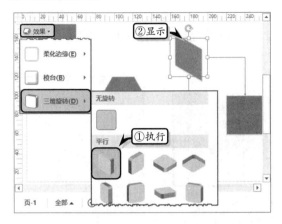

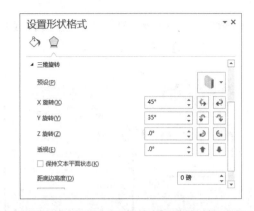

另外,执行【效果】|【三维旋转】|【三维旋转选项】命令,在弹出的【设置形状格式】窗格中,可以自定义旋转样式。

知识链接 3-4:更改形状

Visio 2013 为用户提供了更改形状的功能,选择形状后,执行【开始】|【编辑】|【更改形状】命令,在级联菜单中选择一种形状样式,即可快速更改形状。

3.6 形状的高级操作

难度星级:★★ ●知识链接 3-5:使用容器

Visio 除了为用户内置了编辑和美化形状功能之外,还内置了一些形状的高级操作,以满足用户组合、拆分、连接形状等特殊需求。

3.6.1 形状的布尔操作

布尔操作可以看做是形状的一种运算,可以理解为逻辑学上的"与""或""非"等运算。在 Visio 中,布尔操作包括联合操作、组合操作、拆分操作、相交操作等 8 种操作方式。

1. 联合操作

联合操作相当于逻辑上的"和"运算,它是几个图形联合成为一个整体,根据多个重叠形状的周长创建形状。在绘图页中选择需要联合的形状,执行【开发工具】|【形状设计】|【操作】|【联合】命令即可。

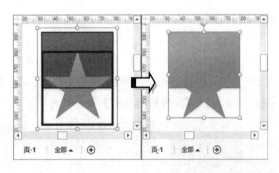

通过观察上图中的形状,可以发现将形状联合后,其内部连接点也随着联合操作而消失;并且当两个形状存在不同的填充颜色时,联合后其形状的颜色会统一为第某个形状的颜色。

2. 组合操作

组合操作与普通的组合功能是两个完全不同的概念,前者合并后,多个形状变成一个形状;而后者只是将所选的形状组合成一个整体。在绘图页

中选择需要组合的形状，执行【开发工具】|【形状设计】|【操作】|【组合】命令即可。

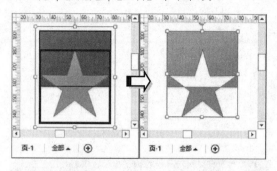

3．拆分操作

拆分操作是根据相交线或重叠线将多个形状拆分为较小部分。选择绘图页中的需要拆分的形状，执行【开发工具】|【形状设计】|【操作】|【拆分】命令，然后移动拆分后的形状重新排列即可。

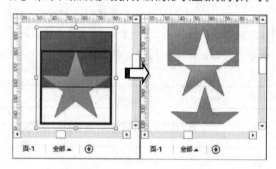

4．相交操作

相交操作相当于逻辑上的"或"运算，只保留几个图形相交的部分，即根据多个所选形状的重叠区域创建形状。选择相交的形状，执行【开发工具】|【形状设计】|【操作】|【相交】命令即可。

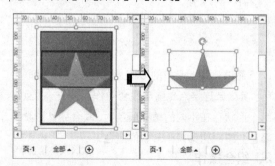

5．剪除操作

剪切操作是取消多个图形的重叠的形状，即通过将最初所选形状减去后续所选形状的重叠区域

来创建形状。在绘图页中选择多个重叠的形状，执行【开发工具】|【形状设计】|【操作】|【剪除】命令即可。在进行剪除操作时，一般情况下是剪除后添加的形状区域，保留先添加的形状未重叠的区域。

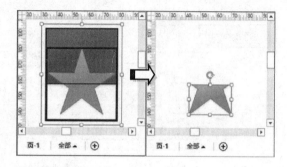

6．连接操作

连接操作是将单独的多条线段组合成一个连续的路径，或者将多个形状转换成连续的线条。首先，使用绘图工具绘制一个由线段组成的形状，并选择所有的线段。然后，执行【开发工具】|【形状设计】|【操作】|【连接】命令即可。

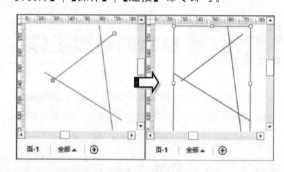

7．修剪操作

修剪操作是按形状的重叠部分来拆分形状。选择需要修剪的多个形状，执行【开发工具】|【形状设计】|【操作】|【修剪】命令，然后选择需要删除的线段或形状进行删除即可。

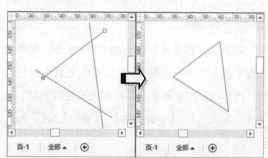

8. 偏移操作

在绘图页中选择需要偏移的形状，执行【开发工具】|【形状设计】|【操作】|【偏移】命令，弹出【偏移】对话框。在【偏移距离】文本框中输入偏移值即可，例如输入"5mm"偏移值的效果如下图所示。

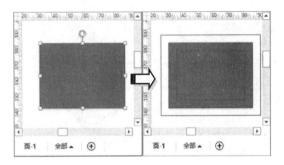

如果用户设置较大的偏移值，偏移后的外观可能与原始图形差别很大。

3.6.2 设置形状阵列

形状阵列是按照设置的行数与列数，来复制选中的形状。

在绘图页中选择形状，执行【视图】|【宏】|【加载项】|【其他 Visio 方案】|【排列形状】命令。在弹出的【排列形状】对话框中，设置各项选项即可阵列复制形状。

在该对话框中，主要包括下列几种选项。

❑ **行间距** 指定行之间的间距大小。可以通过输入负值的方法，来颠倒排列的方向。

❑ **行数目** 指定形状排列的行数。

❑ **列间距** 指定列之间的间距大小。可以通过输入负值的方法，来颠倒排列的方向。

❑ **列数目** 指定形状排列的列数。

❑ **形状中心之间** 表示可将形状之间的距离指定为一个形状的中心点到相邻形状的中心点之间的距离。

❑ **形状边缘之间** 表示可将形状之间的距离指定为一个形状边缘上的一点到相邻形状上距该边缘最近的边缘上一点的距离。

❑ **与主形状的旋转保持一致** 选中此复选框可以相对于形状（不是相对于页面）的旋转角度来陈列形状。

Visio 知识链接 3-5：使用容器

容器是一种特殊的形状，是由预置的形状组合而成的。通过容器，可以将绘图文档中的局部内容与周围内容分割开来，Visio 允许用户创建包含多个容器的嵌套容器。

Visio **3.7** 练习：面试工作流程图 　　　难度星级：★★★

在实际工作中，每个公司会根据招聘职位的不同制定不同的面试工作流程。除了使用 Word 等 Office 常用组件制作面试工作流程图之外，还可以使用专业绘图组件 Visio 快速且专业地绘制面试工作流程图。

在本练习中，将通过绘制面试工作流程图来详细介绍 Visio 中的一些常用技巧和基础知识。

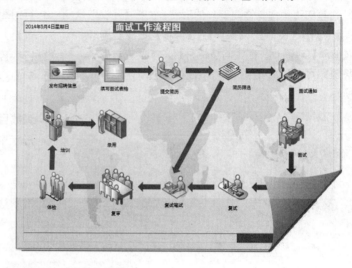

练习要点

- 创建模板文档
- 添加形状
- 应用主题
- 应用背景
- 应用边框和标题
- 添加文本

提示

在流程图页面中，选择【工作流程图-3D】选项，在弹出的页面中单击【创建】按钮，也可创建模板文档。

技巧

为绘图页添加背景之后，可通过执行【设计】|【背景】|【背景】|【无背景】命令，取消背景效果。

提示

在设置图表标题时，双击标题形状，可输入标题文本。选择所有文本，在【开始】选项卡【字体】选项组中，可设置标题文本加粗。

操作步骤 ❯❯❯❯

STEP|01 创建模板文档。执行【文件】|【新建】命令，在展开的页面中选择【类别】选项卡，选择【流程图】选项。然后，双击【工作流程图-3D】选项，创建模板文档。

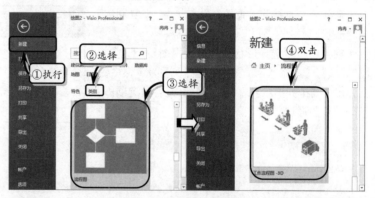

STEP|02 美化图表。执行【设计】|【背景】|【背景】|【世界】命令，设置图表的背景样式。执行【设计】|【页面设置】|【纸张方向】|【横向】命令，设置纸张方向。

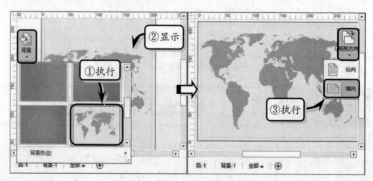

STEP|03 添加边框和标题。执行【设计】|【主题】|【丝状】命令，设置图表的主题效果。执行【设计】|【背景】|【边框和标题】|【飞越型】命令，为绘图页添加边框和标题。切换到"背景-1"页面中，修改标题文本并设置文本的字体格式。

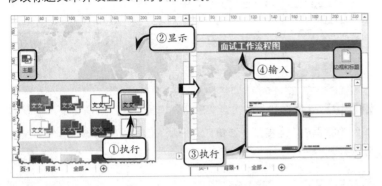

STEP|04 添加流程形状。将"工作流程对象-3D"模具中的"网页"和"文档"形状添加到绘图页中。然后，依次双击每个形状，分别输入说明性文本。

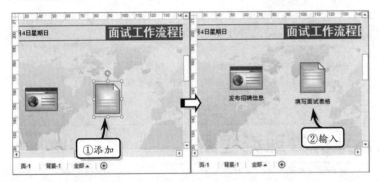

STEP|05 添加"提交"形状。将"工作流程步骤-3D"模具中的"提交"形状添加到绘图页中，并输入说明性文本。使用同样的方法，分别添加其他形状。

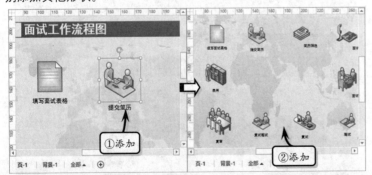

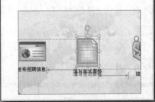
STEP|06 排列形状。选择第一排中的所有形状，执行【开始】|【排列】|【位置】|【横向分布】命令，横向排列形状。选择第一列中的形状，执行【开始】|【排列】|【位置】|【纵向分布】命令，纵向排列形状。使用同样方法，排列其他形状。

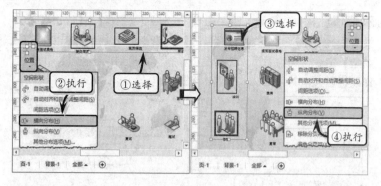

选择箭头形状，调整箭头形状中的黄色控制手柄，即可调整箭头形状的宽度和样式。

STEP|07 连接形状。将"箭头形状"模具中的"普通箭头"形状添加到绘图页中，连接第一和第二个形状。使用同样的方法，分别连接其他形状。

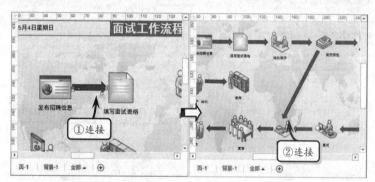

Visio **3.8** 练习：电话业务办理流程图　　　　　难度星级：★★★

电话业务办理流程图向客户展示了电话业务办理的流程，使客户对这项业务一目了然。在练习中，将使用 Visio 中的"基本流程图"模板文档来绘制电话业务办理流程图。

练习要点

- 创建模板文档
- 添加形状
- 设置字体格式
- 设置阴影效果
- 应用主题
- 应用背景
- 连接形状

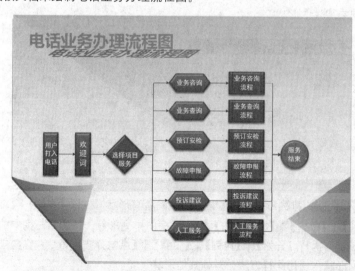

操作步骤 >>>>

STEP|01 创建模板文档。执行【文件】|【新建】命令，在页面中选择【类别】选项卡，然后选择【流程图】选项。在展开的【流程图】选项页中，双击【基本流程图】选项，创建模板文档。

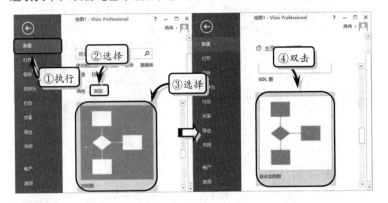

提示

在【新建】页面中，用户也可以直接选择【建议的搜索】选项组中的【流程图】选项，在展开的列表中选择【基本流程图】选项即可。

STEP|02 美化绘图。执行【设计】|【主题】|【离子】命令，设置主题效果。执行【设计】|【背景】|【背景】|【活力】命令，设置绘图页背景。

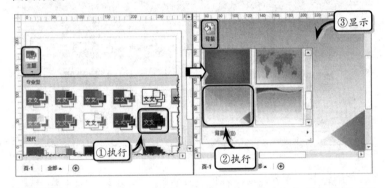

提示

当用户为绘图页应用主题效果之后，可执行【设计】|【主题】|【无主题】命令，取消主题效果。

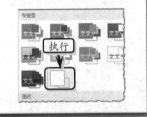

STEP|03 添加"流程"形状。将"基本流程图形状"模具中的"流程"形状添加到绘图页中，输入文本并设置文本格式。复制该形状，调整大小和位置并修改文本内容。

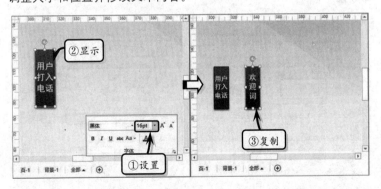

提示

在绘图页中选择第 1 个流程形状，执行【开始】|【剪贴板】|【格式刷】命令。然后，单击第二个形状，即可将第一个形状中的格式应用到第二个形状中。

STEP|04 添加其他形状。将"基本流程图形状"模具中的"判定"

"自定义 4""子流程"和"页面内引用"形状添加到绘图页中，调整形状位置，输入文本并设置文本的字体格式。然后，复制各个形状，并排列形状。

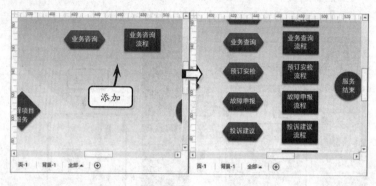

STEP|05 连接形状并添加棱台效果。执行【开始】|【工具】|【连接线】命令，拖动鼠标连接各个形状，并调整连接线的位置。选择所有形状，执行【开始】|【形状样式】|【效果】|【棱台】|【圆】命令，设置形状的棱台效果。

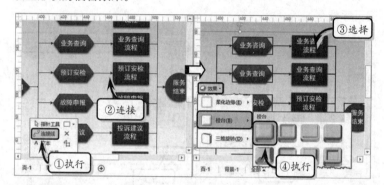

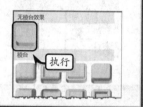
STEP|06 制作图表标题。选择所有形状，执行【开始】|【工具】|【文本块】命令，拖动鼠标创建一个文本块，输入标题文本。然后，选择文本，在【开始】选项卡【字体】选项组中设置字体、字号和字体效果。

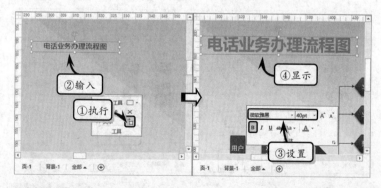

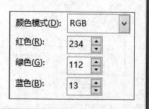
STEP|07 添加阴影效果。选择文本，执行【开始】|【形状样式】|

【效果】|【阴影】|【阴影选项】命令，在展开的【阴影】选项组中自
定义阴影效果。

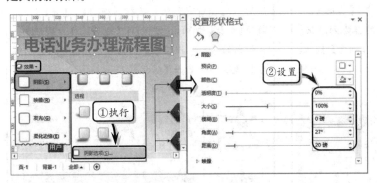

提示

在【阴影】选项组中，
单击【颜色】下拉按钮，
选择【其他颜色】选项，
可自定义阴影颜色。

Visio 3.9 高手答疑

难度星级：★★★

问题 1：如何绘制三维形状？

解答：用户可以根据三维透视原则绘制三维形状。
例如，要绘制一个正方体，可先执行【开始】|【工
具】|【线条】命令，绘制一个简单的平行四边形。
然后，执行【开始】|【工具】|【矩形】命令，绘
制正面的正方形。最后，执行【开始】|【工具】|
【线条】命令，将平行四边形右侧的端点和正方形
右下角的端点用两条直线段连接起来，完成正方体
绘制。

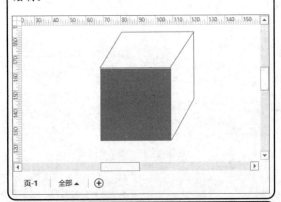

问题 2：如何将某种形状添加到"快速形状"
模具中？

解答："快速形状"模具是形状分类中最常用的模
具项目。在【形状】窗格中选中形状分类的选项卡，
并在选项卡中选中某个形状。然后右击，执行【添
加到快速形状】命令，即可将形状添加到"快速形

状"模具中。

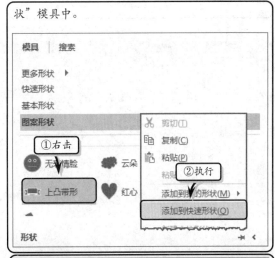

问题 3：如何解除形状的组合状态？

解答：选择组合后的形状，右击执行【组合】|【取
消组合】命令，即可取消形状之间的组合状态。

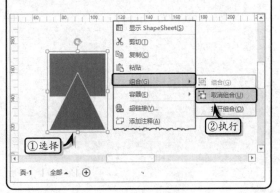

问题 4：如何复制多个等距离的形状？

解答：首先，在绘图页中添加一个"五角星"形状。然后，执行【视图】|【宏】|【加载项】|【其他 Visio 方案】|【排列形状】命令，在弹出的【排列形状】对话框中，设置间距和数目，并单击【确定】按钮。

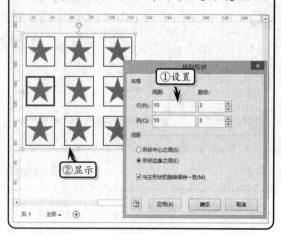

问题 5：如何为形状编号？

解答：首先，在绘图页中添加多个"五角星"形状。然后，选择所有形状，执行【视图】|【宏】|【加载项】|【其他 Visio 方案】|【给形状编号】命令，在弹出的【给形状编号】对话框中，选中【自动编号】选项，并单击【确定】按钮。

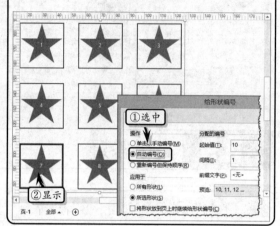

第4章

编 辑 文 本

在之前的章节中已了解了 Visio 的基本操作，以及绘制形状、使用模具等的方法。在使用 Visio 绘制图表时，除了添加各种形状外，还需要使用文本对形状进行注释和说明，以使图表内容更清楚。本章将介绍在 Visio 绘图文档中插入文本，以及编辑文本的方法。

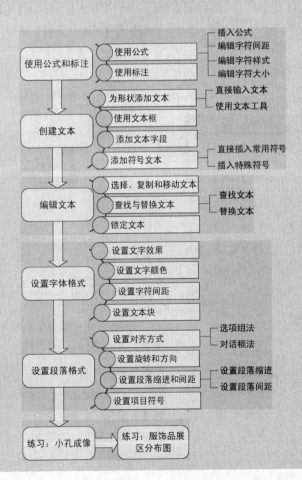

Visio 4.1 创建文本

难度星级：★★ ●知识链接 4-1：添加标签和符号

4.1.1 为形状添加文本

Visio 中大部分形状都包含一个隐含的文本框，双击形状即可输入文本。当形状中没有包含隐含的文本框时，则可以使用【文本】工具，为形状添加文本。

1. 直接输入文本

在绘图页中双击形状，系统会自动进入文字编辑状态，在显示的文本框中直接输入文字，按下 Esc 键或单击其他区域即可完成文本的输入。

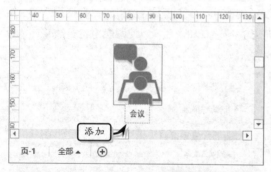

> **注意**
>
> 用户也可以通过选择形状后按 F2 键的方法，来为形状添加文本。

2. 使用文本工具

执行【开始】|【工具】|【文本】命令，在形状中绘制文本框并输入文本。然后，选择文本块，便可以像对形状操作那样对文本块进行相应的调整。

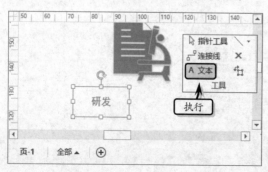

主要可以执行下列几种操作。

❑ **旋转文本块** 移动鼠标至旋转手柄上，当鼠标指针变成 ● 形状时拖动鼠标即可。

❑ **移动文本块** 移动鼠标至文本块上，当鼠标指针变成 形状时拖动鼠标即可。

❑ **调整大小** 选择文本块，使用鼠标拖动选择手柄即可调整文本块的大小。

4.1.2 使用文本框

Visio 为用户提供了文本框功能，通过该功能可以在绘图页的任意位置以添加纯文本的方式，为形状添加注解、标题等文字说明。

执行【插入】|【文本】|【文本框】|【横排文本框】或【垂直文本框】命令，拖动鼠标即可绘制一个水平或垂直方向的文本框，在该文本框中输入文字即可。

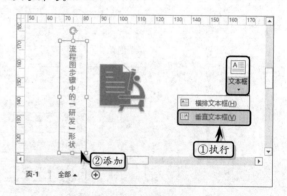

4.1.3 添加文本字段

Visio 为用户提供了显示系统日期、时间、几何图形等字段信息，默认情况下这些字段信息处于隐藏状态。

执行【插入】|【文本】|【域】命令，在弹出的【字段】对话框中设置显示信息，即可将字段信息插入到形状中，变成可见状态。

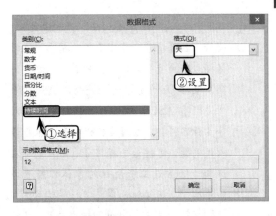

在【字段】对话框中,主要可以设置以下几种类别的字段。

□ **形状数据** 显示所选形状在 ShapeSheet 电子表格中存储的形状数据。用户可以定义形状数据信息类型与某个形状相关联。

□ **日期/时间** 显示当前的日期和时间,或文件创建、打印、编辑的日期和时间。

□ **文档信息** 显示来自文件属性中的信息。

□ **页信息** 使用在文件属性信息来跟踪背景、名称、页数等信息。

□ **几何图形** 显示形状的宽、高和角度信息。

□ **对象信息** 使用在【特殊】对话框中输入的信息来跟踪数据 1、数据 2、主控形状等信息。

□ **用户定义的单元格** 显示所选形状在 ShapeSheet 电子表格中的用户定义的单元格值。

□ **自定义公式** 使用【属性】对话框中的信息来跟踪创建者、说明、文件名等文本信息。

另外,当用户选择相应的类别与字段名称后,单击【数据格式】按钮,在弹出的【数据格式】对话框中可以设置字段的数据类型与格式。

4.1.4 添加符号文本

在实际绘制图表工作中,往往需要在文本中插入各种特殊符号,以添加诸如单位、制表符等,此时,就需要使用插入符号的功能。

1. 直接插入常用符号

激活形状文本块或文本框,选择一个插入点,执行【插入】|【文本】|【符号】命令,选择相应的符号,即可将其添加到文本框或形状文本中。

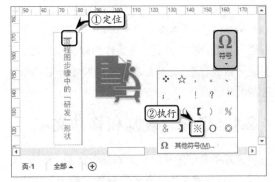

2. 插入特殊符号

常用符号的列表中只包含了很少的一部分符号。如用户需要插入更多的符号,则需要执行【插入】|【文本】|【符号】|【其他符号】命令,在弹出的【符号】对话框中,选择一种符号样式,单击【插入】按钮,即可插入该符号。

在【符号】对话框中，主要包含了两种选项卡。

❑ **符号** 在【符号】选项卡中，用户可在对话框右下角【来自】下拉列表中选择字符集，包括 Unicode、十六进制的 ASCII 和十进制的 ASCII 以及简体中文 GB18030 等 4 种字符集。在【字符代码】文本框输入代码数值可快速选择符号。用户也可在选项卡上方选择所使用的字体以及子集的分类，从而详细地定义字符的位置。

❑ **特殊字符** 对于一些常用但在符号表中难

以查找的特殊字符，用户可在【特殊字符】选项卡中检索。例如，版权所有符号"©"等。

知识链接 4-1：添加标签和符号

在 Visio 中，用户可以通过添加标签与编号的方法，来标注绘图页中的元素。执行【视图】|【宏】|【加载项】|【其他 Visio 方案】|【给形状编号】命令，在弹出的【给形状编号】对话框中，设置编号的基本格式即可。

Visio **4.2** 编辑文本

难度星级：★★ ●知识链接 4-2：批量输入上下标

Visio 中的文本类似于 Word 中的文本，不仅可以通过复制、移动或删除等操作编辑文本内容，而且还可以通过查找、替换功能查找并统一替换相对应的文本。

4.2.1 选择、复制和移动文本

文本的基础编辑是对文本进行复制、粘贴、剪切等，但在编辑文本之前还需要先了解一下选择文本的操作方法。

1．选择文本

在编辑文本之前，首先要选择需要编辑的文本块。用户可以通过下列方法选择文本。

❑ **直接双击文本** 双击需要编辑文本的形状，即可选择文字。

❑ **利用工具选择文本** 选择需要编辑文本的形状，执行【开始】|【工具】|【文本】命令，即可选择文字。

❑ **利用快捷键选择文本** 选择需要编辑文本的形状，按 F2 键即可选择文字。

2．复制和移动文本

复制文本是将原文本的副本放置到其他位置，原文本保持不变。用户可用下列方法复制文本。

❑ **使用命令** 选择需要复制的文本，执行【开始】|【剪贴板】|【复制】命令。选择放置位置，执行【开始】|【剪贴板】|【粘

贴】|【粘贴】命令即可。

❑ **使用快捷命令** 选择需要复制的文本，右击执行【复制】命令。选择放置位置，右击执行【粘贴】命令即可。

❑ **使用鼠标** 选择需要复制的文本，按住 Ctrl 键拖动文本到需要的地方，然后释放鼠标即可。

❑ **使用快捷键** 选择需要复制的文本，按快捷键 Ctrl+C 复制文本。选择放置位置，按快捷键 Ctrl+V 粘贴文本即可。

移动文本是改变文本的放置位置，用户可用下列方法移动文本。

❑ **使用命令** 选择需要移动的文本，执行【开始】|【剪贴板】|【剪切】命令。选择放置位置，执行【开始】|【剪贴板】|【粘贴】|【粘贴】命令即可。

❑ **使用快捷命令** 选择需要移动的文本，右击执行【剪切】命令。选择放置位置，右击执行【粘贴】命令即可。

❑ **使用鼠标** 选择需要移动的文本，当鼠标指针变成"四向箭头"时 ✛ 拖动文本到需要的位置，然后释放鼠标即可。

❑ **使用快捷键** 选择需要移动的文本，按快捷键 Ctrl+X 复制文本。选择放置位置，按快捷键 Ctrl+V 粘贴文本即可。

复制文本,执行【开始】|【剪贴板】|【粘贴】|【选择性粘贴】命令,可对复制的文本进行选择性粘贴。

3.删除文本

用户可以使用下列方法,删除全部或部分文本。

❑ **删除整个文本** 按快捷键 Ctrl+A 选择文本框中的所有文本,并按下 Delete 键删除文本。

❑ **删除部分文本** 在文本框中选择需要删除的文本,按下 Backspace 键逐个删除。

❑ **撤销删除操作** 按快捷键 Ctrl+Z 撤销错误的操作,恢复到删除之前的状态。

❑ **恢复撤销操作** 按快捷键 Ctrl+Y 恢复撤销的操作,恢复到撤销之前的状态。

当用户选择形状并按 Delete 键,可以将形状与文本一起删除。当用户选择文本框并按 Delete 键,只删除文本。

4.2.2 查找与替换文本

Visio 提供的查找与替换功能,主要用于快速查找,或替换形状中的文字与短语。利用查找与替换功能,可以实现批量修改文本的目的。

1.查找文本

执行【开始】|【编辑】|【查找】|【查找】命令,在弹出的【查找】对话框中,可以搜索形状中的文本、形状数据等内容。

【查找】对话框中各选项的功能,如下表所示。

选项组	选项		说明
查找内容			指定要查找的文本或字符
特殊			显示可以搜索的特殊字符列表
搜索范围	选定内容		表示仅搜索当前选定内容
	当前页		表示仅搜索当前页
	全部页		表示搜索打开的绘图文档中的全部页
	形状文本		表示搜索存储在文本块中的文本
	形状数据		表示搜索存储在形状数据中的文本
	形状名		表示搜索形状名(在模具中的形状下面看到的名称)
	用户定义的单元格		表示搜索用户定义的单元格中的文本
选项	区分大小写		指定找到的所有匹配项都必须与查找内容中指定的大小写字母组合完全一致
	全字匹配		指定找到的所有匹配项都必须是完整的单词,而非较长单词的一部分
	匹配字符宽度		指定找到的所有匹配项都必须与查找内容中指定的字符宽度完全一致
查找范围			确定匹配的文本已在文本块中找到,或者显示形状名、形状数据或用户定义的单元格
查找下一个			搜索下一个出现查找内容的位置

2.替换文本

执行【开始】|【编辑】|【查找】|【替换】命令,在弹出的【替换】对话框中,可以设置查找内容、替换文本及各项选项设置。

【替换】对话框中各项选项的功能，如下表所示。

选项组	选项	说明
查找内容		指定要查找的文本
替换为		指定要用做替换的文本
特殊		显示可以搜索的特殊字符列表
搜索	选定内容	表示仅搜索当前选定内容
	当前页	表示仅搜索当前页
	全部页	表示搜索打开的绘图文档中的全部页
选项	区分大小写	仅查找那些与查找内容中指定的字母大小写组合完全一致的内容
	全字匹配	查找匹配的完整单词，而非较长单词的一部分
	匹配字符宽度	仅查找那些与查找内容中指定的字符宽度完全相等的内容
替换		用"替换为"中的文本替换"查找内容"中的文本，然后查找下一处
替换全部		用"替换为"中的文本替换所有出现查找内容的文本
查找下一个		查找并选择下一个出现查找内容的文本

4.2.3 锁定文本

一般情况下，纯文本形状、标注或其他注解形状可以随意调整与移动，便于用户进行编辑。但是，在特殊情况下，用户不希望所添加的文本或注释被编辑。此时，需要利用 Visio 提供的"保护"功能锁定文本。

选择需要锁定的文本形状，执行【开发工具】|【形状设计】|【保护】命令，在弹出的【保护】对话框中，单击【全部】按钮或根据定位需求选择具体选项即可。

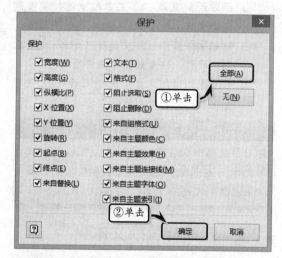

注意

在【保护】对话框中，单击【无】按钮或取消具体选项的选择即可解除文本的锁定状态。

Visio 知识链接 4-2：批量输入上下标

用户在编辑包含大量数学或化学公式的文本块时，需要输入大量的上标与下标。如果按照惯用的输入方法，不但显得非常繁琐，而且还浪费录入时间。在 Visio 2010 中，用户可以运用格式刷功能，批量设置上标与下标。

Visio 4.3 设置字体格式

难度星级：★★ ●知识链接 4-3：设置制表位

在插入文本内容之后，用户还可以对文本的字体格式进行设置，以增强文本的表现力。

4.3.1　设置文字效果

文字效果主要包括字体、字号和字形等效果，其中字体是指字母、标点、数字或符号所显示的外形效果。字形是字体的样式。字号代表字体的大小。

1．设置字体、字号与字形

Visio 为用户提供的【字体】选项组，包含了字体格式的常用命令。通过该选项组，可以帮助用户完成设置字体格式的所有操作。

- ❏ **设置字体**　选择需要设置字体的形状，执行【开始】|【字体】|【字体】命令，在其下拉列表中选择相应的字体即可。
- ❏ **设置字形**　执行【开始】|【字体】|【加粗】或【倾斜】命令，可以更改所选文字的字形。
- ❏ **设置字号**　执行【开始】|【字体】|【字号】命令，在其下拉列表中选择一种字号，可更改所选文字的大小。

另外，单击【开始】选项卡【字体】选项组中的【对话框启动器】按钮，弹出【文本】对话框。激活【字体】选项卡，在【西文】与【亚洲文字】选项中设置字体；在【字号】选项中设置字号；在【样式】选项中设置字形。

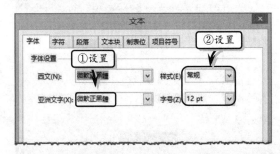

> **技巧**
>
> 在设置字体时，可以使用快捷键 Ctrl+B 与 Ctrl+I 设置文本的加粗与倾斜。

2．设置文字效果

在 Visio 中，用户还可以设置文本的效果，即设置文本的位置、颜色、透明度等。在【文本】对话框【字体】选项卡中，设置【常规】选项组中的各项选项即可更改文字效果。

设置文字效果的各选项的功能，如下所述。

- ❏ **大小写**　指定文本的大小写格式，包括正常、全部大写、首字母大写与小型大写字母 4 种选项。
- ❏ **位置**　指定文本位置。其中，"正常"表示在基准线上水平对齐所选文本，"上标"表示所选文本在基准线上方并降低磅值，"下标"表示所选文本在基准线下方并降低磅值。
- ❏ **下划线**　在所选文本的下面绘制一条线。其中，"单线"表示在选定文本下方绘制一条单线。"双线"表示在所选文本下方绘制一条双线。对于日语或韩语竖排文本，下划线定位在文本右侧。
- ❏ **删除线**　绘制一条穿过文本中心的线。
- ❏ **颜色**　设置文本的颜色。
- ❏ **语言**　指定语言。指定的语言会影响复杂文种文字和亚洲文字的文本放置。
- ❏ **透明度**　用于设置文本的透明程度，其值介于 0%~100% 之间。

> **注意**
>
> 用户也可以通过执行【开始】|【字体】|【下划线】命令来设置文字的下划线效果。

4.3.2　设置文字颜色

如用户需要文本显示更多的色彩，执行【开始】|【字体】|【字体颜色】命令，选择相应的颜色即可。

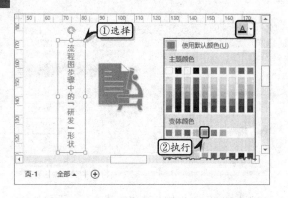

在【字体颜色】列表中，包含了【使用默认颜色】【主题颜色】以及【标准色】等选项。如这些颜色中未包含用户需要的颜色，则用户可执行【其他颜色】命令，打开【颜色】对话框，在该对话框中选择使用的颜色。

4.3.3 设置字符间距

用户可以通过设置字符间距的方法，使文本块具有可观性与整齐性。在【开始】选项卡【字体】选项组中单击【对话框启动器】按钮，在弹出的【文本】对话框中激活【字符】选项卡，可设置字符缩放比例与字符间距值。

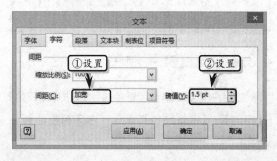

在【字符】选项卡中，主要包括下列几种选项。

❑ **缩放比例** 用于设置字符的大小，其值介于1%~600%之间。当百分比值小于100%时，会使所选字符变窄；当百分比值大于100%时，会使所选字符变宽。

❑ **间距** 用于设置字符之间的距离。默认设置为"标准"，而"加宽"则表示按照指定的磅值将字符拉开，"紧缩"则表示按照磅值移动字母使之紧凑。

❑ **磅值** 设置间距以便加宽或紧缩所选字符。其取值范围介于-1584（紧缩）~1584（加宽）之间。磅是排版机所用的传统度量衡，一磅等于1/72英寸。

4.3.4 设置文本块

设置文本块即是设置所选文本块的对齐方式、边距与背景色。

选择需要设置的文本块，在【开始】选项卡【字体】选项组中单击【对话框启动器】按钮，在弹出的【文本】对话框中，激活【文本块】选项卡，即可设置相关选项。

在该选项卡中，主要包括下列几种选项。

❑ **对齐** 用于设置文本对齐的方式。选中横排文本块，对齐方式包括中部、顶部和底部3种。选中竖排文字块，对齐方式包括居中、靠左与靠右3种。

□ **边距**　主要用来设置文本距离文本块上、下、左、右边缘的距离。

□ **文本背景**　用于设置文本块的背景颜色。单击【纯色】下拉按钮可以选择多种纯色背景色。【透明度】选项用于设置背景色的透明度，其值介于 0%~100% 之间。

> **注意**
>
> 用户还可以通过执行【开始】|【段落】|【文字方向】命令来改变文字方向。

知识链接 4-3：设置制表位

在【开始】选项卡【字体】选项组中单击【对话框启动器】按钮，在弹出的【文本】对话框中，激活【制表位】选项卡，在选项卡中可以为所选段落或所选形状的整个文本块，添加、删除与调整制表位。

Visio 4.4　设置段落格式

难度星级：★★　●知识链接 4-4：快速去除文本格式

段落是由一个或多个句子组成的文字单位。在 Visio 中，用户可以通过设置段落的对齐方式及段落之间的距离等，规范并控制文本样式。

4.4.1　设置对齐方式

Visio 为用户提供了水平对齐和垂直对齐两种对齐类型。一般情况下可通过下列方法来设置文本的对齐方式。

1．选项组法

Visio 为用户提供了左对齐、居中、右对齐等 7 种对齐方式，执行【开始】选项卡【段落】选项组中相对应的命令，即可设置文本的对齐方式。

按钮	名称	功能	快捷键
	左对齐	将文字左对齐	Shift+Ctrl+L
	居中	将文字居中对齐	Shift+Ctrl+C
	右对齐	将文字右对齐	Shift+Ctrl+R
	两端对齐	将文字左右两端同时对齐，并根据需要增加字间距	Shift+Ctrl+J
	顶端对齐	将文本靠文本框的顶部对齐	Shift+Ctrl+I
	中部对齐	对齐文本，使其位于文本框的中部	Shift+Ctrl+M
	底端对齐	将文字靠文本框的底部对齐	Shift+Ctrl+V

【段落】选项组中各对齐方式的功能如下表所示。

2．对话框法

在【开始】选项卡【段落】选项组中单击【对话框启动器】按钮，在弹出的【文本】对话框中激活【段落】选项卡，单击【对齐方式】下拉按钮，选择相应的选项即可。

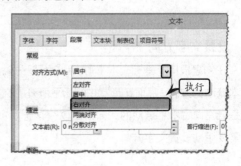

【对齐方式】选项用来设置文本相对于文本块边距的对齐方式，主要包括以下 5 种选项：

❏ **居中** 表示每行文本在左右页边距间居中。

❏ **左对齐** 表示每行文本都在左边距处开始对齐，而文本右侧不对齐。

❏ **右对齐** 表示每行文本都在右边距处开始对齐，而文本左侧不对齐。

❏ **两端对齐** 调整文字与字符之间的间距，以便除段落最后一行外的每行文本都填充左右页边距间的空间。

❏ **分散对齐** 调整文字与字符之间的间距，以便包括段落最后一行在内的每行文本都填充左右页边距间的空间。

4.4.2 设置旋转和方向

在使用 Visio 编辑文本时，用户还可以旋转文本或设置文字的方向。

1．旋转文本

Visio 支持对文本框或形状内的文本向左以 90 度的幅度进行旋转。选中文本框或形状，执行【开始】|【段落】|【旋转文本】命令，即可将文本向左旋转。

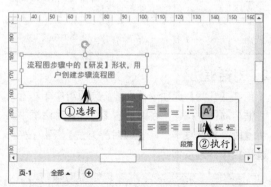

2．设置文字方向

在创建横排或垂直文本框时，用户可以先确定文本流动的方向。然而在形状中，几乎所有的文本都是自左向右水平流动的。如需要改变这种状况，就需要手动设置文字方向。

选择形状或文本框，执行【开始】|【段落】|【文字方向】命令，即可切换文字方向。

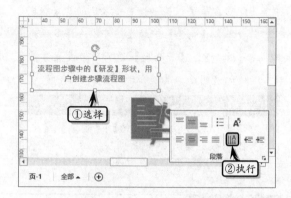

4.4.3 设置段落缩进和间距

当用户为绘图文档添加文本之后，为了使文本块整齐可观，也为了增加绘图页的整体美观度，需要设置文本的缩进和间距。

1．设置段落缩进

Visio 在【开始】选项卡【段落】选项组中，为用户提供了"减少缩进量"与"增加缩进量"两种缩进方式，用户只需执行相应的命令即可设置文本的缩进方式。其中，"减少缩进量"表示减少页边距与段落之间的距离，而"增加缩进量"则表示增加页边距与段落之间的距离。

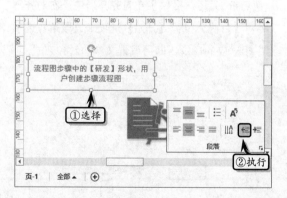

另外，选择文本块，在【开始】选项卡【段落】选项组中单击【对话框启动器】按钮，在弹出的【文本】对话框中激活【段落】选项卡，设置【缩进】选项组中的缩进值也可设置段落缩进。

在【缩进】选项组中，包括下列 3 种选项。

□ **文本前** 设置文本的前端与页边距的距离。在横排文本中指左边距，在竖排文本中指右边距。

□ **文本后** 设置文本后端与页边距的距离。在横排文本中指右边距，在竖排文本中指左边距。

□ **首行缩进** 设置文本首行相对于页边距的缩进。

2．设置段落间距

选择文本块，在【开始】选项卡【段落】选项组中单击【对话框启动器】按钮，在弹出的【文本】对话框中激活【段落】选项卡，设置【间距】选项组中的各项间距值即可设置段落间距。

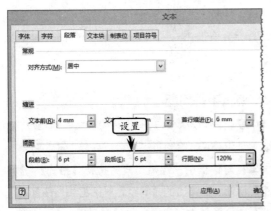

【间距】选项组用来设置所选段落的段间距和行间距，如果未选择任何段落，则设置整个文本块的段间距和行间距。

□ **段前** 用来设置段落前空间大小。

□ **段后** 指定段落后空间大小（文本块的末段除外）。如果已经为段前指定了一个值，那么段落之间的间距等于段前与段后值

的总和。

□ **行距** 指定段落内的行间距。默认情况下，该值显示为 120%，该设置确保字符不会触及下一行。

4.4.4 设置项目符号

项目符号是为文本块中的段落或形状添加强调效果的点或其他符号。选择文本块，执行【开始】|【段落】|【项目符号】命令，即可为文本块添加默认样式的项目符号。

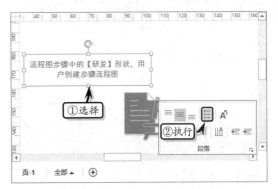

另外，选择文本块，在【开始】选项卡【段落】选项组中单击【对话框启动器】按钮，在弹出的【文本】对话框中激活【项目符号】选项卡，在该选项卡中可设置项目符号的样式、字号、文本位置等。

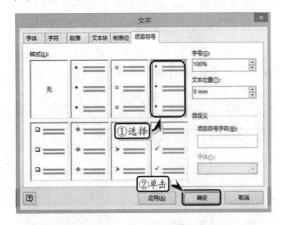

在【项目符号】选项卡中，主要包括以下选项。

□ **样式** 用来显示项目符号的样式。

□ **字号** 指定项目符号的大小，但不影响其余文本。用户可以用磅值（如 4pt.）或百分比（如 60%）来标识符号的大小。

□ **文本位置** 指定项目符号与文本之间的间距。

□ **自定义** 用于自定义项目符号的字符与字体样式。其中,在【项目符号字符】选项中自定义项目符号字符,【字体】选项即可指定自定义项目符号字符的字体。

> **知识链接4-4:快速去除文本格式**
>
> 在使用 Visio 编辑文本内容时,往往需要复制网页或其他文档中的部分内容。由于在复制文档的过程中,直接将文档中的字体或段落等格式一起复制过来,会与当前的文档格式或主题格格不入。此时,可以运用 Visio 中的粘贴功能来解决上述问题。

4.5 使用公式和标注

难度星级:★★ ●知识链接4-5:使用图层

公式是 Visio 中嵌入的一种文本对象,主要用于帮助用户表达绘图页中的公式或特殊符号。而标注则是 Visio 中为形状添加批注的一种独特的文本形状。在本小节中,将详细介绍公式和标注的基础知识和使用方法。

4.5.1 使用公式

公式是一个等式,是一个包含了数据和运算符的数学方程式。在绘图页中可以运用公式来表达一些物理、数学或化学方程式,以充实绘图内容。

1.插入公式

执行【插入】|【文本】|【对象】命令,在弹出的【插入对象】对话框中,选择列表框中的【Microsoft 公式 3.0】选项,并单击【确定】按钮。

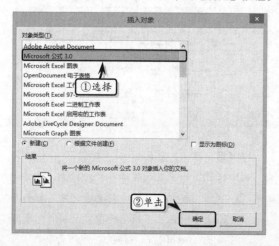

此时,系统会自动弹出公式编辑器对话框。假如要输入下图中的公式,可先输入"S=",然后选择【分式和根式模板】|【分号】选项,插入分号,最后再分别输入分子和分母。

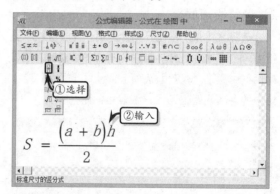

2.编辑字符间距

字符间距是表达式中各种字符之间的距离,以磅为单位。双击绘图页中的公式对象,进入到公式编辑器对话框中。选择公式,执行【格式】|【间距】命令,在弹出的【间距】对话框中,设置【行距】值,并单击【确定】按钮即可更改公式行距。

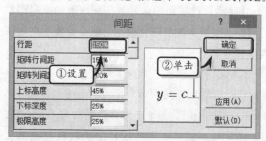

3．编辑字符样式

在公式编写过程中，用户还可以设置字体、粗体、斜体等字符样式。在公式编辑器窗口中，执行【样式】|【定义】命令。在弹出的【样式】对话框中，设置【函数】字符格式，单击【确定】按钮。然后，选择公式，使用新定义的字符样式即可更改公式字符样式。

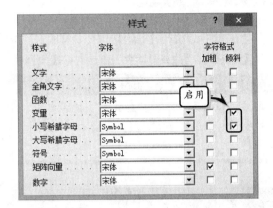

4．编辑字符大小

在公式编辑器窗口中，执行【尺寸】|【定义】命令，在弹出的【尺寸】对话框中，自定义【标准】磅值，单击【确定】按钮。然后，选择公式，使用新定义的尺寸选项即可更改字符大小。

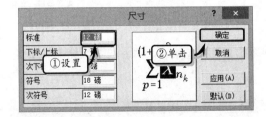

4.5.2 使用标注

标注是 Visio 中一种特殊的对象，为形状提供外部的文字说明。使用标注可将批注添加到图表中的形状，标注会随其附加的形状移动、复制与删除。

1．插入标注

Visio 内置了 14 种标注，用户只需执行【插入】|【图部件】|【标注】命令，在其级联菜单中选择一种命令即可。

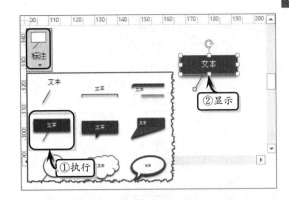

选择标注，用户可以像移动形状那样，移动标注以调整标注的位置。插入标注之后，用户可以通过双击标注，或者右击标注执行【编辑文本】命令，为标注添加文本。

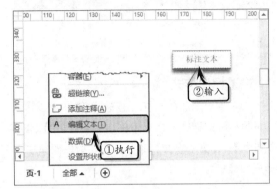

2．与形状关联标注

标注可以作为单独的对象进行编辑，也可以关联到形状中，与形状一起移动或删除。首先，在绘图页中添加一个形状，然后拖动标注对象中的黄色控制点，将其连接到形状上，即可将标注关联到形状中。

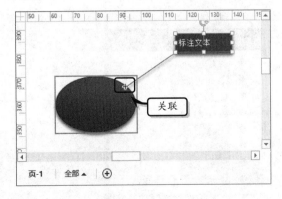

3．更改标注形状

当用户感觉所插入的标注对象与绘图页或形

状搭配不合理时，可以右击标注，在弹出的快捷菜单中，执行【更改形状】命令，在其级联菜单中另选择一种形状样式即可。

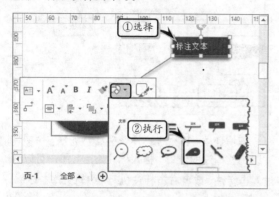

注意

选择标注，将鼠标移至标注四周的控制点上，拖动鼠标即可调整标注对象的大小。

4．设置标注样式

标注属于形状的一种，用户可以像设置形状那样设置标注的样式。选择标注，执行【开始】|【形状样式】|【快速样式】命令，在其级联菜单中选择一种样式即可。

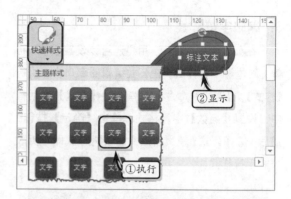

用户还可以执行【开始】|【形状样式】|【填充】【线条】或【效果】命令，自定义标注的样式。

注意

用户可以右击标注，在弹出的快捷菜单中，执行【样式】命令，在其级联菜单中选择一种样式，即可设置标注的样式。

知识链接 4-5：使用图层

图层是 Visio 绘图文档中的一种特殊对象，默认情况下为不可见状态。用户可以将绘图页中的各种对象分配到不同图层中，以实现分组的目的。

4.6 练习：小孔成像图 难度星级：★★

在日常生活中经常会遇到光的直线传播的现象，在本练习中将运用 Visio 中的"基本框图"模板，制作光的直线传播实例——小孔成像图。

练习要点

- 创建模板文档
- 添加形状
- 设置形状格式
- 组合形状
- 旋转形状
- 应用背景
- 应用主题
- 应用边框和标题

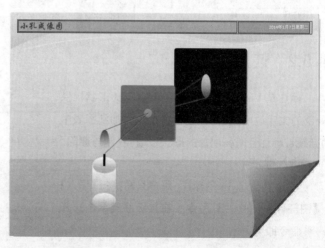

操作步骤 >>>>

STEP|01 创建模板文档。启动 Visio 软件，在"新建"页面中双击【基本框图】选项，创建模板文档。

STEP|02 美化绘图。执行【设计】|【主题】|【主题】|【无主题】命令，取消主题效果。

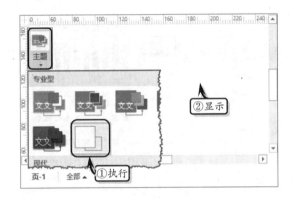

STEP|03 添加背景。执行【设计】|【背景】|【背景】|【溪流】命令，为绘图页添加背景效果。

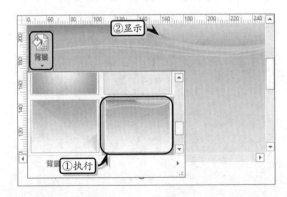

STEP|04 更改填充色。切换到"背景-1"绘图页中，选择背景形状，执行【开始】|【形状样式】|【填充】|【淡紫，着色3，淡色80%】命令。

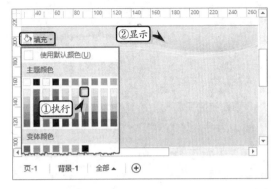

STEP|05 添加边框和标题。执行【设计】|【背景】|【边框和标题】|【平铺】命令，输入标题文本并设置文本的字体格式。

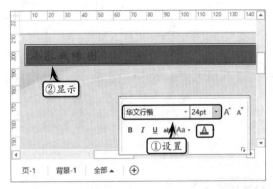

STEP|06 设置标题颜色。选择标题形状，执行【开始】|【形状样式】|【填充】|【金色，着色6】命令。同样方法，设置其他边框和标题的填充颜色。

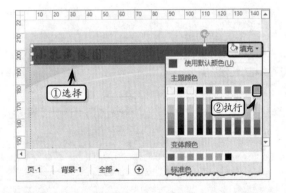

STEP|07 绘制矩形。切换到"页-1"绘图页中，将"矩形"形状拖到绘图页中，并调整其大小与位置。

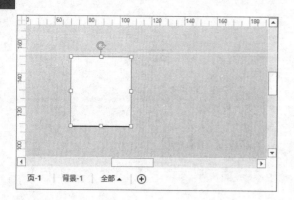

STEP|08 绘制椭圆。将两个"椭圆形"形状拖到绘图页中，并调整其大小与位置。

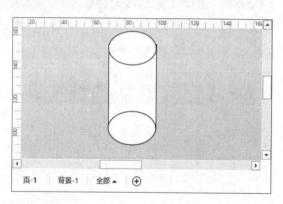

STEP|09 渐变填充。组合所有的形状，右击执行【设置形状格式】命令，选中【渐变填充】选项，将类型设置为"线性"，将角度设置为"270°"。

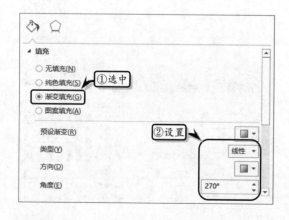

STEP|10 更改渐变颜色 1。选择左侧的渐变光圈，单击【颜色】下拉按钮，选择【其他颜色】选项，自定义填充颜色。

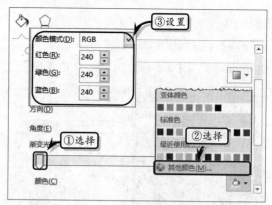

STEP|11 更改渐变颜色 2。选择右侧的渐变光圈，单击【颜色】下拉按钮，选择【白色，白色】选项。

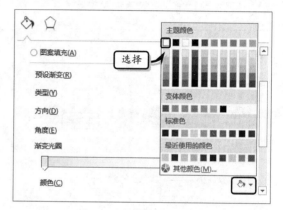

STEP|12 添加矩形。在绘图页中添加一个矩形，调整其大小与位置，并将填充颜色设置为"黑色"。

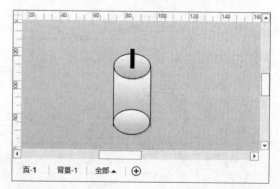

STEP|13 添加椭圆。在绘图页中添加一个椭圆，调整其大小与位置，右击形状执行【设置形状格式】命令，设置其填充颜色。

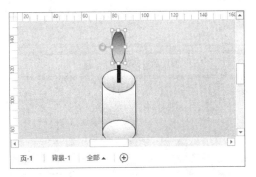

STEP|14 设置形状样式。组合绘图页中的所有形状，执行【开始】|【形状样式】|【线条】|【无线条】命令，取消形状的线条样式。

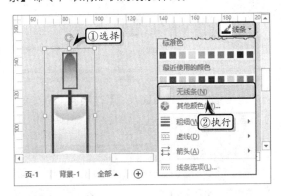

STEP|15 添加圆角矩形。在绘图页中添加一个圆角矩形，将其颜色设置为渐变填充颜色。

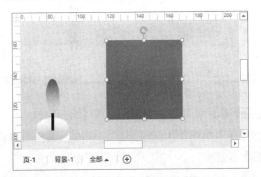

STEP|16 添加阴影。右击圆角矩形，执行【设置形状格式】命令，激活【效果】选项卡，展开【阴影】选项组，自定义阴影参数。使用同样方法，制作其他形状。

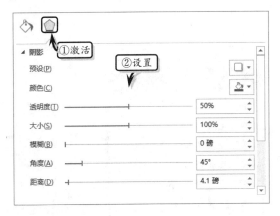

STEP|17 复制火焰。选择"蜡烛"组合形状中的"火焰"形状，复制并旋转该形状。

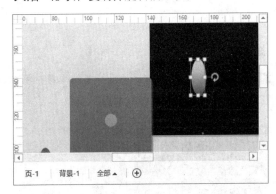

STEP|18 添加直线。执行【开始】|【工具】|【绘图工具】|【线条】命令，绘制直线，并设置直线的颜色和样式。

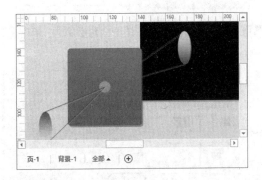

Visio　**4.7**　练习：服饰品展区分布图　　难度星级：★★

服饰品展区分布图是一种提供详细的产品分布信息，方便参观者有目的地进行参观，从而寻找潜在的合作伙伴或关注的商家的图表。在本练习中，将利用 Visio 中"平面布置图"模板，通过对空间的布

Visio 2013

Visio 2013 图形设计从新手到高手

Visio 2013 图形设计从新手到高手

局设计，制作一份服饰品展区分布图。

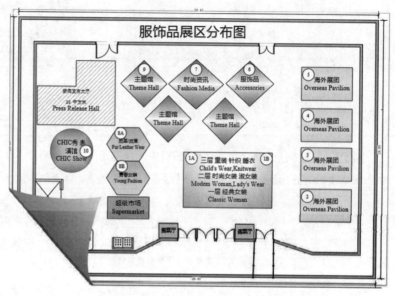

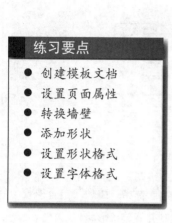

练习要点

- 创建模板文档
- 设置页面属性
- 转换墙壁
- 添加形状
- 设置形状格式
- 设置字体格式

操作步骤 ▶▶▶▶

STEP|01 选择模板。启动 Visio 软件，在展开的
页面中选择【平面布置图】选项。

STEP|02 创建文档。在弹出的对话框中，单击【创
建】按钮，创建模板文档。

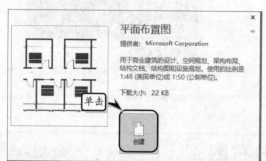

STEP|03 设置页面尺寸。单击【设计】选项卡【页
面设置】选项组中的【对话框启动器】按钮，从弹

出的对话框中激活【页面尺寸】选项卡，将页面尺
寸设置为 A4。

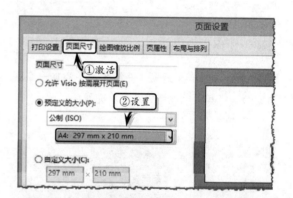

STEP|04 设置缩放比例。激活【绘图缩放比例】
选项卡，将缩放比例设置为"1:100"，并单击【确
定】按钮。

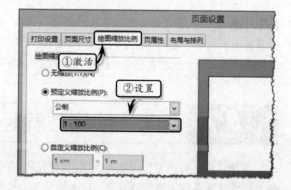

STEP|05 添加空间形状。将"墙壁、外壳和结构"模具中的"空间"形状拖至绘图页中，并调整其大小。

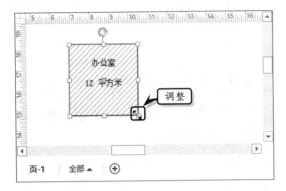

STEP|06 将空间形状转成墙壁。右击空间形状，执行【转换为墙壁】命令，选择【外墙】选项，同时勾选【添加尺寸】复选框。

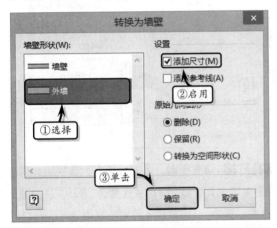

STEP|07 添加外墙形状。将"墙壁、外壳和结构"模具中的"外墙"形状拖至绘图页中，并调整其大小和位置。使用同样的方法，添加其他外墙形状。

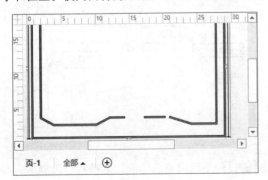

STEP|08 创建非对称门。将"墙壁、外壳和结构"

模具中的"非对称门"形状拖至绘图页中，右击该形状执行【向里打开/向外打开】命令。

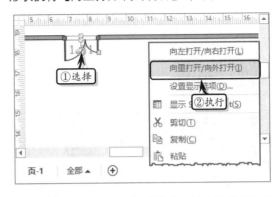

STEP|09 创建双门。将"墙壁、外壳和结构"模具中的"双门"形状拖至绘图页中，右击该形状执行【向里打开/向外打开】命令。同样方法，添加其他门形状。

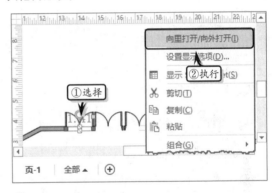

STEP|10 布局空间。将"墙壁、外壳和结构"模具中的"L"形空间形状拖至绘图页中，调整其大小并执行【开始】|【排列】|【位置】|【旋转形状】|【水平翻转】命令，翻转形状。

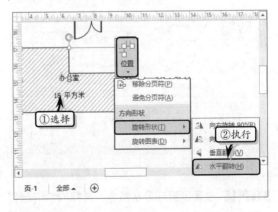

STEP|11 设置形状数据。右击"L"形空间形状，

执行【数据】|【形状数据】命令，在弹出的对话框中设置形状数据。同时，在形状中输入其他文本。

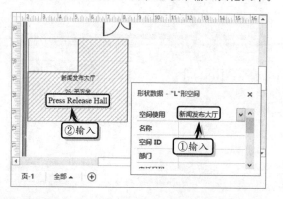

STEP|12 添加服务形状。分别将"家具"模具中的"沙发"形状、"建筑物核心"模具中的"电梯"和"护栏"形状，以及"旅游点标识"模具中的"抽水马桶"形状添加到绘图页中。

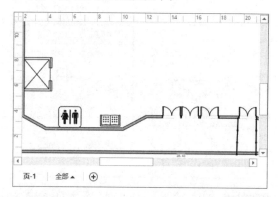

STEP|13 制作展区。将"基本形状"模具中的"矩形""六边形"和"圆形"形状添加到绘图页中，分别调整其大小和位置，并输入形状文本。

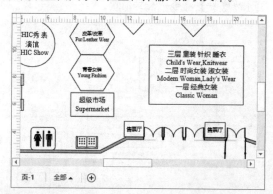

STEP|14 设置售票厅形状颜色。选择双门形状侧面的两个矩形形状，执行【开始】|【形状样式】|

【填充】|【橙色，着色 5，淡色 40%】命令，设置其填充颜色。

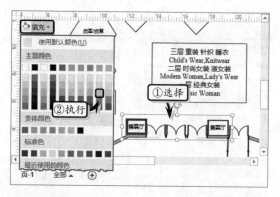

STEP|15 选中超级市场形状。选择沙发上方的矩形形状，右击形状执行【设置形状格式】命令。

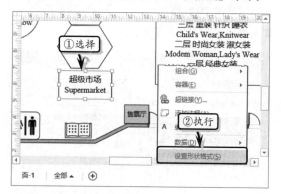

STEP|16 填充图案。展开【填充】选项组，选中【图案填充】选项，将模式设置为"12"，将前景设置为"黄色"，将背景设置为"浅绿"。

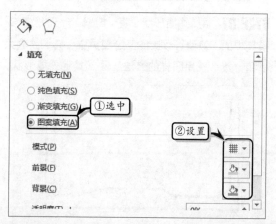

STEP|17 渐变填充六边形。选择六边形形状，右击执行【设置形状格式】命令，选中【渐变填充】

选项，将类型设置为"线性"，将角度设置为
"270°"。

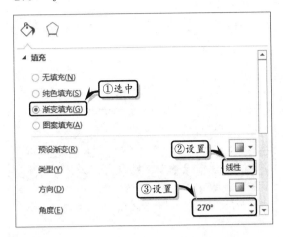

STEP|18 更改渐变颜色。选择左侧的渐变光圈，
将颜色设置为"黄色"，选择右侧的渐变光圈，将
颜色设置为"金色，着色 6"。使用同样的方法，
分别设置其他形状的渐变填充效果。

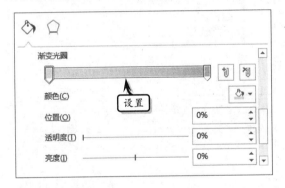

STEP|19 添加编号。在左侧第一个菱形上添加一
个圆形，调整其大小和位置，并输入文本。使用同
样方法，添加其他圆形。

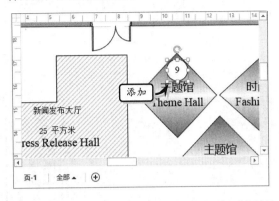

STEP|20 输入标题。最后，执行【插入】|【文本】
|【文本框】|【横排文本框】命令，插入文本框输
入文本并设置文本的字体格式。

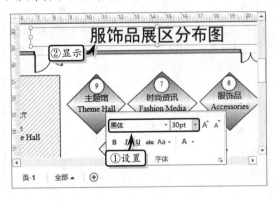

4.8 高手答疑

难度星级：★★

问题 1：如何添加批注？

解答：批注跟标注一样，也是 Visio 中一种特殊的
对象。用户在审阅绘图文档时，可通过添加批注的
方法，表达对绘图文档的意见。

　　在绘图页中选择对象，执行【审阅】|【批注】
|【新建批注】命令，系统会自动弹出任务窗格，输
入相应内容即可。

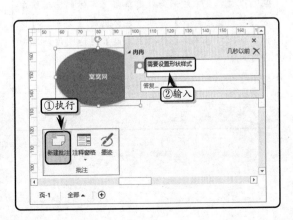

问题 2：如何添加墨迹？

解答：【墨迹】工具的作用是记录用户鼠标移动的轨迹，从而方便用户对 Visio 形状进行圈选和标记。执行【审阅】|【批注】|【墨迹】命令，在绘图页中拖动鼠标即可绘制墨迹。

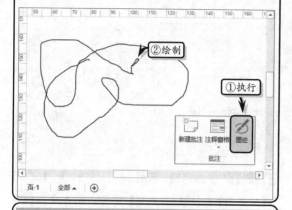

问题 3：如何将墨迹转换为形状？

解答：用户在绘图页中绘制墨迹之后，可选择绘制的墨迹对象，执行【墨迹书写工具】|【笔】|【转换】|【转换为形状】命令，将墨迹对象转换为形状。

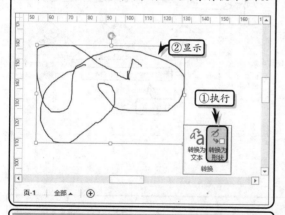

问题 4：如何设置文本的透明度？

解答：选择文本块或形状，单击【字体】选项组中的【对话框启动器】按钮，在弹出的【文本】对话框中，激活【字体】选项卡，设置【透明度】选项即可。

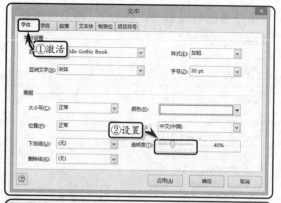

问题 5：如何添加屏幕提示？

解答：屏幕提示主要是为形状添加一种提示性文本。为形状添加屏幕提示之后，将鼠标移至形状上方，系统将会自动显示提示文本。

选择形状，执行【插入】|【文本】|【屏幕提示】命令，在弹出的【形状屏幕提示】对话框中输入提示内容，单击【确定】按钮即可。

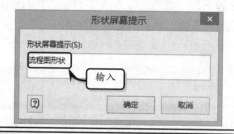

问题 6：如何缩小文本之间的间距？

解答：选择文本块或形状，单击【字体】选项组中的【对话框启动器】按钮，在弹出的【文本】对话框中，激活【字符】选项卡，将【间距】选项设置为"紧缩"，并将【磅值】选项设置为"-6pt"，单击【确定】按钮即可。

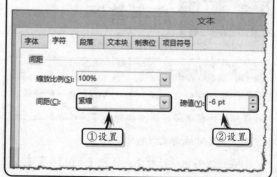

第 5 章

应用主题和样式

在使用 Visio 设计图表时,可以将图表的颜色方案和样式效果根据主题进行整合,以提高设计与制作的效率。Visio 提供了大量预置的主题,并允许用户自定义主题,以设计个性化的图表。除了使用内置的主题效果美化图表之外,还可以使用 Visio 隐藏的内置样式功能,通过一系列具有个性化的样式,增加绘图版面的清晰度与优美效果。本章将结合之前章节的形状设计,介绍使用主题和样式设计图表的基础知识和实用技术。

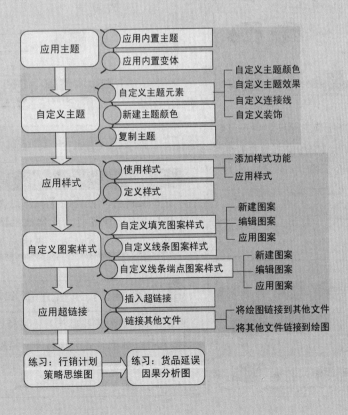

5.1 应用主题

难度星级：★★★　◎知识链接5-1：防止主题影响形状

主题是一组搭配协调颜色与相关字体、填充、阴影等效果的命令组合。Visio 内置了 20 多种主题，以及每种主题的 4 种不同的变体，以帮助用户美化绘图。

5.1.1　应用内置主题

新版本的 Visio 将主题效果划分为专业、现代、新潮和手工绘制 4 种类型，执行【设计】|【主题】|【主题】命令，选择一种主题样式即可直接应用主题效果。

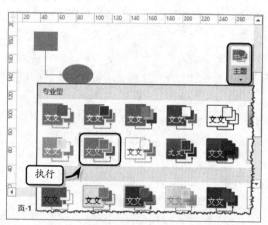

默认情况下 Visio 将所选主题只应用于当前页中，如果右击该主题执行【应用于所有页】命令，即可将该主题应用到所有页中。

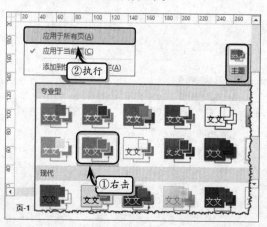

> **注意**
>
> 在应用内置主题效果时，执行【设计】|【主题】|【将主题应用于新建的形状】命令，即可将主题应用到新建形状中；如果禁用该命令，则表示不将主题应用到新建形状中。

5.1.2　应用内置变体

Visio 为用户提供了"变体"样式，该样式会随着主题的更改而自动更换。在【设计】选项卡【变体】选项组中，系统会自动提供 4 种不同背景颜色的变体效果，用户只需选择一种样式进行应用即可。

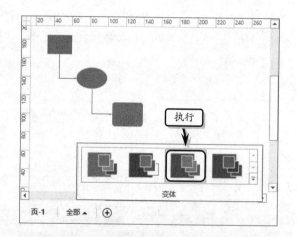

> **注意**
>
> 右击变体效果，执行【添加到快速访问工具栏】命令，即可将该变体效果添加到快速访问工具栏中，方便用户快速应用变体效果。

> **Visio** **知识链接 5-1：防止主题影响形状**
>
> Visio 中的某些形状是使用颜色和轮廓来传达意义的，对于这些形状而言，主题可能会改变形状要表达的意思。此时，为了保护形状不受主题的影响，需要防止主题影响形状。

5.2 自定义主题

在 Visio 中，用户不仅可以使用存储的内置主题美化绘图，而且还可以创建自定义主题，自行定义主题的内容。

5.2.1 自定义主题元素

主题元素包括主题颜色、主题效果、连接线和装饰 4 种，用户可通过自定义主题元素创造全新的主题效果。

1．自定义主题颜色

为绘图应用主题效果之后，执行【设计】|【变体】|【其他】|【颜色】命令，在其级联菜单中选择需要的命令即可。

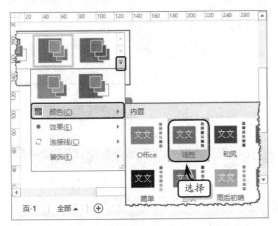

知识链接 5-2：禁止使用主题

通常情况下，当用户应用主题效果时，主题效果会应用到绘图页中所有的形状中。此时，可锁定绘图页中指定的形状，使其不受主题效果的影响。

2．自定义主题效果

为绘图应用主题效果之后，执行【设计】|【变体】|【其他】|【效果】命令，在其级联菜单中选择相应的命令，即可更改主题效果。

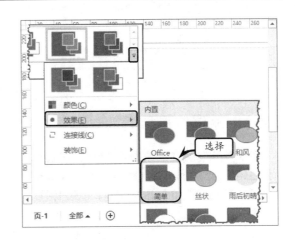

3．自定义连接线

为绘图页应用主题效果之后，执行【设计】|【变体】|【其他】|【连接线】命令，在其级联菜单中选择相应的命令，即可更改主题的连接线效果。

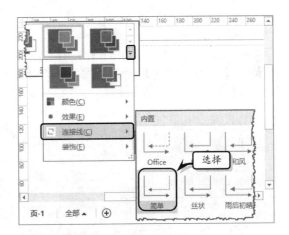

4．自定义装饰

除了主题颜色、效果和连接线之外，Visio 还为用户提供了高、中、低和自动 4 种类型的装饰效果。执行【设计】|【变体】|【其他】|【装饰】命令，在其级联菜单中选择相应的命令即可更改装饰效果。

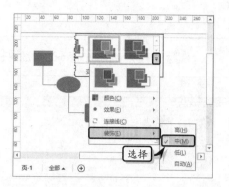

5.2.2 新建主题颜色

除了 Visio 内置的主题颜色之外，用户还可以新建主题颜色。执行【设计】|【变体】|【其他】|【颜色】|【自定义颜色】命令，在弹出的对话框中可自定义主题颜色。

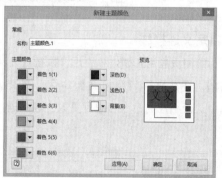

新建主题颜色之后，执行【设计】|【主题】|【变体】|【其他】|【颜色】命令，在级联菜单中的【自定义】列表中选择相应的主题，即可应用新建主题颜色。

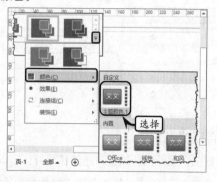

5.2.3 复制主题

在 Visio 中，当用户将应用主题效果的形状复制到其他绘图文档中时，用于此形状的主题将被自动添加到其他文档中的【颜色】列表中。

除了通过复制形状的方法转移主题效果之外，用户也可以执行【设计】|【变体】|【颜色】命令，在列表中右击该主题并执行【复制】命令，即可复制主题颜色。

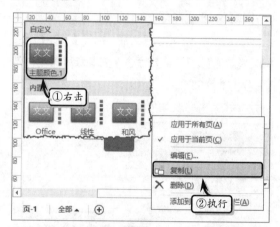

Visio 5.3 应用样式 难度星级：★★★

在 Visio 中，除了可以使用主题来改变形状的 颜色与效果之外，还可以使用样式功能，将多种格式汇集在一个格式包中,达到一次使用多种格式的操作目的。

5.3.1 使用样式

样式是一组形状、线条、文本格式的命令集,用户可通过该功能,快速设置形状的样式。由于 Visio 没有将样式功能放置在选项组中,所以在使用样式之前,还需要添加该命令。

1．添加样式功能

用户若要将某些命令添加到功能区,首先需要新建一个选项组,否则将无法添加该命令。执行【文件】|【选项】命令,在【主选项卡】列表框中选择【开发工具】选项卡,然后单击【新建组】按钮。

选择新建组,单击【重命名】按钮,在弹出的【重命名】对话框中,输入新组名称,选择组符号,单击【确定】按钮即可。

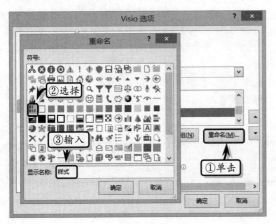

将【从下列位置选择命令】选项设置为"所有命令"。然后,在列表框中选择【样式…】选项,单击【添加】按钮。

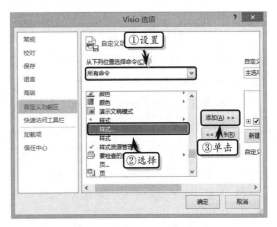

2．应用样式

执行【开发工具】|【样式】|【样式】命令,在弹出的【样式】对话框中设置文本、线条与填充样式即可设置文本、线条、填充样式。

其中,【保留局部格式设置】选项表示在对选定形状应用该样式时,将保留已经应用的格式。

另外,【样式】对话框中的文本、线条与填充样式中,包含了下列几种样式。

- □ **无样式** 该样式中的"文字样式"为无空白、文本块居中与 Arail 12 磅黑色格式,"线条样式"为黑色实线格式,"填充样式"为实心白色格式。
- □ **纯文本** 该样式与【无样式】样式具有相

同的格式。

- **无** 该样式指的是无线条与填充且透明的格式，"文字样式"为 Arail 12 磅黑色格式。
- **正常** 该样式与【无样式】样式具有相同的格式，但该样式中的文本是从左上方开始排列的。
- **参考线** 该样式中的"文字样式"为 Arail 9 磅蓝色格式。"线条样式"为蓝色的虚线格式，"填充样式"为不带任何填充色、背景色且只显示形状边框的格式。
- **主题** 该样式表示与主题样式一致。

5.3.2　定义样式

当 Visio 中自带的样式无法满足绘图需要时，用户可执行【开发工具】|【显示/隐藏】|【绘图资源管理器】命令，显示【绘图资源管理器】窗格。然后，在【绘图资源管理器】窗格中右击【样式】选项，执行【定义样式】命令。在弹出的【定义样式】对话框中，可重新设置线条、文本与填充格式。

【定义样式】对话框中各选项的功能如下表所示。

选项组	选项	说明
样式	名称	用于设置现有样式以及新建样式。如果在绘图页中选择了一个形状，则该形状的样式将会显示在该选项下拉列表中
	基于	用于设置所选样式基于的样式
	添加	用于添加新样式或修订样式并保持此对话框处于打开状态
	删除	用于删除在【名称】下拉列表中选中的样式
	重命名	单击该按钮，可在弹出的【重命名样式】对话框中设置样式名称
包含	文本	表示所选样式是否包含文本属性
	线条	表示所选样式是否包含线条属性
	填充	表示所选样式是否包含填充属性
更改	文本	单击该按钮，可在弹出的【文本】对话框中定义样式的文本属性
	形状	单击该按钮，可在弹出的【设置形状格式】对话框中定义样式的形状格式
隐藏样式		勾选该选项，将隐藏所选样式，【样式】对话框中将不再显示被隐藏的样式名称，被隐藏的样式只有在【定义样式】对话框与【绘图资源管理器】窗格中可见
应用时保留局部格式设置		表示在对选定形状应用样式时，将保留已经应用的格式

5.4　自定义图案样式

难度星级：★★★

在使用 Visio 绘制图表的过程中，还可以根据　　工作需要自定义图案样式，包括填充图案、线条图案和线条端点图案 3 种图案样式。

5.4.1 自定义填充图案样式

自定义填充图案样式是一个相对复杂的操作，包括新建图案、编辑图案和应用图案 3 个步骤，其具体操作方法如下所述。

1. 新建图案

执行【开发工具】|【显示/隐藏】|【绘图资源管理器】命令，显示【绘图资源管理器】窗格。在窗格中右击【填充图案】选项，执行【新建图案】命令。在【新建图案】对话框中，设置相应的选项即可新建图案。

在【新建图案】对话框中，主要包括下列选项。

- ❑ **名称** 用来设置图案的名称。
- ❑ **类型** 用来设置图案的类型。
- ❑ **行为** 此选项根据【类型】选项的改变而改变。其中，填充图案的行为包括重复（平铺）、居中、最大化 3 种。
- ❑ **按比例缩放** 勾选此选项，当绘图页比例更改时可按比例缩放图案。

2. 编辑图案

在【绘图资源管理器】窗格中，右击【填充图案】文件夹下的新建图案选项，执行【编辑图案形状】命令。此时，系统会自动弹出一个空白文档，使用绘图工具绘制一个形状，关闭该文档并在弹出的对话框中单击【是】按钮。

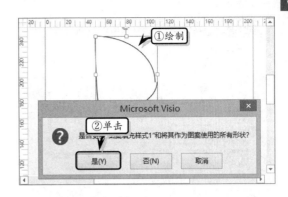

3. 应用图案

在绘图页中选择一个形状，右击执行【设置形状格式】命令，在弹出的【设置形状格式】窗格中，展开【填充】选项组。选中【图案填充】选项，单击【模式】下拉按钮，从中选择新建的图案样式即可将自定义的图案填充到形状中。

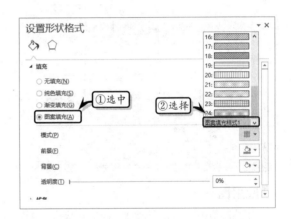

5.4.2 自定义线条图案样式

自定义线条图案样式和自定义填充图案样式一样，也包括新建图案、编辑图案和应用图案 3 个步骤。

1. 新建图案

在【绘图资源管理器】窗格中右击【线型】选项，执行【新建图案】命令。在弹出的【新建图案】对话框中设置名称、行为即可新建图案。其中，线型的行为用于设置所绘制的曲线图案在空间中是连接的还是断开的。

2．编辑图案

在【绘图资源管理器】窗格中，右击【线型】文件夹中的新建图案，执行【编辑图案形状】命令，在弹出的窗口中绘制线条图案。最后单击【关闭】按钮关闭窗口，并在弹出的对话框中单击【是】按钮。

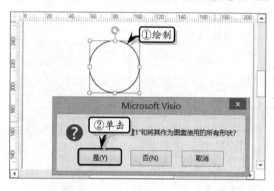

3．应用图案

在绘图页中选择一个形状，右击形状执行【设置形状格式】命令，展开【线条】选项组。单击【短划线类型】下拉按钮，选择上述新建的图案即可将新线型图案应用到形状上。

5.4.3　自定义线条端点图案样式

自定义线条端点图案与自定义填充图案的方法一样，也包括新建图案、编辑图案和应用图案 3 个步骤，具体操作方法如下所述。

1．新建图案

在【绘图资源管理器】窗格中右击【线条端点】选项，执行【新建图案】命令。在弹出的【新建图案】对话框中设置名称与行为即可新建图案。

2．编辑图案

在【绘图资源管理器】窗格中，右击【线条端点】文件夹中的新建图案，执行【编辑图案形状】命令，在弹出的窗口中绘制线条端点图案。最后单击【关闭】按钮，并在弹出的对话框中单击【是】按钮。

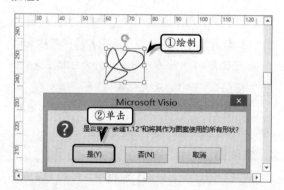

3．应用图案

在绘图页中选择一个形状，右击执行【设置形状格式】命令，在弹出的【设置形状格式】窗格中，展开【线条】选项组。单击【箭头前端类型】与【箭头末端类型】下列列表，选择上述新建的图案选项即可应用新的线条端点图案。

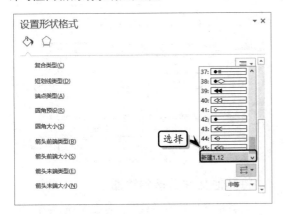

Visio **5.5** 应用超链接 难度星级：★★★

在 Visio 中，超链接是最简单和最便捷的导航手段，不仅可以链接绘图页与其他 Office 组件，而且还可以从其他 Office 组件中链接到 Visio 绘图中。

5.5.1 插入超链接

插入超链接是将本地、网络或其他绘图页中的内容链接到当前绘图页中。选中形状，执行【插入】|【链接】|【超链接】命令，在弹出的【超链接】对话框中设置各项选项即可建立超链接。

在【超链接】对话框中，主要包括下列几种选项。

❏ **地址** 该选项用于输入要链接到的网站的 URL（以协议开头，如 http://）或者本地文件（您的计算机上的文件）的路径。单击【浏览】按钮可以来定位本地文件或网站地址。

❏ **子地址** 该选项用于设置链接到同文档的其他形状或页面的路径。单击【浏览】按钮，可以在弹出的【超链接】对话框中指定需要链接的绘图页、形状以及缩放比例。

❏ **说明** 用于输入链接说明文本。在绘图页中将鼠标指针暂停在链接上时将会显示此文本。

❏ **超链接使用相对路径** 勾选后，【地址】和【子地址】选项都采用相对应路径定位链接地址。

❏ **超链接列表** 列出在当前可供选择的所有超链接。

❏ **新建** 将新的超链接添加到超链接列表中。

❏ **删除**　删除所选的超链接。

❏ **默认值**　指定在选择包含多个超链接的形状时激活哪个超链接。

5.5.2　链接其他文件

在 Visio 中除了直接使用超链接之外，还可以通过链接其他文件的方法，获取其他文件中的信息或者在其他文件中获取 Visio 信息。

1. 将绘图链接到其他文件

将绘图链接到其他文件，则可在其他应用程序中打开并显示 Visio 中的图表内容，例如在 Word、Excel 或 PowerPoint 文件中打开 Visio 绘图文件。

首先，同时打开其他文档与 Visio 绘图文件，并显示需要链接到其他文档中的绘图页。在绘图页中确保没有选择任何形状的情况下，执行【开始】|【剪贴板】|【复制】命令。

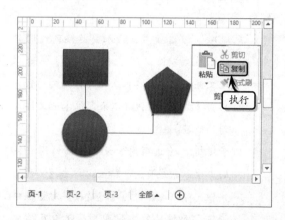

然后，切换到其他文档窗口中，选择链接位置并执行【开始】|【剪贴板】|【粘贴】|【选择性粘贴】命令，选择【粘贴链接】选项，在列表框中选择【Microsoft Visio 绘图对象】选项，勾选【显示

为图标】复选框即可完成链接。

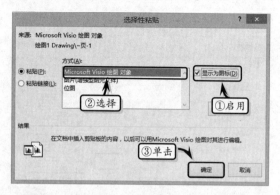

2. 将其他文件链接到绘图

将其他文件链接到绘图，是在 Visio 绘图中打开其他文档，例如打开 Word、Excel 或 PowerPoint 文件。打开 Visio 绘图文件，在绘图文件中执行【插入】|【文本】|【对象】命令，选中【根据文件创建】选项，并单击【浏览】按钮指定要链接的文件，最后单击【确定】按钮即可完成链接。

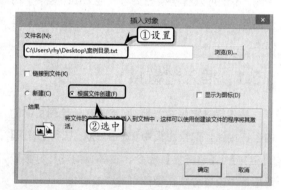

> **注意**
>
> 用户也可以先复制其他文件，然后在 Visio 绘图页中执行【选择性粘贴】命令以链接形式进行粘贴来建立链接。

Visio 5.6　练习：行销计划策略思维图　　难度星级：★★★★

灵感触发图可以将思维过程图形化，有利于触发灵感，制定决策。在本练习中，将使用"灵感触发图"模板制作一个行销计划策略思维图。

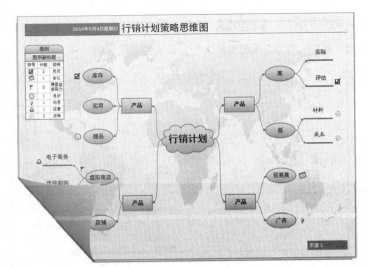

练习要点

● 创建灵感触发图
● 使用图例形状模具
● 使用主标题
● 使用多个标题
● 使用动态连接线
● 应用背景
● 应用主题
● 应用边框和标题

操作步骤 ▶▶▶▶

STEP|01 创建模板文档。启动 Visio 软件,在展开的页面中双击【灵感触发图】选项,创建模板文档。

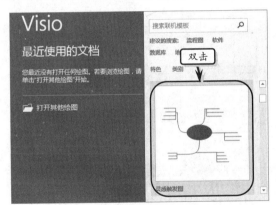

STEP|02 添加"主标题"形状。将"灵感触发形状"模具中的"主标题"形状添加到绘图页中,然后双击形状输入标题文本,并设置文本的格式。

STEP|03 添加副标题。选择"主标题"形状,执

行【灵感触发】|【添加主题】|【多个副标题】命令,在弹出的【添加多个标题】对话框中输入标题名称。

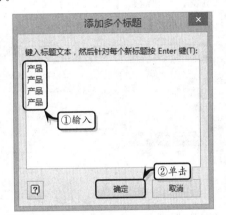

STEP|04 添加三级标题。选择左侧的副标题形状,执行【灵感触发】|【添加主题】|【多个副标题】命令,在弹出的【添加多个标题】对话框中输入标题名称,添加三级标题。

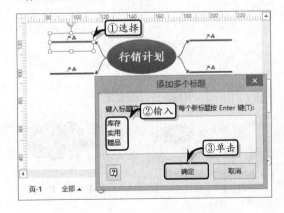

STEP|05 添加其他三级标题。使用同样的方法，分别为其他三个"产品"副标题添加三级标题，并依次添加四级标题。

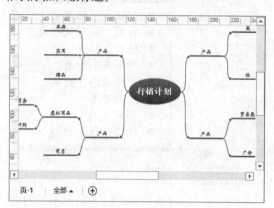

STEP|06 设置图表样式。选择主标题形状，执行【灵感触发】|【管理】|【图表样式】命令，在弹出的对话框中选择【马赛克 1】选项。

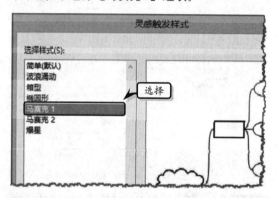

STEP|07 添加图例形状。将"图例形状"模具中的各种形状添加到绘图页中，调整其大小和位置。然后，将"图例"形状添加到绘图页中，并调整其位置。

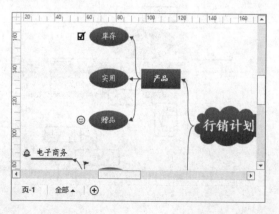

STEP|08 设置主题效果。执行【设计】|【主题】|【丝状】命令，设置图表的主题效果。

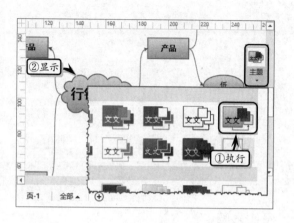

STEP|09 设置背景。执行【设计】|【背景】|【背景】|【世界】命令，设置图表的背景效果。

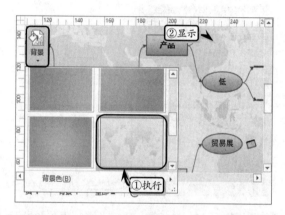

STEP|10 添加边框和标题。执行【设计】|【背景】|【边框和标题】|【简朴型】命令，添加边框和标题样式，并在"背景-1"页面中修改标题文本。

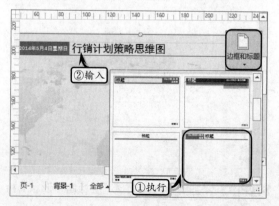

STEP|11 另存文件。执行【文件】|【另存为】命令，选择【计算机】选项，并单击【浏览】按钮。

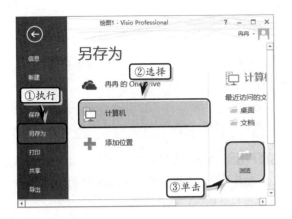

STEP|12 完成文件保存。然后，在弹出的【另存为】对话框中，设置文件名称和保存类型，并单击【保存】按钮。

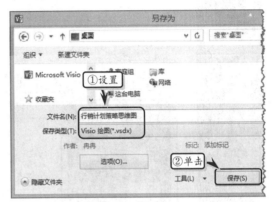

Visio 5.7　练习：货品延误因果分析图　　　　难度星级：★★★★

　　在货品交易过程中，延迟交货有时是难于避免的情况。Visio 软件可以以图形、图表的形式表现出货品延误的因果关系。在本练习中，将使用"因果图"模板，创建一张货品延误因果分析图。

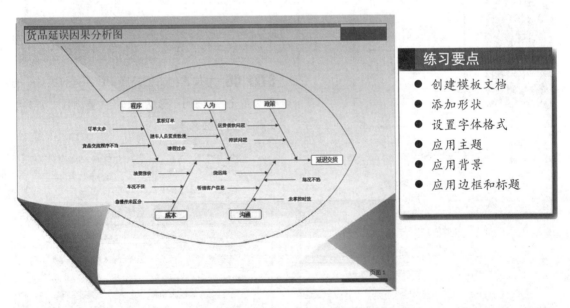

练习要点

● 创建模板文档
● 添加形状
● 设置字体格式
● 应用主题
● 应用背景
● 应用边框和标题

操作步骤 ▶▶▶▶

STEP|01 展开新建页面。执行【文件】|【新建】命令，选择【类别】选项卡，在展开的列表中选择【商务】选项。

STEP|02 创建模板文档。在弹出的【商务】列表中，双击【因果图】选项，创建模板文档。

STEP|03 添加"类别 1"形状。将"因果形状"模具中的"类别 1"形状添加到绘图页中，并调整

形状的大小和位置。

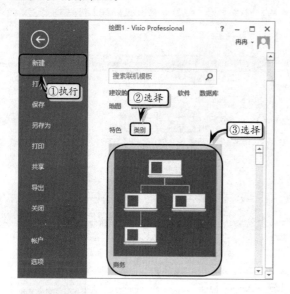

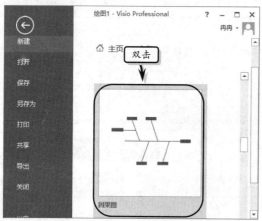

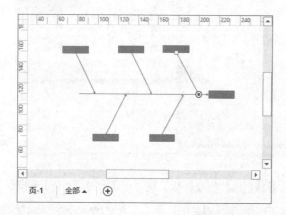

STEP|04 输入说明文字。双击"类别 1"形状，依次输入相应的说明性文本，并设置文字格式。

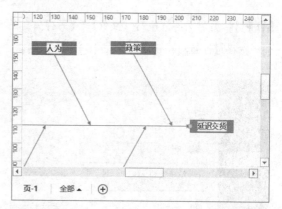

STEP|05 添加"主要原因 1"形状。将"因果形状"模具中的"主要原因 1"形状添加到绘图页中，双击该形状输入说明性文本。

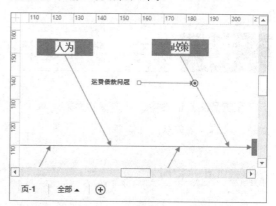

STEP|06 添加其他主要原因。使用同样方法，分别为每个"类别 1"形状添加"主要原因 1"形状，并输入说明性文本。

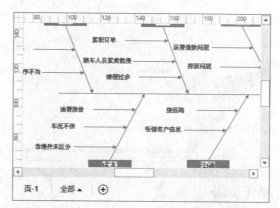

STEP|07 添加主要原因 2。将"因果形状"模具中的"主要原因 2"形状添加到"沟通"类别中，并输入说明性文本。

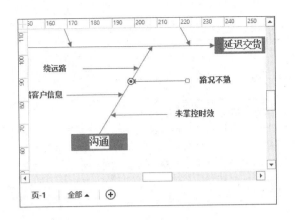

STEP|08 添加"鱼骨"形状。将"因果形状"模具中的"鱼骨"形状添加到绘图页中，并调整形状的大小和位置。

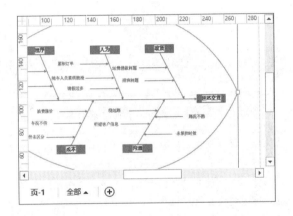

STEP|09 设置主题效果。美化绘图。执行【设计】|【主题】|【离子】命令，设置图表的主题效果。

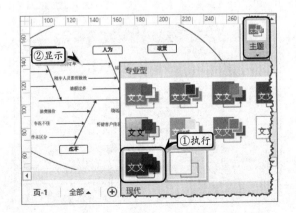

STEP|10 设置变体效果。执行【设计】|【变体】

【离子，变量4】命令，设置图表的变体效果。

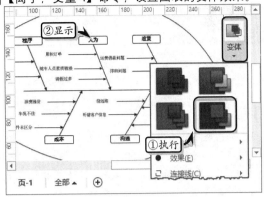

STEP|11 添加背景。执行【设计】|【背景】|【背景】|【活力】命令，为图表添加背景效果。

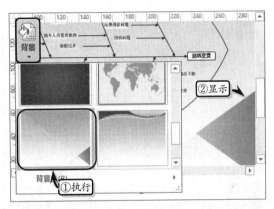

STEP|12 添加标题和边框。执行【设计】|【背景】|【边框和标题】|【方块】命令，为图表添加边框和标题样式，并修改标题名称。

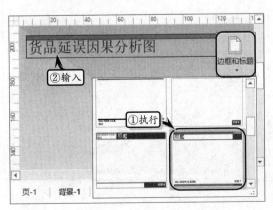

Visio 5.8 高手答疑

难度星级：★★

问题1：如何更改连接线的线型，使用曲线来连接多个形状？

解答： 在默认状态下，Visio 会以直线来连接多个形状。如形状不处于同一条垂直线或水平线上，则会出现折线连接。此时，选择连接线，执行【设计】|【版式】|【连接线】命令，在其级联菜单中选择【曲线】命令即可用曲线连接形状。

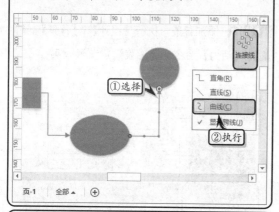

问题2：如何删除超链接？

解答： 创建超链接之后，选择包含超链接的形状，执行【插入】|【链接】|【超链接】命令，在弹出的【超链接】对话框中选中超链接，单击【删除】按钮，即可删除超链接。

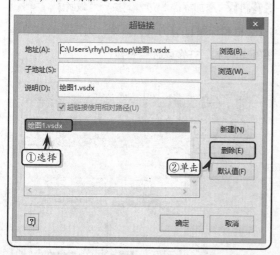

问题3：如何打开超链接？

解答： 为绘图页中的形状创建超链接之后，将鼠标移至包含超链接的形状上，此时系统会自动显示超链接提示，按住 Ctrl 键并单击鼠标，即可打开超链接文档。

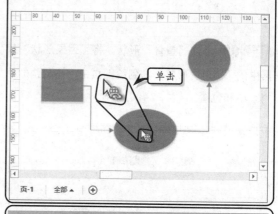

问题4：如何创建绘图文档内超链接？

解答： 执行【插入】|【链接】|【超链接】命令，在弹出的【超链接】对话框中，单击【子地址】选项对应的【浏览】按钮。然后，在弹出的【超链接】对话框中，设置【页】选项，并单击【确定】按钮即可创建文档内超链接。

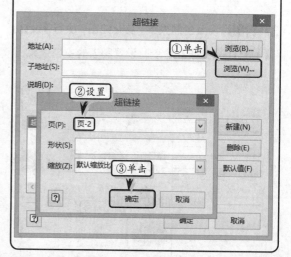

第 6 章

应 用 图 像

在 Visio 中，用户除了使用矢量形状绘制图表外，还可以使用本地图片、联机图片等丰富绘图文档，使绘图文档的内容更加充实。Visio 允许用户对插入的这些图像进行裁剪、排列、旋转等编辑操作。在本章中，将详细介绍应用图像的基础知识和使用技巧。

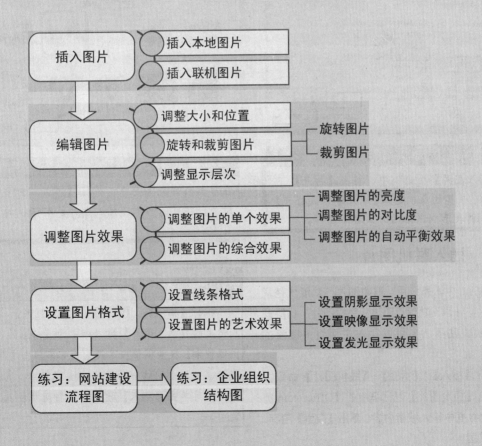

6.1 插入图片

难度星级：★★ ●知识链接 6-1：插入必应的图像搜索图片

在 Visio 中，可以将插入图片理解为嵌入对象，可通过插入图片增加绘图文档的美观性和图表的表现力。

6.1.1 插入本地图片

插入本地图片是插入本地硬盘中保存的图片，以及链接到本地计算机的照相机或移动硬盘等设备中的图片。

在绘图页中，执行【插入】|【插图】|【图片】命令，在弹出的【插入图片】对话框中，选择图片文件，并单击【打开】按钮。

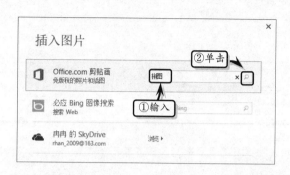

然后，在搜索到的剪贴画列表中，选择需要插入的图片，单击【插入】按钮，将图片插入到绘图页中。

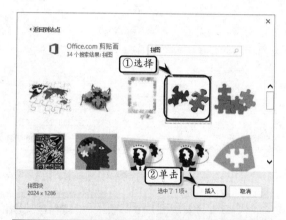

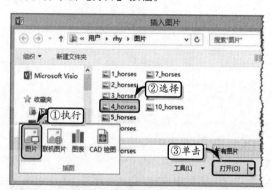

注意

在【插入图片】对话框中，单击【打开】下拉按钮，在其列表中选择【以只读方式打开】选项，则表示以只读的方式插入图片。

注意

在剪贴画列表页面中，选择【返回到站点】选项，即可返回到【插入图片】对话框的首页中。

6.1.2 插入联机图片

在 Visio 中，系统用"联机图片"功能代替了以往的"剪贴画"功能。通过"联机图片"功能既可以插入剪贴画，又可以插入在网络中搜索的图片。

执行【插入】|【插图】|【联机图片】命令，在弹出的【插入图片】对话框中的【Office.com 剪贴画】搜索框中输入搜索内容，单击【搜索】图标，搜索剪贴画。

知识链接 6-1：插入必应的图像搜索图片

执行【插入】|【插图】|【联机图片】命令，在弹出的【插入图片】对话框中的【必应的 Bing 图像搜索】搜索框中输入搜索内容，单击【搜索】图标，可搜索网络中的图片。搜索完毕，选择需要的图片单击【插入】按钮即可将图片插入绘图页中。

6.2 编辑图片 　　　　　　　　　　　　　　　　难度星级：★★

为绘图页插入图片后，为了使图文更易于融合到形状中，也为了使图片更加美观，还需要对图片进行旋转、大小调整、层次关系调整、裁剪等一系列的编辑操作。

6.2.1 调整大小和位置

选择图片，此时图片四周将会出现 8 个控制点，将鼠标置于控制点上，当鼠标指针变成"双向箭头"形状时 ↖↘，拖动鼠标即可调整图片大小。

另外，选择图片，将鼠标放置于图片中，当鼠标指针变成四向箭头时，拖动图片至合适位置，松开鼠标即完成位置调整。

6.2.2 旋转和裁剪图片

旋转图片是将图片按照一定的方向和角度进行转动，而裁剪图片则是更改图片的大小和外形，使其更美观和协调。

1．旋转图片

选择图片，将鼠标移至图片上方的旋转点处，当鼠标变成 ↻ 形状时，按住鼠标左键，这时鼠标变成 ✥ 形状，旋转鼠标即可旋转图片。

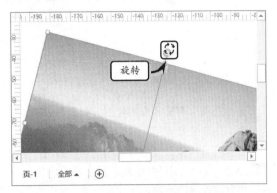

另外，Visio 为用户提供了向右旋转 90°、向左旋转 90°、垂直翻转与水平翻转 4 种旋转方式。用户只需选择图片，执行【图片工具】|【格式】|【排列】|【旋转】命令，在其列表中选择一种旋转方式即可。

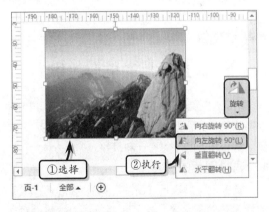

2．裁剪图片

Visio 还为用户提供了裁剪图片的功能，通过裁剪图片或将图片裁剪为不同形状的方法，达到美化图片的目的。

选择图片，执行【图片工具】|【格式】|【排列】|【裁剪工具】命令，将鼠标移至图片四周，当鼠标变成"双向箭头"形状时，拖动鼠标即可裁

剪图片。

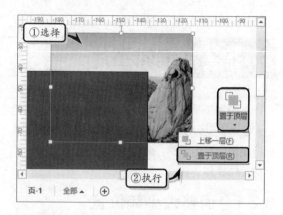

6.2.3　调整显示层次

当绘图页中存在多个对象时,为了突出显示图片对象,还需要设置图片的显示层次。

选择图片,执行【图片工具】|【格式】|【排列】|【置于顶层】|【置于顶层】命令,将图片放置于所有对象的最上层。

同样,用户也可以选择图片,执行【图片工具】|【格式】|【排列】|【置于底层】|【下移一层】命令,将图片放置于对象的下层。

> **注意**
>
> 右击图片,在弹出的快捷菜单中执行【置于顶层】|【置于顶层】命令,也可调整图片的显示层次。

Visio **6.3**　调整图片效果

难度星级:★★★　◎知识链接 6-2:压缩图片

好的图片色彩可以增加图片的艺术性和美观性,在 Visio 中可以通过调整图片的亮度、对比度和自动平衡等,增加图片的色彩。

6.3.1　调整图片的单个效果

Visio 内置了多种图片的亮度、对比度和自动平衡效果,以帮助用户通过调整图片的色彩,使其更加符合图表的整体设计和风格。

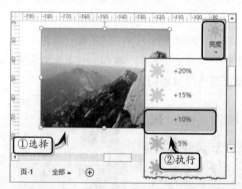

1.调整图片的亮度

选择图片后执行【图片工具】|【格式】|【调整】|【亮度】命令,在其级联菜单中选择一种命令即可调整图片亮度。

> **注意**
>
> 选择图片,执行【图片工具】|【格式】|【调整】|【亮度】|【图片更正选项】命令,可在弹出的【设置图片格式】对话框中,自定义图片的亮度值。

2.调整图片的对比度

选择图片后执行【图片工具】|【格式】|【调整】|【对比度】命令,在其级联菜单中选择一种命令即可调整图片对比度。

> **注意**
>
> 选择图片,执行【图片工具】|【格式】|【调整】|【对比度】|【图片更正选项】命令,可在弹出的【设置图片格式】对话框中,自定义图片的对比度。

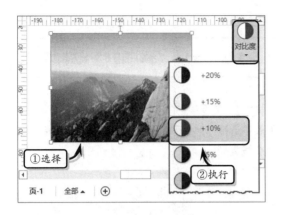

①选择 ②执行

3．调整图片的自动平衡效果

自动平衡效果是自动调整图片的亮度、对比度和灰度系数。选择图片后执行【图片工具】|【格式】|【调整】|【自动平衡】命令即可完成自动平衡调整。

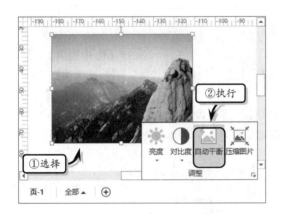

②执行 ①选择

Visio 知识链接 6-2：压缩图片

压缩图片是通过压缩图片来减小图片的大小。选择图片，执行【图片工具】|【调整】|【压缩图片】命令，在弹出的【设置图片格式】对话框中的【压缩】选项卡中，设置其压缩参数即可完成压缩。

6.3.2 调整图片的综合效果

单击【调整】选项组中的【对话框启动器】按钮，可在弹出的【设置图片格式】对话框中，自定义图片的亮度、对比度、灰度系数，以及透明度、虚化等图片效果。

在【图像控制】选项卡中，各选项的功能如下。

- ❏ **亮度** 用来设置图片的亮度。百分比越高，图片中的颜色越浅（越白），反之越深。

- ❏ **对比度** 用来设置图片的对比度，即调整图片的最浅和最深部分之间的差异程度。百分比越高，图片中的颜色对比越强烈。百分比越低，颜色越灰闷。

- ❏ **灰度系数** 用来调整图片的灰度级别（中间色调）。数字越高，中间色调越浅。

- ❏ **自动平衡** 自动调整所选图片的亮度、对比度和灰度系数。

- ❏ **透明度** 用来设置图片的透明度。其中，0%表示完全不透明，100%表示完全透明。

- ❏ **虚化** 模糊图片以减少细节。百分比越高，图片越模糊。

- ❏ **锐化** 使图片轮廓鲜明以提高清晰度。百分比越高，图片轮廓越鲜明。

- ❏ **去除杂质** 去除杂色（斑点）。百分比越高，图片中的杂色越少。使用此选项可减少扫描的图像或通过无线传输收到的图像中可能出现的杂色。

- ❏ **实时预览更新** 勾选后，可根据各选项的调整，及时更新预览图像。

Visio 6.4 设置图片格式

难度星级：★★★ 知识链接 6-3：设置渐变充效果

除了调整图片的亮度、对比度和灰度系数之外，还可以通过设置图片线条样式和显示效果的方法，增加图片的整体美观度。

6.4.1 设置线条格式

图片的线条格式包括线条颜色和线条样式，用户可通过下列方法，设置图片的线条格式。

1. 设置线条颜色

选择图片，执行【图片工具】|【格式】|【图片样式】|【线条】命令，在其列表中选择一种线条颜色即可更改线条颜色。

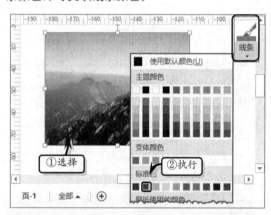

注意

用户可通过执行【图片工具】|【格式】|【图片样式】|【线条】|【其他颜色】命令，自定义线条颜色。

Visio 知识链接 6-3：设置渐变充效果

选择图片，执行【图片工具】|【格式】|【图片样式】|【线条】|【线条选项】命令。在弹出的【设置形状格式】窗格中，展开【线条】选项组，选中【渐变线】选项，在其列表中设置渐变选项即可。

---

2. 设置线条样式

选择图片，执行【图片工具】|【格式】|【图

片样式】|【线条】|【粗细】和【虚线】命令，在列表中选择一种选项，即可设置图片线条的粗细度和虚线类型。

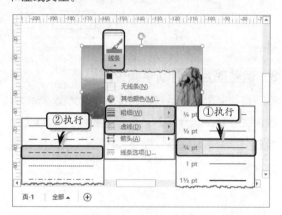

另外，选择图片，执行【图片工具】|【格式】|【图片样式】|【线条】|【线条选项】命令。在弹出的【设置形状格式】窗格中，展开【线条】选项组，通过设置其【宽度】、【复合类型】、【短划线类型】等选项，可自定义线条的样式。

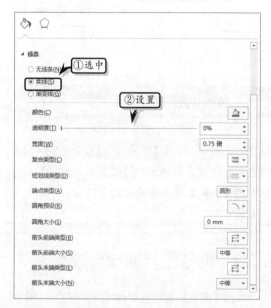

6.4.2 设置图片的艺术效果

在 Visio 中，除了可以通过设置线条格式来美

化图片之外，还可以通过设置图片的阴影、发光和映像等效果，增强图片的艺术性。

1. 设置阴影显示效果

选择图片，右击执行【设置形状格式】命令，在弹出的【设置形状格式】窗格中，激活【效果】选项卡，展开【阴影】选项组，设置阴影的【透明度】【颜色】【大小】等选项，即可设置图片的阴影效果。

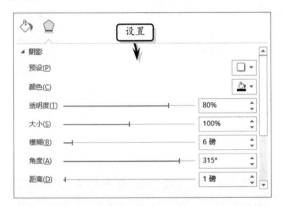

> **注意**
>
> 在【阴影】选项组中，单击【预设】下拉按钮，在其下拉列表中选择一种选项，即可快速应用内置的阴影效果。

2. 设置映像显示效果

选择图片，右击执行【设置形状格式】命令，在弹出的【设置形状格式】窗格中，激活【效果】选项卡，展开【映像】选项组，设置【透明度】【距离】【大小】等选项，即可设置图片的映像效果。

> **注意**
>
> 在【映像】选项组中，单击【预设】下拉按钮，在其下拉列表中选择【无映像】选项，即可取消所设置的映像效果。

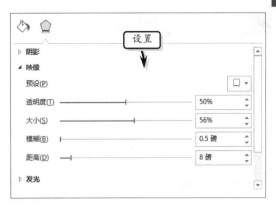

3. 设置发光显示效果

右击图片，执行【设置形状格式】命令，在弹出的【设置形状格式】窗格中，激活【效果】选项卡，展开【发光】选项组，设置发光的【颜色】【大小】【透明度】选项，即可设置图片的发光效果。

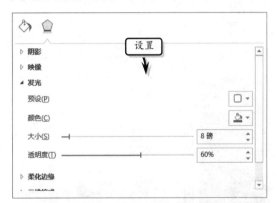

> **注意**
>
> 用户还可以在【设置形状格式】窗格中，展开【柔化边缘】【三维格式】【三维旋转】选项组，设置图片的柔化变化效果、三维格式和三维旋转效果。

Visio 6.5　练习：网站建设流程图

难度星级：★★★

网站建设流程图以图形方式显示网站建设的工作流程。在本练习中，将使用 Visio 中的 "基本流程图" 模板，创建一个网站建设流程图，用于描述与记录网站建设工作中的具体流程。

练习要点

- 创建模板文档
- 应用主题
- 应用背景
- 应用边框和标题
- 添加形状
- 设置形状格式
- 设置文字格式

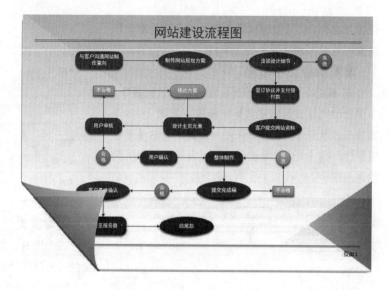

操作步骤 ▶▶▶▶

STEP|01 展开【新建】页面。执行【文件】|【新建】命令，在展开的页面中选择【基本流程图】选项。

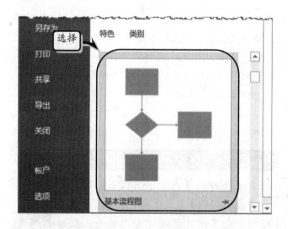

STEP|02 创建模板文档。在弹出的对话框中，单击【创建】按钮，创建模板文档。

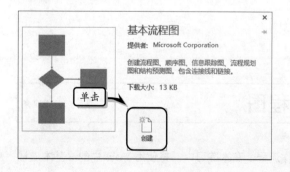

STEP|03 添加边框和标题。执行【设计】|【背景】|【边框和标题】|【字母】命令，添加标题和边框样式。

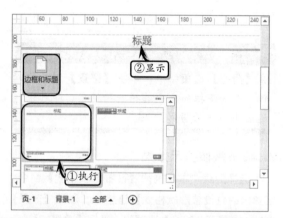

STEP|04 添加主题效果。执行【设计】|【主题】|【离子】命令，设置绘图页的主题效果。

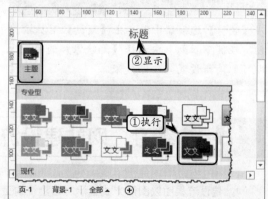

STEP|05 设置变体效果。执行【设计】|【变体】|【离子，变量4】命令，设置主题样式的变体效果。

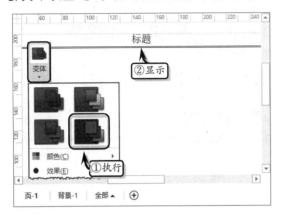

STEP|06 输入标题文本。在状态栏中选择"背景-1"绘图页，输入标题文本，并将字体设置为"黑体"，将字号设置为"30"。

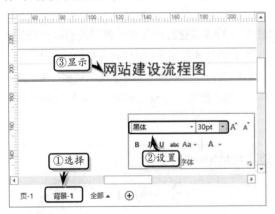

STEP|07 添加模具。选择状态栏中的"页-1"绘图页，单击【形状】窗格中的【更多形状】下拉按钮，选择【常规】|【基本形状】选项，添加模具。

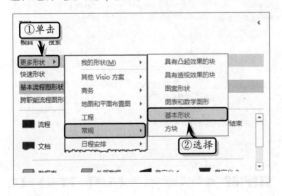

STEP|08 添加形状。在"基本形状"模具中，选择"圆角矩形"形状，并将该形状拖至绘图页中。

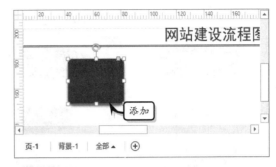

STEP|09 在形状中输入文本。调整形状的大小，双击形状输入文本，并设置文本的字体与字号等。使用同样方法，添加其他形状。

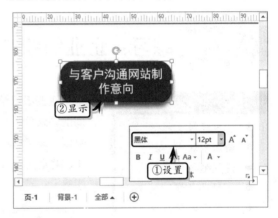

STEP|10 设置形状格式。选择"失败"圆形形状，执行【开始】|【形状样式】|【快速样式】|【强烈效果-蓝色，变体着色6】命令。使用同样方法，设置其他形状样式。

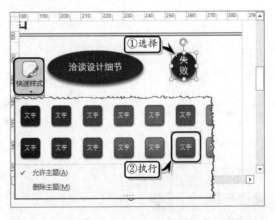

STEP|11 连接形状。执行【开始】|【工具】|【连接线】命令，拖动鼠标连接第一个与第二个形状。

使用同样的方法，分别连接其他形状。

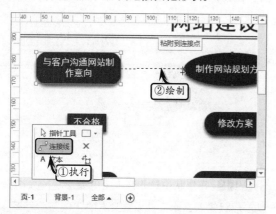

【背景】|【活力】命令，为绘图页添加背景。

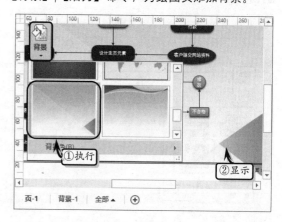

STEP|12 添加背景效果。执行【设计】|【背景】|

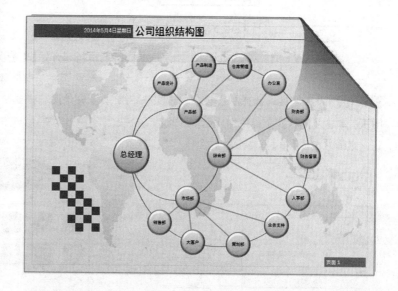

| Visio | **6.6** | 练习：企业组织结构图 | 难度星级：★★★★ |

练习要点

- 创建模板文档
- 绘制形状
- 设置形状格式
- 使用参考线
- 设置形状角度
- 应用背景
- 应用主题
- 应用边框和标题

企业组织结构图是一种表示企业内部多个部门或机构，相互之间的联系关系及结构层次的示意性图表。通过企业组织结构图，用户可以迅速了解企业的部门结构及组织情况，作出优化调整。在本练习中，将运用 Visio 中的 "基本框图" 模板，创建一个企业组织结构图图表。

操作步骤 ▶▶▶▶

STEP|01 创建模板文档。启动 Visio 软件，在【新建】页面中双击【基本框图】选项，创建模板文档。

STEP|02 绘制大圆。执行【开始】|【工具】|【椭圆】命令，绘制一个圆形，并调整其大小。

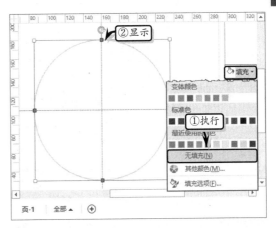

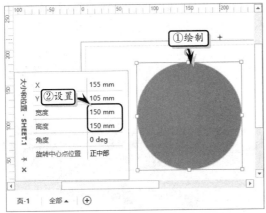

STEP|05 添加连接点。执行【开始】|【工具】|【连接点】命令，按住 Ctrl 键单击圆形四周为其添加 12 个连接点。

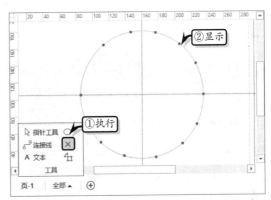

STEP|03 添加参考线。在绘图页中添加两条参考线，将圆粘附在参考线上。

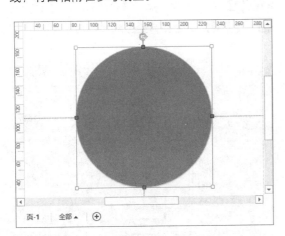

STEP|04 取消填充。选择圆，执行【开始】|【形状样式】|【填充】|【无填充】命令，取消圆的填充。

STEP|06 绘制小圆。执行【开始】|【工具】|【椭圆】命令，绘制一个小圆，并调整其大小和位置，使其粘附在参考线上。

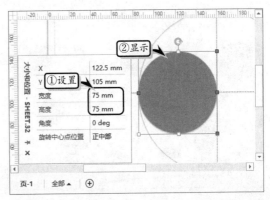

STEP|07 取消填充。执行【开始】|【形状样式】|【填充】|【无填充】命令，取消小圆的填充效果。

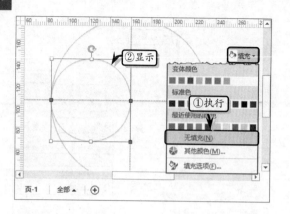

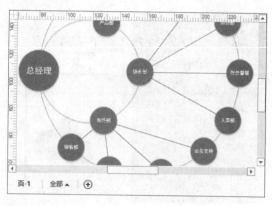

STEP|08 添加连接点。执行【开始】|【工具】|【连接点】命令，按住 Ctrl 键单击小圆四周为其添加 3 个连接点。

STEP|11 添加主题效果。执行【设计】|【主题】|【丝状】命令，设置图表的主题效果。

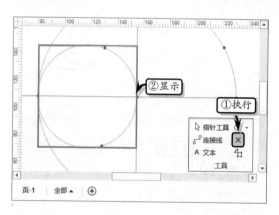

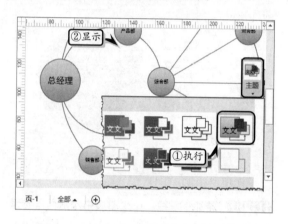

STEP|09 添加"中心拖动圆形"形状。将"基本形状"模具中的"中心拖动圆形"形状添加到圆形中的连接点上，调整其大小并输入文本。

STEP|12 添加背景。执行【设计】|【背景】|【背景】|【世界】命令，为绘图添加背景效果。

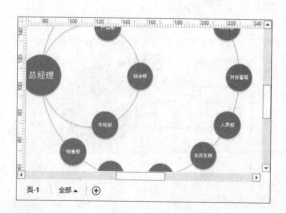

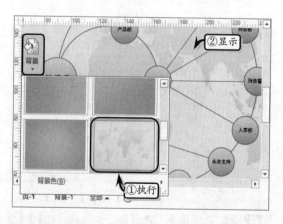

STEP|10 连接形状。执行【开始】|【工具】|【线条】命令，拖动鼠标连接各个形状。

STEP|13 添加棱台效果。选择绘图页中的所有形状，执行【开始】|【形状样式】|【棱台】|【圆】命令，设置形状的棱台效果。

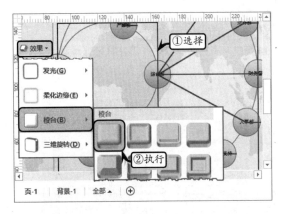

STEP|14 添加边框和标题。执行【设计】|【背景】|【边框和标题】|【简朴型】命令，添加边框和标题，并在"背景-1"绘图页中输入标题文本。

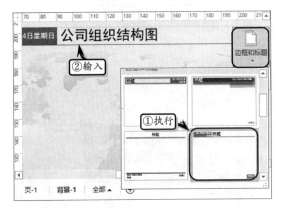

STEP|15 添加模具。在【形状】窗格中，单击【更

多形状】下拉按钮，选择【其他 Visio 方案】|【装饰】选项，添加"装饰"模具。

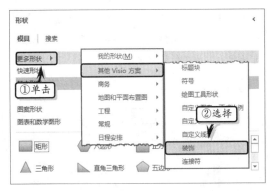

STEP|16 添加棋盘方格。将"装饰"模具中的"棋盘方格饰段"形状添加到绘图页中，调整形状大小。然后，复制该形状并调整其位置。

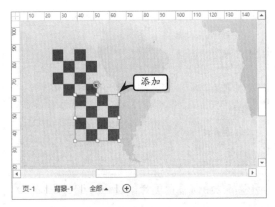

Visio **6.7** 高手答疑
难度星级：★★★

问题1：如何设置图片的三维旋转效果？

解答： 右击图片，执行【设置形状格式】命令，在弹出的【设置形状格式】窗格中，激活【效果】选项卡，展开【三维旋转】选项组，设置各项选项即可为图片添加三维旋转效果。

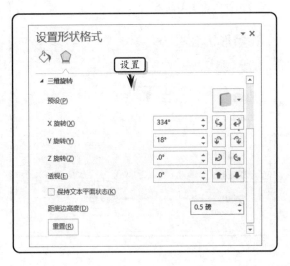

问题 2：如何设置图片的三维格式？

解答：右击图片，执行【设置形状格式】命令，在弹出的【设置形状格式】窗格中，激活【效果】选项卡，展开【三维格式】选项组，设置各项选项即可为图片添加三维格式效果。

问题 3：如何设置图片的柔化边缘效果？

解答：右击图片，执行【设置形状格式】命令，在弹出的【设置形状格式】窗格中，激活【效果】选项卡，展开【柔化边缘】选项组，设置各项选项即可为图片添加柔化效果。

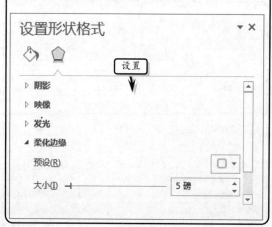

问题 4：如何为图片添加文本？

解答：双击图片，或右击图片执行【编辑文本】命令，激活图片下方的编辑区域，即可输入说明性文本。

问题 5：如何将图片添加到容器中？

解答：选择图片，右击执行【容器】|【添加到新容器】命令，即可在绘图页中插入一个默认的容器，并将图片添加到该容器中。

问题 6：如何组合多张图片？

解答：同时选择多张图片，右击执行【组合】|【组合】命令，即可将多张图片组合在一起。

第 **7** 章

应 用 图 表

在 Visio 中，除了可以使用内置的各种形状组成流程图、结构图、布局图等图表之外，还可以使用内置的图表，如柱形图、折线图、散点图等生动地展示各种数据。使用内置图表，不仅可以使数据更具有层次性和条理性，而且还可以及时反映数据之间的关系与变化趋势。在本章中，将详细介绍创建图表、编辑图表和美化图表的基础知识和操作技巧。

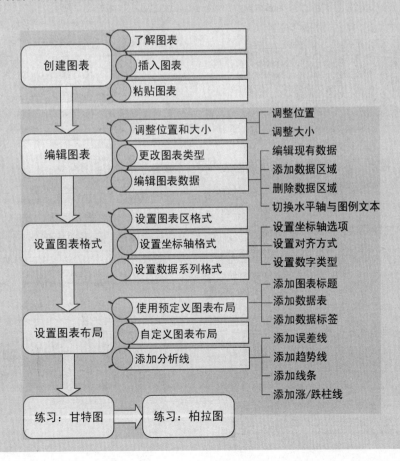

7.1 创建图表

难度星级：★★★ ◉知识链接 7-1：插入图表对象

创建图表是将 Visio 中的数据以图表的形式进行显示，从而可以更直观地分析表格数据。由于 Visio 为用户提供多种图表类型，所以在应用图表之前需要先了解一下图表的种类及元素，以便帮助用户根据不同的数据类型选用不同的图表类型。

7.1.1 了解图表

在 Visio 中，可以根据数据类型直接创建所需的图表。图表主要由图表区域及区域中的图表对象（例如：标题、图例、垂直（值）轴、水平（分类）轴）组成。下面，以柱形图为例向用户介绍图表的各个组成部分。

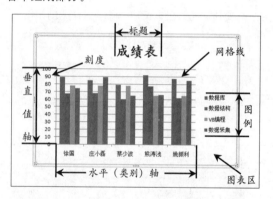

Visio 为用户提供了多种图表类型，每种图表类型又包含若干个子图表类型。用户在创建图表时，只需选择系统提供的图表即可方便、快捷地创建图表。Visio 中的图表类型，如下表所述。

柱形图	柱形图是 Excel 默认的图表类型，用长条显示数值，适用于显示一段时间内的数据变化或者显示各项之间的比较情况
条形图	条形图类似于柱形图，适用于显示在相等时间间隔下数据的趋势
折线图	折线图是将同一系列的数据在图中表示成点并用直线连接起来的图表，适用于显示某段时间内数据的变化及其变化趋势
饼图	饼图是把一个圆面划分为若干个扇形面，每个扇面代表一项数据值的图表

面积图	面积图是将一系列数据用直线段连接起来并将每条线以下的区域用不同颜色填充的图表。面积图强调幅度随时间的变化，通过显示所绘数据的总和，说明部分和整体的关系
XY 散点图	XY 散点图用于比较几个数据系列中的数值，或者将两组数值显示为 XY 坐标系中的一个系列
股价图	以特定顺序排列在工作表的列或行中的数据可以绘制到股价图中。股价图经常用来显示股价的波动。这种图表也可用于科学数据。例如，可以使用股价图来显示每天或每年温度的波动。必须按正确的顺序组织数据才能创建股价图
曲面图	曲面图在寻找两组数据之间的最佳组合时很有用。类似于拓扑图形，曲面图中的颜色和图案用来指示同一取值范围
雷达图	雷达图是一个由中心向四周辐射出多条数值坐标轴的图表，每个分类都拥有自己的数值坐标轴，并用折线将同一系列中的值连接起来
组合	组合类图表是在同一个图表中显示两种及以上的图表类型，便于用户进行多样式数据分析

7.1.2 插入图表

执行【插入】|【插图】|【图表】命令，系统会自动启动 Excel，显示图表。此时，在 Excel 工作表中包含图表与图表数据两个工作表。

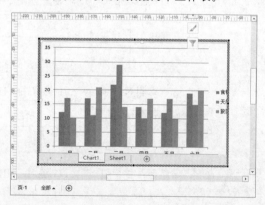

注意

在绘图页中创建图表之后，单击绘图页非图表区域，即可结束图表的编辑操作。

知识链接 7-1：插入图表对象

在 Visio 中，除了可以为绘图文档插入图表之外，还可以为绘图文档插入图表对象。

7.1.3　粘贴图表

在 Visio 中，用户可以将已保存的 Excel 图表直接粘贴到 Visio 图表中，被粘贴图表与 Excel 文件保持链接。这样一来，用户可以在 Excel 中修改

图表数据，并在 Visio 中刷新数据。

首先，打开 Excel 工作表，创建图表并保存工作表。然后，复制 Excel 图表，切换到 Visio 中，执行【开始】|【剪贴板】|【粘贴】命令即可。

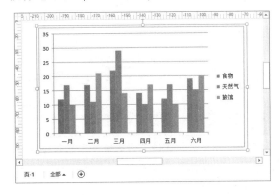

7.2 编辑图表

难度星级：★★★　● 知识链接 7-2：创建组合图表

创建完图表之后，为了使图表美观，需要对图表进行编辑操作，例如调整图表大小、调整图表位置等操作。

7.2.1　调整位置和大小

编辑图表的首要操作便是根据工作表的内容与整体布局，调整图表的位置及大小。

1．调整位置

默认情况下，插入的 Excel 图表被放置在单独的工作表中，此时用户可以将该工作表调整为嵌入式图表，即将图表移动至数据工作表中。选择图表，在 Excel 中执行【图表工具】|【设计】|【位置】|【移动图表】命令，在弹出的【移动图表】对话框中选择图表放置位置即可。

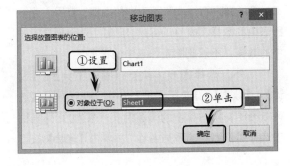

2．调整大小

将图表移动到数据工作表中，即可像在 Excel 工作表中那样调整图表的大小了。一般情况下主要包括以下 3 种方法。

- ❏ 使用【大小】选项组　选择图表，在【格式】选项卡【大小】选项组中的【形状高度】与【形状宽度】文本框中分别输入数值即可。
- ❏ 使用【设置图表区格式】对话框　单击【格式】选项卡【大小】选项组中的【对话框启动器】命令，在弹出的【设置图表区格式】对话框中，设置【高度】与【宽度】选项值即可。
- ❏ 手动调整　选择图表，将鼠标置于图表区的边界控制点上，当鼠标指针变成双向箭头时，拖动鼠标即可调整大小。

7.2.2　更改图表类型

更改图表类型是将图表由当前的类型更改为另外一种类型，通常用于多方位数据分析。执行【图表工具】|【设计】|【类型】|【更改图表类型】命令，选择一种图表类型即可。

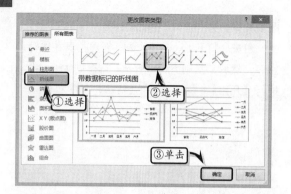

Visio知识链接 7-2：创建组合图表

　　Visio 还为用户提供了创建组合图表的功能，以帮助用户创建簇状柱形图-折线图、堆积面积图-簇状柱形图等组合图表。

7.2.3　编辑图表数据

　　创建图表之后，为了达到详细分析图表数据的目的，用户还需要对图表中的数据进行选择、添加与删除操作，以满足各类分析要求。

1．编辑现有数据

　　选择图表，此时系统会自动选定图表的数据区域。将鼠标置于数据区域边框的右下角，当鼠标指针变成"双向箭头"时，拖动数据区域即可编辑现有的图表数据。

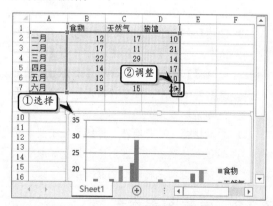

　　另外，选择图表，执行【图表工具】|【设计】|【数据】|【选择数据】命令，在弹出的【选择数据源】对话框中，单击【图表数据区域】文本框右侧的折叠按钮，在 Excel 工作表中重新选择数据区域即可。

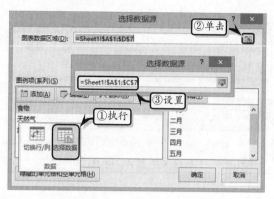

2．添加数据区域

　　选择图表，执行【图表工具】|【设计】|【数据】|【选择数据】命令，在弹出的【选择数据源】对话框中单击【添加】按钮。然后在弹出的【编辑数据系列】对话框中，分别设置【系列名称】和【系列值】选项。

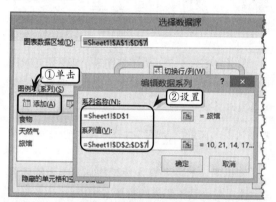

技巧

在【编辑数据系列】对话框中的【系列名称】和【系列值】文本框中直接输入数据区域，也可以选择相应的数据区域。

3．删除数据区域

　　选择表格中需要删除的数据区域，按 Delete 键，即可删除工作表和图表中的数据。若用户选择图表中的数据，按 Delete 键，此时，只会删除图表中的数据，不能删除工作表中的数据。

　　另外，选择图表，执行【图表工具】|【设计】|【数据】|【选择数据】命令，在弹出的【选择数据源】对话框中的【图例项（系列）】列表框中选择需要删除的系列名称，并单击【删除】按钮

也可删除图表数据。

据】|【切换行/列】命令，即可切换图表中的类别轴和图例项。

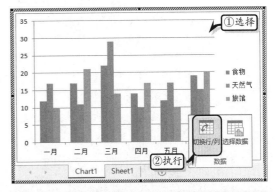

技巧

用户也可以选择图表，通过在工作表中拖动图表数据区域的边框，更改图表数据区域，来删除图表数据。

技巧

用户也可以执行【数据】|【选择数据】命令，在弹出的【选择数据源】对话框中，单击【切换行/列】按钮进行行/列切换。

4．切换水平轴与图例文本

选择图表，执行【图表工具】|【设计】|【数

7.3 设置图表格式

难度星级：★★★ ○知识链接 7-3：消除空白日期

设置图表格式是设置标题、图例、坐标轴、数据系列等图表元素的格式，主要设置每种元素的填充颜色、边框颜色、边框样式、阴影等，从而达到美化图表的目的。

7.3.1 设置图表区格式

在 Visio 中，用户可通过嵌入的 Excel 组件，来设置图表区域的填充效果、边框效果和阴影效果等，以达到美化图表的目的。

1．设置填充效果

选择图表，执行【图表工具】|【格式】|【当前所选内容】|【图表元素】命令，在其下拉列表中选择【图表区】选项。然后，执行【设置所选项内容格式】命令，在弹出的【设置图表区格式】窗格中，展开【填充】选项组，选择一种填充效果，并设置相应的选项即可更改图表区填充颜色。

在【填充】选项组中，主要包括 6 种填充方式，其具体情况，如下表所示。

选项	子选项	说　明
无填充		不设置填充效果
纯色填充	颜色	设置一种填充颜色
	透明度	设置填充颜色的透明状态
渐变填充	预设	用来设置渐变颜色，共包含 30 种渐变颜色
	渐变	

续表

选项	子选项	说　明
渐变填充	类型	用来设置颜色渐变的类型，包括线性、射线、矩形与路径
	方向	用来设置颜色渐变的方向，包括线性对角、线性向下、线性向左等8种方向
	角度	用来设置渐变颜色的角度，其值介于1~360度之间
	渐变光圈	可以设置渐变颜色的起止位置、颜色与透明度
图片或纹理填充	纹理	用来设置纹理类型，一共包括25种纹理样式
	插入图片来自	可以插入来自文件、剪贴板与剪贴画中的图片
	将图片平铺为纹理	设置纹理的显示类型，选择该选项则显示【平铺选项】，禁用该选项则显示【伸展选项】
	伸展选项	主要用来设置纹理的偏移量
	平铺选项	主要用来设置纹理的偏移量、对齐方式与镜像类型
	透明度	用来设置纹理填充的透明状态
图案填充	图案	用来设置图案的类型，一共包括48种类型
	前景	主要用来设置图案填充的前景颜色
	背景	主要用来设置图案填充的背景颜色
自动		选择该选项，表示图表的图表区填充颜色将随机显示，一般默认为白色

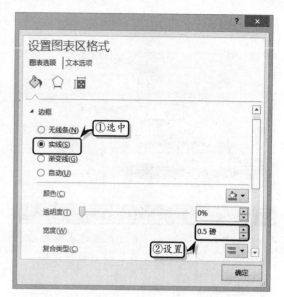

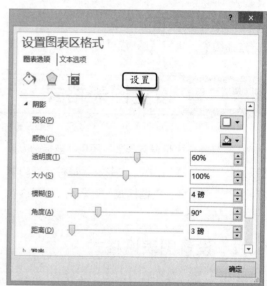

2．设置边框效果

在【设置图表区格式】窗格中的【边框】选项组中，可以设置边框的样式和颜色。在该选项组中，包括【无线条】【实线】【渐变线】与【自动】4种选项。例如，选中【实线】选项，还可在列表中设置【宽度】选项。

3．设置阴影效果

在【设置图表区格式】窗格中，激活【效果】选项卡，在【阴影】选项组中设置图表区的阴影效果。

> **注意**
>
> 在【效果】选项卡中，还可以设置图表区的发光、柔化边缘和三维格式等效果。

7.3.2　设置坐标轴格式

坐标轴是标识图表数据类别的坐标线，用户可以在【设置坐标轴格式】窗格中，设置坐标轴的数字类别与对齐方式。

1．设置坐标轴选项

双击垂直坐标轴，在弹出的【设置坐标轴格式】

窗格中，激活【坐标轴选项】选项卡。在【坐标轴选项】选项组中，设置各项选项可以更改纵坐标轴格式。

选项】选项组中，设置各项选项可以更改横坐标轴格式。

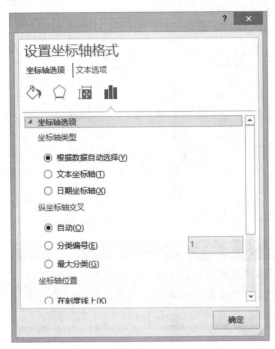

在【坐标轴选项】选项组中主要包括下表中的各项选项。

选项	子选项	说 明
坐标轴类型	根据数据自动选择	选中该单选按钮将根据数据类型自动设置坐标轴类型
	文本坐标轴	选中该单选按钮表示使用文本类型的坐标轴
	日期坐标轴	选中该单选按钮表示使用日期类型的坐标轴
纵坐标轴交叉	自动	设置图表中数据系列与纵坐标轴之间的距离为默认值
	分类编号	自定义数据系列与纵坐标轴之间的距离
	最大分类	设置数据系列与纵坐标轴之间的距离为最大显示
坐标轴位置	逆序类别	选中该复选框，坐标轴中的标签顺序将按逆序进行排列

另外，双击水平坐标轴，在【设置坐标轴格式】窗格中，激活【坐标轴选项】选项卡。在【坐标轴

2. 设置对齐方式

在【设置坐标轴格式】窗格中，激活【大小属性】选项卡。在【对齐方式】选项组中，可设置对齐方式、文字方向与自定义角度。

3. 设置数字类型

在【设置坐标轴格式】窗格中，激活【坐标轴选项】选项卡。然后，在【数字】选项组中的【类

别】列表框中选择相应的选项，并设置其小数位数与样式即可更改坐标数据格式。

类间距】选项数值。

注意

在【系列选项】选项卡中，其形状的样式会随着图表类型的改变而改变。例如，上图中的形状样式属于"三维蔟状柱形图"图表。

知识链接7-3：消除空白日期

当用户运用图表显示日期数据时，不连续的日期数据会让图表存在空白日期。此时，用户可使用本知识链接中的方法，消除图表中的空白日期。

7.3.3　设置数据系列格式

数据系列是图表中的重要元素之一，用户可以通过设置数据系列的形状、填充、边框颜色和样式、阴影以及三维格式效果等，达到美化数据系列的目的。

1．更改形状

执行【当前所选内容】|【图表元素】命令，在其下拉列表中选择一个数据系列。然后，执行【设置所选内容格式】命令，在弹出的【设置数据系列格式】窗格中的【系列选项】选项卡中选中一种形状，并调整或在微调框中输入【系列间距】和【分

2．设置填充颜色

激活【填充线条】选项卡，在该选项卡中可以设置数据系列的填充颜色，包括纯色填充、渐变填充、图片或纹理填充、图案填充等。

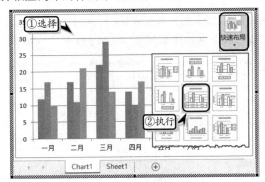

Visio 7.4 设置图表布局

难度星级：★★★ ●知识链接 7-4：为图表添加直线

图表布局直接影响到图表的整体效果，用户可根据工作习惯设置图表的布局。例如，添加图表坐标轴、数据系列、趋势线等图表元素。另外，用户还可以通过更改图表样式，达到美化图表的目的。

7.4.1 使用预定义图表布局

在 Visio 中嵌入的 Excel 组件根据不同的图表类型，分别为用户提供了相对应的图表布局，以方便用户快速应用各种布局样式。

选择图表，执行【图表工具】|【设计】|【图表布局】|【快速布局】命令，在其级联菜单中选择相应的布局样式即可完成布局。

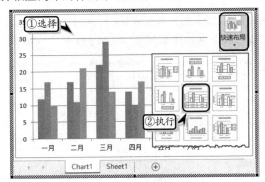

7.4.2 自定义图表布局

除了使用预定义图表布局之外，用户还可以通过手动设置来调整图表元素的显示方式。

1．添加图表标题

选择图表，执行【图表工具】|【设计】|【图表布局】|【添加图表元素】|【图表标题】命令，在其级联菜单中选择相应的命令即可添加图表标题。

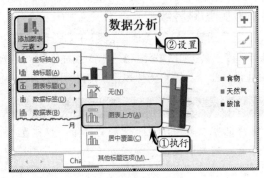

2．添加数据表

选择图表，执行【图表工具】|【设计】|【图表布局】|【添加图表元素】|【数据表】命令，在其级联菜单中选择相应的命令即可添加数据表。

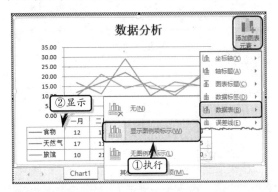

3．添加数据标签

选择图表，执行【图表工具】|【设计】|【图表布局】|【添加图表元素】|【数据标签】命令，在其级联菜单中选择相应的命令即可添加数据标签。

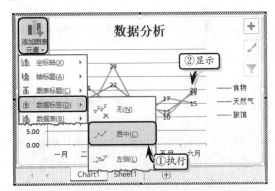

> **提示**
>
> 使用同样的方法，用户还可以通过执行【添加图表元素】命令，添加图例、网格线、坐标轴等图表元素。

7.4.3 添加分析线

分析线只适用于部分图表，主要用于分析和预测数据的发展趋势，包括误差线、趋势线、线条和涨/跌柱线。

1．添加误差线

误差线主要用来显示图表中每个数据点或数据标记的潜在误差值，每个数据点可以显示一个误差线。

选择图表，执行【图表工具】|【设计】|【图表布局】|【添加图表元素】|【误差线】命令，在其级联菜单中选择误差线类型即可添加误差线。

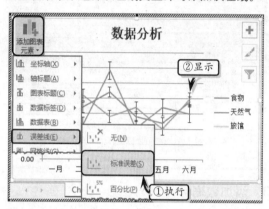

各类型的误差线含义如下表。

类　型	含　义
标准误差	显示标准误差误差线
百分比	显示包含5%值的百分比误差线
标准偏差	显示包含1个标准偏差的标准偏差误差线

2．添加趋势线

趋势线主要用来显示各系列中数据的发展趋势。选择图表，执行【图表工具】|【设计】|【图表布局】|【添加图表元素】|【趋势线】命令，在其级联菜单中选择趋势线类型，在弹出的【添加趋势线】对话框中，选择数据系列即可添加趋势线。

各类型的趋势线的含义如下表。

类型	含　义
线性	为选择的图表数据系列添加线性趋势线
指数	为选择的图表数据系列添加指数趋势线
线性预测	为选择的图表数据系列添加2个周期预测的线性趋势线
移动平均	为选择的图表数据系列添加双周期移动平均趋势线

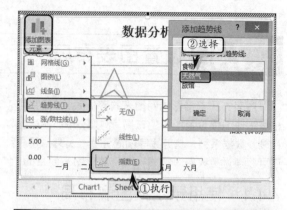

> **提示**
>
> 在Excel中，不能在三维图表、堆积型图表、雷达图、饼图与圆环图中添加趋势线。

3．添加线条

选择图表，执行【图表工具】|【设计】|【图表布局】|【添加图表元素】|【线条】命令，在其级联菜单中选择线条类型即可添加线条。

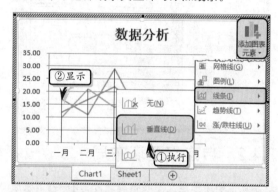

> **注意**
>
> 用户为图表添加线条之后，可执行【添加图表元素】|【线条】|【无】命令，取消已添加的线条。

4．添加涨/跌柱线

选择图表，执行【图表工具】|【设计】|【图表布局】|【添加图表元素】|【涨/跌柱线】|【涨/跌柱线】命令，即可为图表添加涨/跌柱线。

> **技巧**
>
> 用户也可以单击图表右侧的 ✚ 按钮，即可在弹出的列表中快速添加图表元素。

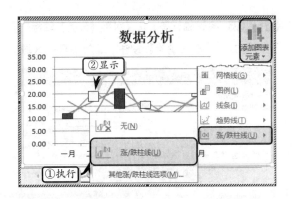

知识链接 7-4：为图表添加直线

　　用户在运用图表分析数据时，往往需要利用直线标记特定的数值，以达到区分数据值范围的目的。此时，可通过设置误差线的正负值，为图表添加一条直线。

Visio **7.5**　练习：甘特图　　难度星级：★★★★

　　甘特图是一个水平条形图，常用于项目管理，其作用类似于 Visio 中的"项目管理"类型中的"甘特图"模板。在本练习中，将运用 Visio 中的插入图表功能，制作一份显示任务进度的甘特图。

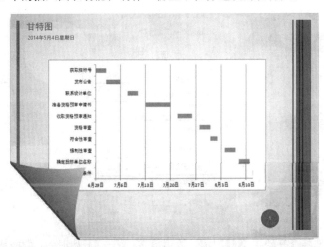

练习要点

● 插入图表
● 更改数据类型
● 编辑数据源
● 设置坐标轴格式
● 设置数据系列格式
● 应用主题
● 应用背景
● 应用边框和标题

操作步骤 ▷▷▷▷

STEP|01 插入图表。新建空白文档，将纸张方向设置为横向。执行【插入】|【插图】|【图表】命令，此时系统会自动插入一个默认图表。

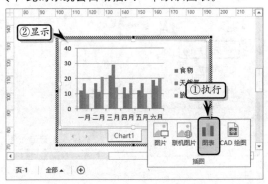

STEP|02 输入图表数据。在 Excel 组件中，单击状态栏中的"Sheet1"标签，切换到该工作表内，输入图表基础数据。

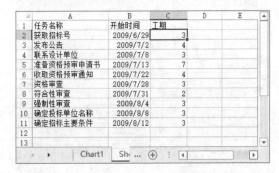

STEP|03 更改图表类型。选择图表，执行【设

计】|【类型】|【更改图表类型】命令，从弹出的
对话框中选择【堆积条形图】选项。

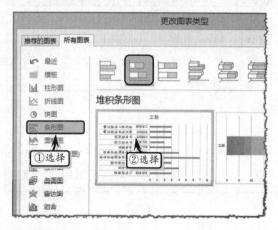

STEP|04 删除空白系列。执行【设计】|【数据】|【选择数据】命令，选择【图例项（系列）】列表框中的【空白系列】选项，单击【删除】按钮。

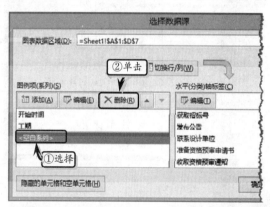

STEP|05 编辑"开始时间"系列值。选择【开始时间】选项，单击【编辑】按钮，编辑系列值。同样方法，编辑"工期"的系列值。

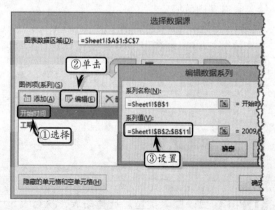

STEP|06 编辑轴标签。在【水平（分类）轴标签】列表框中，单击【编辑】按钮，编辑轴标签区域。

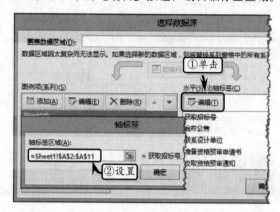

STEP|07 设置纵坐标轴格式。双击"垂直（类别）轴"，启用【逆序类别】与【最大分类】选项。

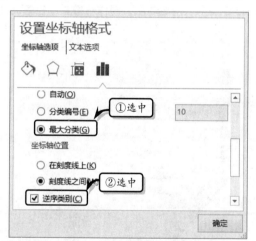

STEP|08 取消填充。双击"开始时间"数据系列，在【填充】选项卡中，启用【无填充】选项。

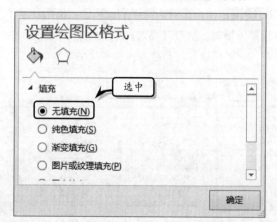

STEP|09 设置横坐标轴格式。双击"水平（值）轴"，将最小值、最大值与主要刻度单位分别设置为"39993""40037"与"7"。

STEP|10 设置日期格式。在【数字】选项组中，将日期格式设置为"3 月 14 日"。

STEP|11 设置主题和背景。执行【设计】|【主题】|【线性】命令，设置图表的主题效果。然后，执行【设计】|【背景】|【背景】|【货币】命令，设置其背景效果。

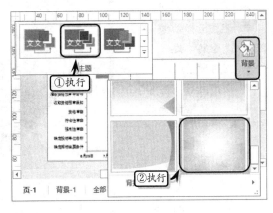

STEP|12 添加边框和标题。执行【设计】|【背景】|【边框和标题】|【凸窗】命令，添加边框和标题，并输入标题文本。

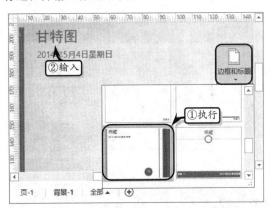

Visio **7.6** 练习：柏拉图 　　　　　　　　　　　难度星级：★★★★

　　柏拉图是将某一期间内的数据，按照特定角度依据各类数值出现的大小顺序进行排列的一种图表。在本练习中，将运用 Visio 内置的插入图表功能，制作一份显示项目所占资金百分比情况的柏拉图图表。

练习要点

- 插入图表
- 更改图表类型
- 编辑数据源
- 设置数据系列
- 设置坐标轴格式
- 设置网格线
- 应用背景
- 应用主题
- 应用边框和标题

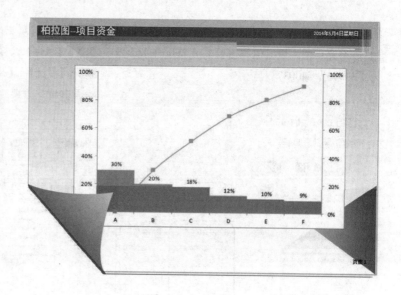

操作步骤 ▶▶▶▶

STEP|01 插入图表。新建空白文档，将纸张方向设置为横向。执行【插入】|【插图】|【图表】命令，此时系统会自动插入一个默认图表。

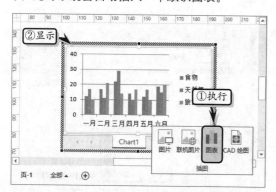

STEP|02 更改图表数据。切换到"Sheet1"工作表中，更改图表数据。

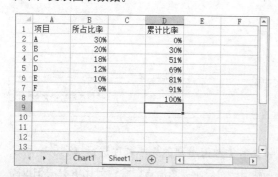

STEP|03 删除空白系列。执行【设计】|【数据】|【选择数据】命令，选择【图例项（系列）】列表框

中的【空白系列】选项，单击【删除】按钮。

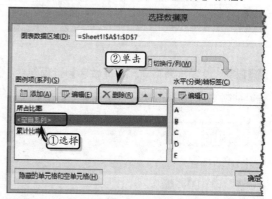

STEP|04 更改图表类型。选择"累计比率"数据系列，执行【设计】|【类型】|【更改图表类型】命令，在弹出的对话框中单击【累计比率】下拉按钮，选择【带平滑线和数据标记的散点图】选项，并单击【确定】按钮。

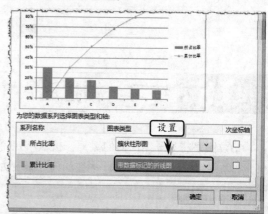

STEP|05 删除图例。执行【布局】|【标签】|【图例】|【无】命令，删除图例。

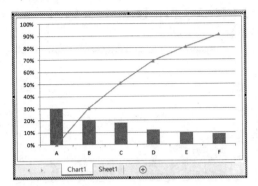

STEP|06 设置数据系列格式。选择"累计比率"数据系列，右击执行【设置数据系列格式】命令。在【系列选项】选项卡中，选中【次坐标轴】选项。

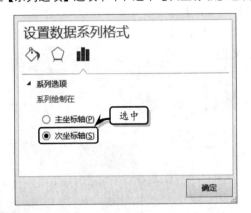

STEP|07 设置次坐标轴格式。双击"次坐标轴垂直（值）轴"，分别将最大值、最小值、主要刻度单位与次要刻度单位设置为"0""1""0.2"与"0.04"。

STEP|08 设置其他坐标轴。使用同样的方法，分别设置其他坐标轴的各项值。

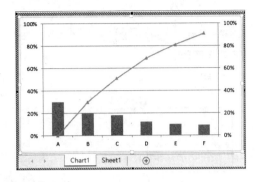

STEP|09 设置分类间距。双击"所占比率"数据系列，在【系列选项】选项卡中，将分类间距设置为"0"。

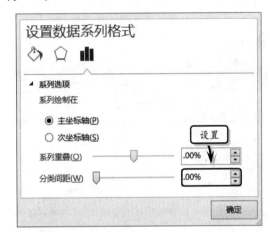

STEP|10 设置网格线。选择图表，执行【坐标轴】|【网格线】|【主要横网格线】|【无】命令。

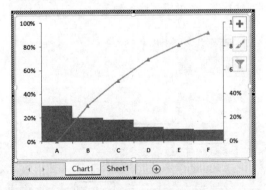

STEP|11 设置标记。双击"累计比率"数据系列，激活【填充线条】选项卡，展开标记选项组，选中【内置】选项，并设置标记类型和大小。

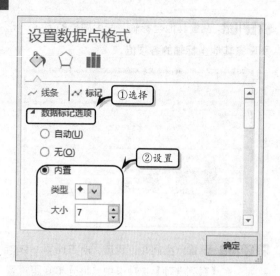

STEP|12 设置填充。在【填充】选项组中，选中【纯色填充】选项，并设置填充颜色。

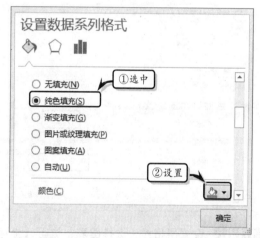

STEP|13 设置线条。展开【线条】选项组，选中【实线】选项，并设置线条颜色。

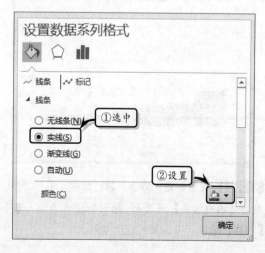

STEP|14 添加数据标签。选择"所占比率"数据系列，执行【设计】|【图表布局】|【添加图表元素】|【数据标签】|【数据标签外】命令，添加数据标签。

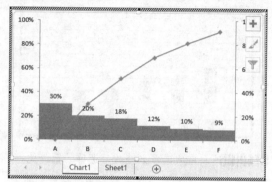

STEP|15 添加主题和背景。执行【设计】|【主题】|【简单】命令，设置主题效果。然后，执行【设计】|【背景】|【背景】|【活力】命令，设置背景效果。

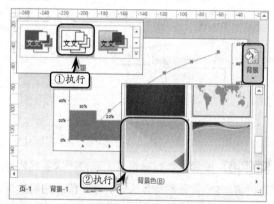

STEP|16 添加边框和标题。执行【设计】|【背景】|【边框和标题】|【都市】命令，添加边框和标题样式并更改标题文本。

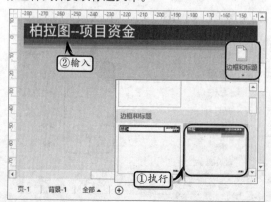

7.7 高手答疑

难度星级：★★★

问题 1：如何设置图例的显示位置？

解答：选择图例，右击执行【设置图例格式】命令。在弹出的【设置图例格式】窗格中，激活【图例选项】选项卡，在【图例位置】选项组中，可选择图例的显示位置。

问题 2：如何在图表中显示隐藏数据和空单元格？

解答：选择图表，执行【设计】|【数据】|【选择数据】命令，打开【选择数据源】对话框。在该对话框中，单击【隐藏的单元格和空单元格】按钮，在弹出的对话框中启用【显示隐藏行列中的数据】复选框即可在图表中显示隐藏的数据。

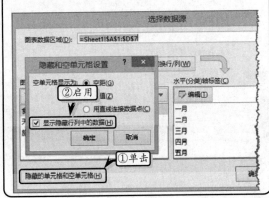

问题 3：如何设置图表的棱台效果？

解答：选择图表，执行【图表工具】|【格式】|【形状样式】|【形状效果】|【棱台】|【圆】命令，即可设置图表的棱台效果。

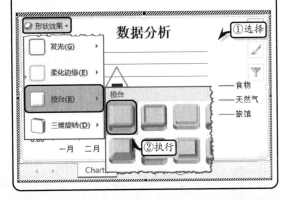

问题 4：如何设置图表标题的艺术字效果？

解答：选择图表标题，执行【图表工具】|【格式】|【艺术字样式】|【填充-橙色,着色 2,轮廓-着色 2】命令，即可设置图表标题的艺术字效果。

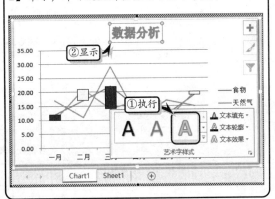

第 **8** 章

应用 Visio 数据

在使用 Visio 绘制形状后，用户还可以通过为形状定义数据信息，或通过外部数据库来定义形状信息的方法，以动态与图形化的方式显示图表数据。除此之外，Visio 还提供了多种与数据相结合的功能，包括资产管理、进程改进、项目管理、项目日程以及销售概要等。在本章中，将详细介绍 Visio 与数据之间的关系，以及查看和创建数据报表的基础知识。

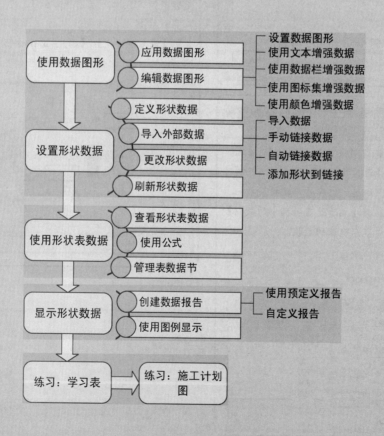

Visio # 8.1　设置形状数据

难度星级：★★★　◉知识链接 8-1：链接多个数据源

形状既是绘图中的主要元素，也是所有元素中的主要设置对象。在 Visio 中，除了可以设置形状的外观格式之外，还可以将形状关联到相应的数据中。

8.1.1　定义形状数据

形状数据是与形状直接关联的一种数据表，主要用于展示与形状相关的各种属性及属性值。

选择一个形状，执行【数据】|【显示/隐藏】|【形状数据窗口】命令，在弹出的【形状数据】窗格中，可设置形状的数据。

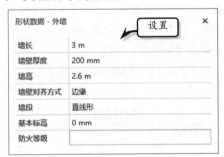

另外，右击形状执行【数据】|【定义形状数据】命令，在弹出的【定义形状数据】对话框中，可设置形状的各项数据。

在【定义形状数据】对话框中，需要设置以下选项。

❏ **标签**　用于设置数据的名称，由字母、数字、字符组成，包括下划线（_）字符。

❏ **名称**　用于设置 ShapeSheet 电子表格中的数据的名称。只有在开发人员模式运行时，该选项才可用。

❏ **类型**　用于设置数据值的数据类型。

❏ **语言**　用于标识与日期和符串数据类型关联的语言。

❏ **格式**　用于设置所指定数据的显示方式，其方式取决于【类型】和【日历】选项设置。

❏ **日历**　可将日历类型设置为用于选定的语言。日历类型将会影响【格式】列表中的可用选项。

❏ **值**　用来设置包含数据的初始值。

❏ **提示**　指将鼠标悬停于【形状数据】窗格中的数据标签上时，所显示的说明性文本或指导性文本。

❏ **排序关键字**　用来指定【定义形状数据】对话框和【形状数据】窗格中数据的放置方式。只有在以开发人员模式运行下，该选项才可用。

❏ **放置时询问**　当用户创建形状的实例或重复形状时，提示用户输入形状的数据。只有在以开发人员模式运行下，该选项才可用。

❏ **隐藏**　勾选该选项，将对用户隐藏属性。只有在开发人员模式运行下，该选项才可用。

❏ **属性**　用于显示所选形状或数据集定义的所有属性。选择属性后可对其进行编辑。

❏ **新建**　单击该按钮，将在属性列表中添加新属性。

❏ **删除**　单击该按钮，将删除所选属性。

8.1.2 导入外部数据

在 Visio 中，除了直接定义形状数据之外，还可以将外部数据快速导入到形状中，并直接在形状中显示导入的数据。

1. 导入数据

执行【数据】|【外部数据】|【将数据链接到形状】命令，弹出【数据选取器】对话框。在【要使用的数据】列表中选择数据类型，并单击【下一步】按钮。

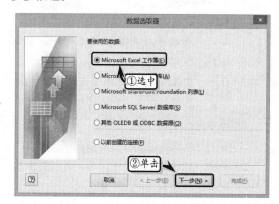

在数据类型列表中，主要包括 Microsoft Office Excel 工作簿、Microsoft Office Access 数据库等 6 种数据源类型。

单击【下一步】按钮，系统会根据所选择的数据源类型显示不同的步骤。每种数据源所显示的步骤如下所述。

- **Microsoft Office Excel 工作簿** 在【要导入的工作簿】下拉列表中选择工作簿文件，单击【下一步】按钮。在【要使用的工作表或区域】下拉列表中选择工作表，单击【选择自定义范围】按钮可以选择工作表中的单元格范围。

- **Microsoft Office Access 数据库** 在【要使用的数据库】下拉列表中选择 Access 数据库文件，在【要导入的表】下拉列表中选择数据表，并单击【下一步】按钮。

- **Microsoft SharePoint Foundation 列表** 在【网站】文本框中输入需要链接的 SharePoint 网页的地址，并单击【下一步】按钮。

- **Microsoft SQL Server 数据库** 在【服务器名称】文本框中指定服务器名称，获得允许访问数据库的授权。然后，在【登录凭据】选项组中设置登录用户名与密码，并单击【下一步】按钮。

- **其他 OLEDB 或 ODBC 数据源** 在数据源列表中选择数据源类型，并指定文件和授权。

- **以前创建的连接** 在【要使用的链接】下拉列表中选择链接，或单击【浏览】按钮，在弹出的【现有链接】对话框中选择链接文件。

在弹出的连接到 Microsoft Excel 工作簿页面中，单击【浏览】按钮，在弹出的【数据选取器】对话框中选择 Excel 数据文件，并单击【打开】按钮。然后，返回到连接到 Microsoft Excel 工作簿页面中，单击【下一步】按钮。

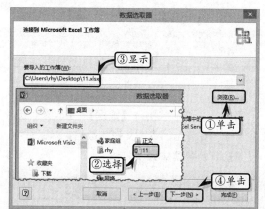

在弹出的对话框中的【要使用的工作表或区域】下拉列表中，设置工作表或区域；同时，勾选【首行数据包含有列标题】复选框，并单击【下一步】按钮。

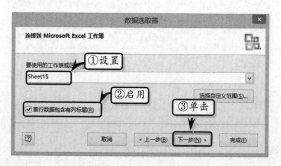

此时，系统会自动弹出连接到数据页面，在此选择需要链接的行和列；或者保持系统默认设置，并单击【下一步】按钮。

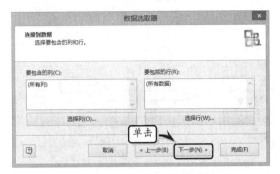

最后，在弹出的配置刷新唯一标识符页面中，保持默认设置，并单击【完成】按钮。

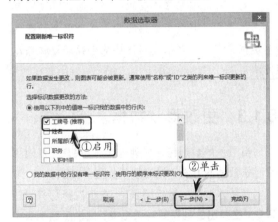

其中，【使用以下列中的值唯一标识我的数据中的行】选项表示选择数据中的行来标识数据的更改，该选项为默认选项，是系统推荐的选项。而【我的数据中的行没有唯一标识符，使用行的顺序来标识更改】选项表示不存在标识符，Visio 基于行的顺序来更新数据。

> **注意**
>
> 用户还可以将绘图连接到多个数据源上，在【外部数据】窗格中的任意位置，右击鼠标并执行【数据源】|【添加】命令，系统会自动弹出【数据选取器】对话框，遵循"导入数据"小节中的步骤即可。

2．手动链接数据

在绘图页中添加形状，并在【外部数据】窗格

中选择一行数据，拖至形状上，当鼠标指针变成"链接"箭头时，松开鼠标，可将数据链接到形状上。

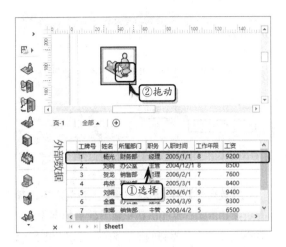

另外，用户也可以选择一个形状，然后在【外部数据】窗格中，选择一行要链接到形状上的数据，右击执行【链接到所选的形状】命令，即可将数据链接到形状上。

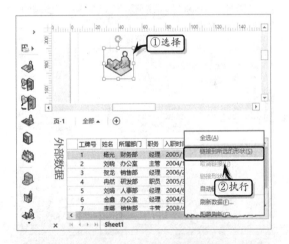

> **注意**
>
> 选择要添加数据的形状，在【外部数据】窗格中选择一行数据，并拖至绘图页中，即可将数据链接至形状上。

3．自动链接数据

自动链接适用于数据容量很大或修改很频繁的情况。在绘图页中执行【数据】|【外部数据】|【自动链接】命令，系统会弹出自动链接向导对话

框。在【希望自动链接到】选项组中选择需要链接的形状，并单击【下一步】按钮。

链接。

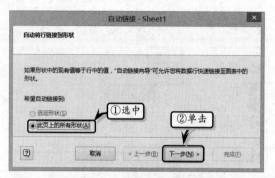

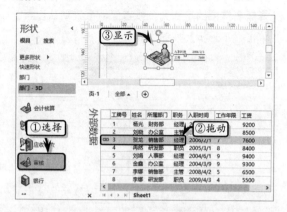

在【数据列】与【形状字段】下拉列表中选择需要链接的数据，及在形状中显示数据的字段。对于需要链接多个数据列的形状来讲，可以单击【和】按钮，增加链接数据列与形状字段。然后，勾选【替换现有链接】复选框，以当前的链接数据替换绘图页中已经存在的链接。最后，单击【下一步】按钮并单击【完成】按钮即可。

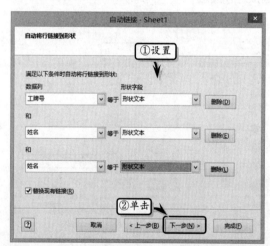

注意

只有当形状数据中的值与数据源字段的值相匹配时，自动链接功能才可以用。

4. 添加形状到链接

当用户为绘图页添加新的形状时，可同时添加数据链接。首先，在模具中选择将要添加的形状。然后，在【外部数据】窗格中拖动一行数据记录到绘图页中，即可在绘图页中同时添加形状与数据

知识链接 8-1：链接多个数据源

对于需要显示多个数据的形状来讲，还需要使用链接向导将多个数据源导入到绘图中。在本知识链接中，将详细介绍链接多个数据源的操作方法。

8.1.3　更改形状数据

当导入的数据包含多列内容时，用户可通过更改形状数据的方法，设置形状的显示格式。

在导入的外部数据列表中，右击执行【列设置】命令，在弹出的列设置对话框中，提供了数据表中的各个列，此时用户可以通过修改列属性来更改形状的显示格式。

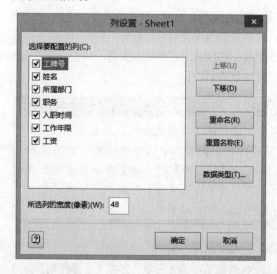

在列设置对话框中，用户可通过设置【所选列的宽度（像素）】选项，来设置列的宽度像素值。

在【选择要配置的列】列表框中选择列之后，可通过单击【上移】或【下移】按钮，来调整列的显示顺序。另外，单击【重命名】按钮，则可以更改所选列的名称；而单击【重置名称】按钮，则可以恢复被修改的列名称。除此之外，单击【数据类型】按钮，可在弹出的类型和单位对话框中，设置该列内容的数据类型、单位等属性。

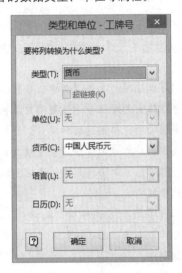

Visio 中主要包含了货币、数值、布尔型等 6 种数据类型，其每种数据类型的具体含义，如下所述。

❑ **数值**　该数据类型为系统默认数据类型，表示普通的数值。

❑ **布尔型**　该数据类型是由 True（真）和 False（假）组成的逻辑数据。

❑ **货币**　该数据类型是由带两位小数的数字和货币符号构成的数值。

❑ **日期**　该数据类型是一种日期格式的数据，是一种可通过日历更改的日期时间。

❑ **持续时间**　该数据类型是由整数和时间单位构成的数值。

❑ **字符串**　该数据类型为普通的字符。

8.1.4　刷新形状数据

执行【数据】|【外部数据】|【全部刷新】|【刷新数据】命令，弹出【刷新数据】对话框。在该对话框中选择需要刷新的数据源，单击【刷新】按钮即可刷新数据。另外，直接单击【全部刷新】按钮，即可对绘图页中的所有链接进行刷新操作。

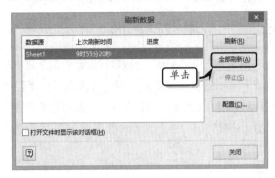

另外，用户也可以配置数据刷新的间隔时间、唯一标识符等数据源信息。在列表框中选择一个数据源，单击【配置】按钮，在弹出的【配置刷新】对话框中设置相应的选项即可。

在该对话框中，需要设置下列几种选项。

❑ **更改数据源**　单击该按钮，可在弹出的【数据选取器】对话框中重新设置数据源。

❑ **自动刷新**　勾选【刷新间隔】选项，并在微调框中输入刷新时间即可。

❑ **唯一标识符**　用户可设置数据源的唯一标识符，当选择【使用行的顺序来标识更改】选项时，表示数据源没有标识符。

❑ **覆盖用户对形状数据的更改**　勾选该选项，可以覆盖形状数据属性值。

8.2 使用数据图形

难度星级：★★★ ● 知识链接8-2：更改数据图形

Visio 中的数据图形是一组增强元素，可以形象地显示数据信息。使用数据图形，在绘图中具有大量信息的情况下，可以保证信息的传递通畅。

8.2.1 应用数据图形

通常情况下，Visio 会以默认的数据图形样式来显示形状的数据。此时，用户可执行【数据】|【显示数据】|【数据图形】命令，在其级联菜单中选择一种样式命令，即可快速设置数据图形的样式。

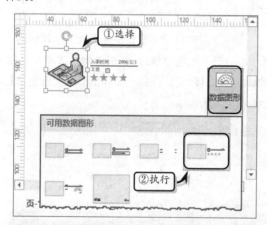

注意

用户可通过执行【数据】|【显示数据】|【数据图形】|【无数据图形】命令，取消已设置的数据图形样式。

8.2.2 编辑数据图形

除了可以使用 Visio 内置的数据图形样式之外，用户还可以自定义现有的数据图形样式，以使数据图形样式完全符合形状数据的类型。

1. 设置数据图形

右击形状执行【数据】|【编辑数据图形】命令，在弹出的编辑数据图形对话框中，可设置数据图形的位置及显示。

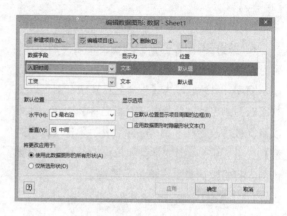

在编辑数据图形对话框中，主要可以执行下列几种操作。

❑ **创建新项目** 单击【新建项目】按钮，即可在弹出的对话框中设置项目属性。

❑ **编辑项目** 单击【编辑项目】按钮，即可在弹出的对话框中重新设置项目的属性。

❑ **删除项目** 单击【删除】按钮，即可删除选中的项目。

❑ **排列项目** 可调整项目的顺序。选择项目，单击【上三角形】或【下三角形】按钮即可。

❑ **设置位置** 调整【默认位置】选项组中的【水平】与【垂直】选项，即可设置项目的排放位置。

❑ **设置显示** 勾选【在默认位置显示项目周围的边框】选项，可将项目中周围的边角显示在默认位置。勾选【应用数据图形时隐藏形状文本】选项，在应用"数据图形"时将隐藏形状的文本。

2. 使用文本增强数据

在绘图中，用户可以使用包含列名与列值的文本标注，或只显示数据值标题的文本样式，来显示形状数据。在编辑数据图形对话框中，单击【新建项目】按钮，在【新项目】对话框中，设置【数据字段】选项，并将【显示为】选项设置为"文本"，然后再设置其他选项即可。

据。在【新项目】对话框中，将【显示为】选项设置为"数据栏"，并在【样式】下拉列表中选择一种样式。然后，设置【详细信息】选项组即可。

在【新项目】对话框中的【详细信息】选项组中，各选项的含义如下所述。

- ❏ **值格式**　用来设置文本标注中所显示值的格式。单击该选项右侧的按钮，即可在弹出的【数据格式】对话框中，设置显示值的数据格式。
- ❏ **值字号**　用来设置文本值的字号大小，用户在文本框中直接输入字号数据即可。
- ❏ **边框类型**　用来设置文本标签的边框显示样式，主要包括无、靠下、轮廓等样式。
- ❏ **填充类型**　用来设置在显示文本数据时是否显示填充颜色。
- ❏ **水平偏移量**　用来设置标签的水平位置，包括无与靠右选项。
- ❏ **标注宽度**　用来设置文本标注的宽度，可以直接在文本框中输入宽度值。
- ❏ **垂直偏移量**　用来设置标签的垂直位置，包括无与向下选项。

注意

【新项目】对话框中的【详细信息】选项组中的各项选项，会随着【显示为】选项的改变而改变。

3. 使用数据栏增强数据

数据栏以缩略图表或图形的方式动态显示数

在【新项目】对话框中的【详细信息】选项组中，各选项功能如下所述。

- ❏ **最小值**　用来显示数据范围中的最小值，默认情况下该值为 0。
- ❏ **最大值**　用来显示数据范围中的最大值，默认情况下该值为 100。指定该值之后，数据条不会因形状数据的值比最大值大而变大。
- ❏ **值位置**　用来设置数据值的显示位置，可以将其设置为相对数据栏的靠上、下、左、右或内部位置。同时，用户也可以通过选择"不显示"选项来隐藏数据值。
- ❏ **值格式**　用来设置数据值的数据格式，单击该选项后面的按钮，即可在【数据格式】对话框中设置数据的格式。
- ❏ **值字号**　用来设置字号，用户可以直接输入表示字号的数值。
- ❏ **标签位置**　用来设置数据标签的位置，可以将其设置为靠上、下、左、右或内部位置。
- ❏ **标签**　用来设置标签显示名称，系统默认为形状数据字段的名称，可直接在文本框中输入文字。

- ❑ **标签字号**　用来设置标签显示名称的字号，用户可以直接输入表示字号的数值。
- ❑ **标注偏移量**　用来设置文本数据标注是靠右侧还是靠左侧。
- ❑ **标注宽度**　用来设置标注的具体宽度，用户可以直接输入表示宽度的数值。

> **注意**
>
> 当用户在【样式】选项中选择"多栏图形"样式或其以后的样式时，在【详细信息】选项组中将添加标签与字段多种选项。

4. 使用图标集增强数据

用户还可以使用标志、通信信号和趋势箭头等图标集来显示数据。图标集的设置方法相同于 Excel 中的"条件格式"，系统会根据定义的第 1 个规则来检测形状数据中的值，以根据数据值来判断用什么样的图标来标注值。如果第 1 个值没有通过系统的检测，那么系统会使用第 2 个规则继续检测，依此类推，直到检测到符合标准的值。

在【新项目】对话框中，将【显示为】选项设置为"图标集"，并在【样式】下拉列表中选择一种样式。然后，设置图表规则即可。

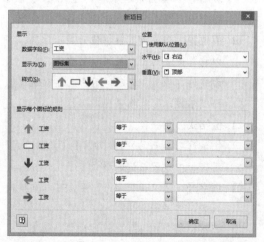

该对话框中，各选项组的功能如下所述。

- ❑ **显示**　用来设置数据字段名称与标注样式。
- ❑ **位置**　用来设置图标的水平与垂直位置。当勾选【使用默认设置】选项时，【水平】

与【垂直】选项将不可用。
- ❑ **显示每个图标的规则**　用来设置每个图标所代表的值、包含的值范围或表达式。

5. 使用颜色增强数据

在 Visio 中，可以通过颜色来表示唯一值或范围值。每种颜色代表一个唯一值，用户也可以将多个具有相同值的形状应用相同的颜色。在【新项目】对话框中，将【显示为】选项设置为"按值显示颜色"，并在【着色方法】下拉列表中选择一种着色方法。然后，设置颜色分配即可。

该对话框中的各选项的功能，如下所述。

- ❑ **数据字段**　用于设置数据字段的名称。
- ❑ **着色方法**　用于设置应用颜色的方法。选择【每种颜色代表一个唯一值】选项，表示具有相同值的所有形状应用同一种颜色。选择【每种颜色代表一个范围值】选项，表示使用从鲜亮到柔和的各种颜色代表一个范围内的各个不同值。
- ❑ **颜色分配**　用于设置具体数据值，以及数据值的填充颜色与文本颜色。用户可单击【插入】按钮插入新的值列，单击【删除】按钮删除选中的值列。

> **Visio 知识链接 8-2：更改数据图形**
>
> 默认情况下，当用户为形状连接数据后，系统将显示编号以及数据的任意一列内容。若导入的数据包含多列内容，则需要通过更改数据图形的方法，来设置数据的显示方式。

8.3 使用形状表数据

难度星级：★★★★

Visio 是一种面向对象的形状绘制软件，每一个 Visio 中的显示对象都具有可更改的数值属性。一般情况下，形状数值属性位于形状表中，而形状表又被称为 ShapeSheet，主要用于显示形状的各种关联数据。在本小节中，将详细介绍形状表数据的基础知识。

8.3.1 查看形状表数据

选择形状，右击执行【显示 ShapeSheet】命令，即可显示形状数据窗口，将该窗口最大化后，用户便可以详细查看表中的各种数据。

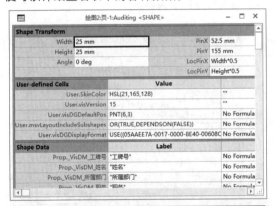

注意

用户也可以执行【开发工具】|【形状设计】|【显示 ShapeSheet】|【形状】命令，打开形状表数据窗口。

在形状表数据窗口中，选择一个单元格，在数据栏中的"="号后面输入新的数据值和单位，单击【接受】按钮，即可完成形状数据的编辑操作。

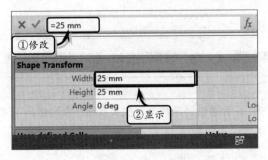

8.3.2 使用公式

当用户想通过运算功能来实现数值的编辑时，可以单击数据栏右侧的【编辑公式】按钮，在弹出的【编辑公式】对话框中，可根据提示信息输入公式内容，并单击【确定】按钮完成公式的输入操作。

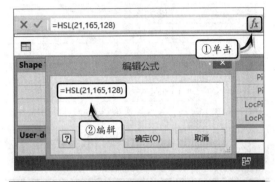

注意

在输入公式时，Visio 会显示一些简单的公式代码提示，帮助用户进行简单的公式计算，例如允许用户使用三角函数、乘方开方等数学计算。

另外，用户也可以执行【SHAPESHEET 工具】|【设计】|【编辑】|【编辑公式】命令，在弹出的【编辑公式】对话框中，对公式进行编辑操作。

8.3.3 管理表数据节

默认状态下，形状表数据可以分为 18 种，它们是以节的方式显示于形状表的窗口中。各节的作用如下表所示。

表数据类型	作　用
Shape Transform	形状变换属性，包括宽度和高度等
User-defined Cells	用户定义表，包括各种主题设置
Shape Data	形状数据信息
Controls	用户控制信息
Protection	锁定形状属性信息
Miscellaneous	调节手柄设置
Group Properties	形状组合设置
Line Format	形状线条格式
Glue Info	粘贴操作信息
Fill Format	形状填充格式
Character	字符格式
Paragraph	段落格式
Tabs	表格格式
Text Block Format	文本框格式
Tex transform	文本变换属性
Events	事件属性
Image Properties	图片属性
Shape Layout	形状层属性设置

　　当用户需要查看节数据时，可执行【设计】|【视图】|【节】命令，在弹出的【查看内容】对话框中选择需要显示的形状数据即可。

　　在形状表窗口中，用户可以选择任意一个节中的表数据，执行【设计】|【节】|【删除】命令，即可删除表数据。

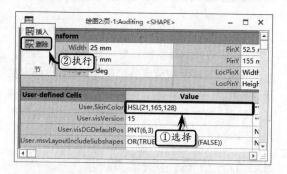

　　另外，用户还可以执行【设计】|【节】|【插入】命令，在弹出的【插入内容】对话框中，选择需要插入的内容，单击【确定】按钮，在表数据窗口中插入相应的表内容。

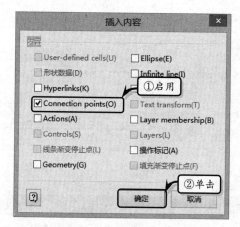

Visio 8.4 显示形状数据

难度星级：★★★★　●知识链接 8-3：更改形状数据的排列方式

　　Visio 为用户提供了一些显示形状数据的功能，例如可通过创建数据报告来显示和分析形状数据；或者通过创建数据透视关系图形象地显示不同类型的形状数据。

8.4.1　创建数据报告

Visio 为用户提供了预定义报告的功能，用户可利用这些报告查看与分析形状中的数据。同时，用户还可以根据工作需求创建新报告，以便用来专门分析与保存报告数据。

1. 使用预定义报告

在绘图页中，执行【审阅】|【报表】|【形状报表】命令，在弹出的【报告】对话框中，选择报告类型并运行该报告即可。

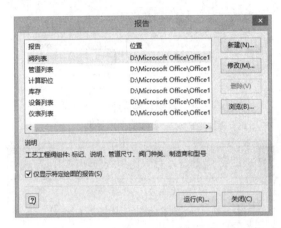

该对话框中的各选项的功能，如下所述。

- ❏ **新建**　单击该按钮，可以在弹出的【报告定义向导】对话框中创建新报告。

- ❏ **修改**　单击该按钮，可以在弹出的【报告定义向导】对话框中修改报告。

- ❏ **删除**　单击该按钮，可以从列表中删除选定的报告定义。但只能删除保存在绘图中的报告定义，若要删除保存在文件中的报告定义，应删除包含该报告的文件。

- ❏ **浏览**　用于搜索文件中的报告定义。

- ❏ **仅显示特定绘图的报告**　用来指示是否将报告定义列表限制为与打开的绘图相关的报告。清除此复选框，将列出所有报告定义。

- ❏ **运行**　单击该按钮，在弹出的【运行报告】对话框中，设置报告格式并基于所选的报告定义创建报告。

2. 自定义报告

在【报告】对话框中单击【新建】按钮，即可弹出【报告定义向导】对话框。通过该对话框自定义报告，主要分为选择报告对象、选择属性、设置报告格式与保存报告定义 4 个步骤。

自定义报告的第一步，便是选择报告对象。在【报告定义向导】对话框的首要页面中，可以选择所有页上的形状、当前页上的形状、选定的形状以及其他列表中的形状，并单击【下一步】按钮。

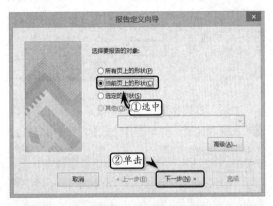

> **注意**
>
> 用户也可以通过单击【高级】按钮，在弹出的【高级】对话框中定义形状的标准，用来筛选符合条件的形状。

在弹出的对话框中，勾选【显示所有属性】复选框，显示所有的属性。然后在【选择要在报告中显示为列的属性】列表框中，选择要在报告中显示为列的属性，并单击【下一步】按钮。

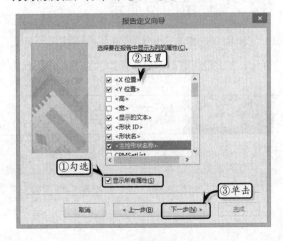

然后，在弹出的对话框中，设置报告标题、分组依据、排序依据和格式，并单击【下一步】按钮。

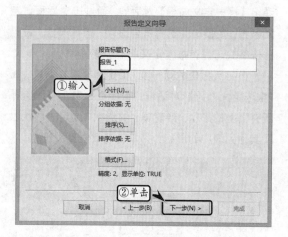

最后，在弹出的对话框中设置报告定义名称、说明及保存位置，并单击【完成】按钮，完成自定义报告的操作。

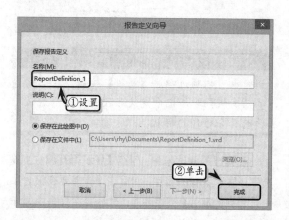

8.4.2 使用图例显示

图例是结合数据显示信息而创建的一种特殊标记，当设置列数据的显示类型为数据栏、图标集

或按值显示颜色时，便可以为数据插入图例。

在包含形状数据的绘图页中，执行【数据】|【显示数据】|【插入图例】命令，在其级联菜单中选择一种命令即可。

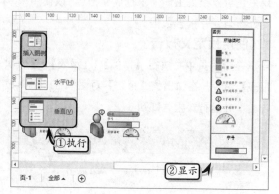

此时，Visio 会根据绘图页中所设置的数据显示方式，自动生成关于数据的图例。

知识链接 8-3：更改形状数据的排列方式

当用户为绘图页导入数据并将数据应用到形状中时，默认状态下的形状数据是包含唯一标识符的。此时，系统将会按照唯一标识符的顺序排列数据，否则将按照数据源的行顺序进行排列。此时，用户可通过"选择排列方式"与"直接选择排序参考列"两种方法，来更改形状数据的排列方式。

8.5 练习：学时表
难度星级：★★★★

学时表是记录学员所修学时的一种可视化图表，主要用于监督和分析学员的上课情况。在本练习中，将运用"导入外部数据"与"数据图形增强数据"功能，来制作一份学时表图表。

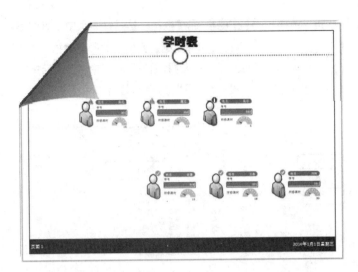

练习要点

● 设置纸张方向
● 添加形状
● 导入外部数据
● 链接数据
● 使用数据图形
● 应用主题
● 应用变体
● 应用边框和标题

操作步骤 >>>>

STEP|01 添加模具。新建空白文档，单击【形状】窗格中的【更多形状】下拉按钮，选择【流程图】|【工作流对象-3D】命令，添加模具。

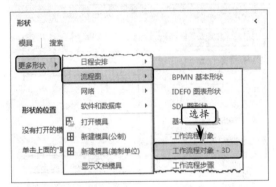

STEP|02 设置纸张方向。在绘图页中，执行【设计】|【页面设置】|【纸张方向】|【横向】命令，设置纸张方向。

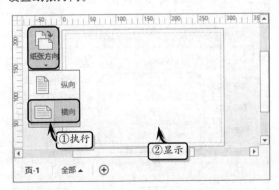

STEP|03 添加形状。在绘图页中添加 6 个"工作

流对象-3D"模具中的"人-半身"形状，并排列形状。

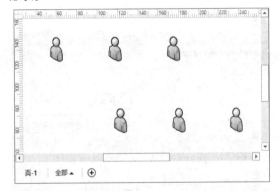

STEP|04 导入外部数据。执行【数据】|【外部数据】|【将数据链接到形状】命令，选中【Microsoft Office Excel 工作簿】选项，并单击【下一步】按钮。

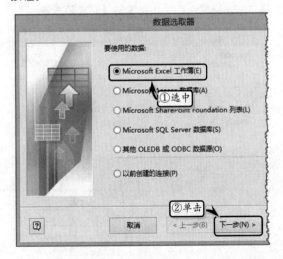

STEP|05 选取工作簿。单击【浏览】按钮，选择相应的工作簿文件，并单击【下一步】按钮。

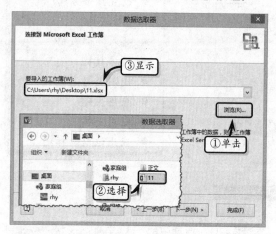

STEP|06 选择数据区域。单击【选择自定义范围】按钮，在弹出的 Excel 窗口中，选择数据区域。

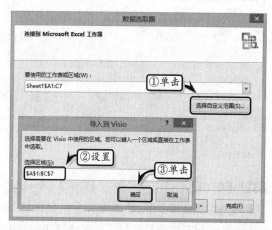

STEP|07 完成数据导入。在【数据选取器】对话框中，保持默认选项，并单击【完成】按钮。

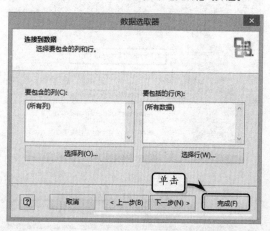

STEP|08 连接数据。选择绘图页中所有的形状，并选择【外部数据】窗格中的所有数据。将【外部数据】窗格中的数据拖到形状中，当鼠标指针变成"链接"箭头时，释放鼠标即可。

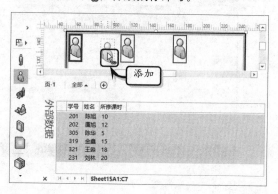

STEP|09 使用数据图形。执行【数据】|【显示数据】|【数据图形】|【新建数据图形】命令，在【新建数据图形】对话框中，单击【新建项目】按钮。

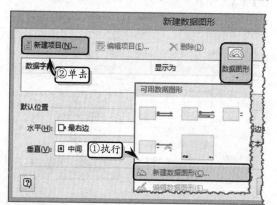

STEP|10 设置姓名数据样式。在【新项目】对话框中，分别设置【数据字段】【显示为】和【样式】选项。

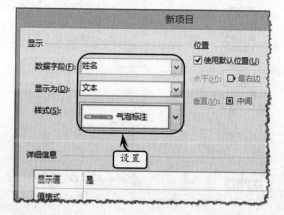

STEP|11 设置学号数据样式。【新建数据图形】对话框中，单击【新建项目】按钮。在【新项目】对话框中，分别设置【数据字段】【显示为】和【样式】选项。

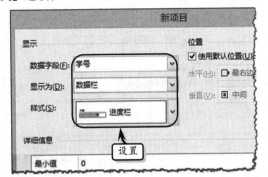

STEP|12 按颜色显示所修课时。在【新建数据图形】对话框中，单击【新建项目】按钮，分别设置【数据字段】【显示为】和【样式】选项，以及【颜色分配】选项。

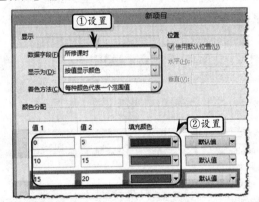

STEP|13 按图标集显示所修课时。在【新建数据图形】对话框中，单击【新建项目】按钮，分别设置【数据字段】【显示为】和【样式】选项，以及每个图标的显示规则。

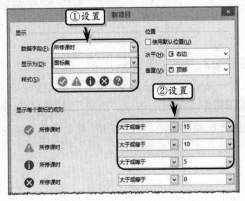

STEP|14 以数据栏方式显示所修课时。在【新建数据图形】对话框中，单击【新建项目】按钮，分别设置【数据字段】【显示为】和【样式】选项。

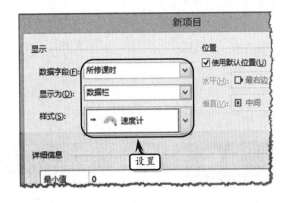

STEP|15 添加主题。执行【设计】|【主题】|【主题】|【离子】命令，为绘图页添加主题效果。

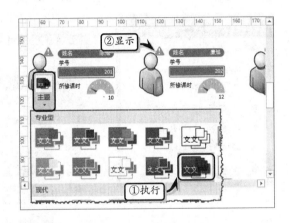

STEP|16 设置变体。执行【设计】|【变体】|【离子，变量4】命令，设置变体效果。

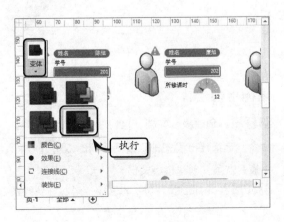

STEP|17 添加边框和标题。执行【设计】|【背景】|【边框和标题】|【市镇】命令，切换到"背景-1"绘图页中，为形状添加标题文本，设置文本的格式并设置填充颜色。

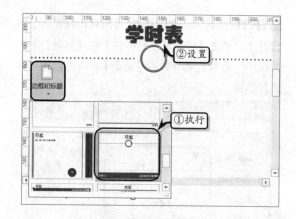

8.6 练习：施工计划图

难度星级：★★★★

施工计划图使用 Visio 中的 PERT 图表展示施工过程中各工序的开始和结束时间，有利于提高施工的效率。在本练习中，将运用 Visio 2013 中的"PERT 图表"模板，以及插入容器等功能，创建一份有关办公楼施工的计划图表。

练习要点

- 创建模板文档
- 添加形状
- 应用背景
- 应用主题
- 应用边框和标题
- 使用容器
- 设置字体格式

操作步骤 ▷▷▷▷

STEP|01 创建模板文档。执行【文件】|【新建】命令，选择【日程安排】选项，同时双击【PERT 图表】选项，创建模板文档。

STEP|02 添加形状。将"PERT2"形状拖到绘图页中，并调整形状的大小与位置。

STEP|03 输入文字。双击形状，输入任务名称。然后，分别输入实际开始时间与实际完成时间。

STEP|04 自动连接形状。选择"PERT2"形状，待四周出现蓝色的三角箭头时，将鼠标移到蓝色箭头上方，在浮动菜单中选择"PERT2"形状，自动连接该形状。

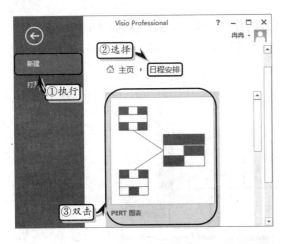

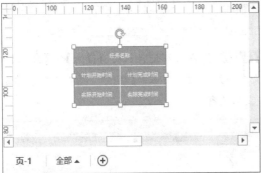

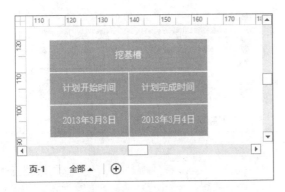

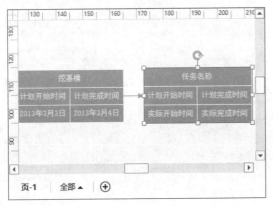

STEP|05 输入任务文字。调整形状的大小与位置，并输入任务名称、实际开始时间与实际完成时间。同样方法，制作其他 PERT 形状。

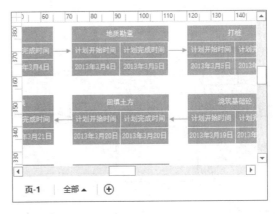

STEP|06 连接形状。将"动态连接线"和"直接连接线"形状拖到绘图页中，连接上下两排形状。

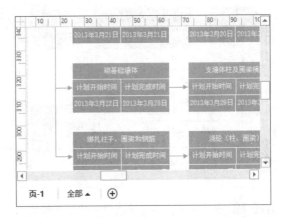

STEP|07 添加背景。执行【设计】|【背景】|【货币】命令，为绘图页添加货币背景效果。

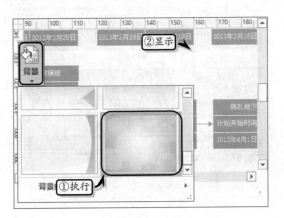

STEP|08 添加边框和标题。执行【设计】|【背景】|【边框和标题】|【模块】命令，添加标题并输入标题名称。

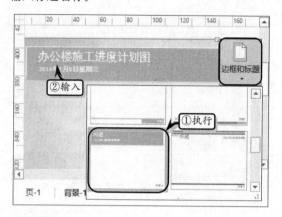

STEP|11 添加容器。执行【插入】|【容器】|【凹槽】命令，在绘图页中插入一个容器，并修改容器的标题文本。

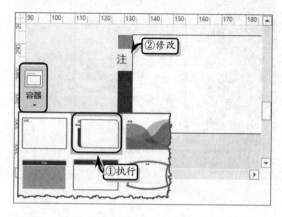

STEP|09 添加主题效果。执行【设计】|【主题】|【主题】|【线性】命令，设置主题效果。

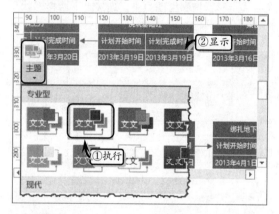

STEP|12 插入文本框。执行【插入】|【文本】|【文本框】|【横排文本框】命令，插入文本框并输入文本内容。

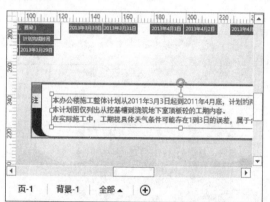

STEP|10 设置字体。选择绘图页中的所有形状，执行【开始】|【字体】|【字体】|【微软雅黑】命令。

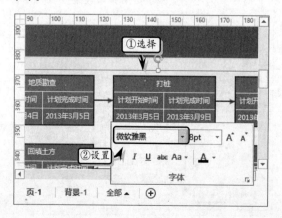

Visio

8.7 高手答疑

难度星级：★★

问题 1：如何快速查看形状的形状数据信息？

解答：选中形状，执行【数据】|【显示/隐藏】|【形状数据窗口】命令。在【形状数据】窗格中，用户可以方便地查看链接于该形状的形状数据信息，同时还可单击相应的数据列，对数据进行修改。

问题 2：如何删除数据图形？

解答：选择包含数据图形的形状，右击执行【数据】|【删除数据图形】命令，即可删除形状中的数据图形。

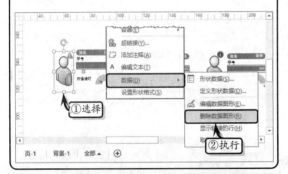

问题 3：如何设置数据源属性？

解答：执行【数据】|【外部数据】|【全部刷新】|【刷新数据】命令，在【刷新数据】对话框中，用户可选择数据源，并单击【配置】按钮。

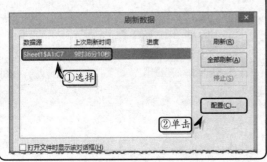

在弹出的【配置刷新】对话框中，即可设置数据源的各种属性，包括更改数据源、自动刷新、唯一标识符等。

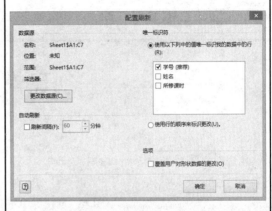

单击【更改数据源】按钮，打开【数据选取器】对话框，通过向导可选择新的数据源。

问题 4：如何取消数据行链接？

解答：选择包含数据图形的形状，右击执行【数据】|【取消行链接】命令，即可取消形状中的数据行链接。

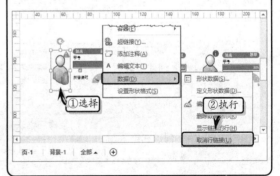

第 9 章

创建常规图表

常规图表是 Visio 图表世界的主要元素，也是创建各类绘图文档的主力军，它不仅易于创建，而且还易于传达数量惊人的信息。在 Visio 中，既可以使用基本形状和具有透视效果的 3D 形状创建精美的图表，又可以使用层级树或扇状图表，创建更加专业化的组合图表。在本章中，将详细介绍创建和配置一些常规图表的基础知识和实用技巧。

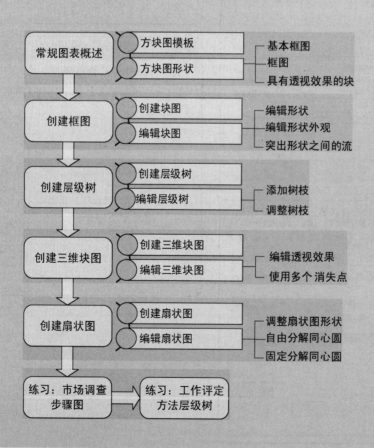

Visio 9.1 常规图表概述

难度星级：★★

Visio 中的块图模板是绘图中最常用的模板，它不包含任何专业化的模具或加载项，通常由二维和三维形状组合而成。

用户除了通过拖放模具中的形状创建不同需求的图表之外，还可以通过拖动选择手柄或控制手柄的方法，来更改或润色图表形状，从而充分体现了方块图强大易用的特性。

9.1.1　方块图模板

方块图模板位于“新建”页面中的“常规”类型中，主要用于记录结构、层级和数据流，包括“框图”“基本框图”和“具有透视效果的框图”3 种模具。

另外，从图表类型上来讲，方块图又分为“块”“树”与“扇状图”3 种类型。其中，“块”用来显示流程中的步骤，“树”用来显示层次信息，而“扇状图”用来显示从核心到外表的数据关系。

上述所讲述的 3 种类型的块图并非与 Visio 所提供的方块图模板一一对应，它们是根据方块图中不同模板中所罗列的形状，进行取舍组合而成。不同模板中所包含的具体形状及模具，如下表所述。

图表类型	模板名称	模　　具
基本方块图	基本框图	基本形状、箭头形状、图案形状、图表和数字图形
树状图	框图	方块、具有凸起效果的块
扇状图	框图	方块、具有凸起效果的块
具有凸出效果的方块图	具有透视效果的框图	具有透视效果的块

Visio 版本区别：方块图模板

Visio 2007 中的方块图模板包括基本块图、方块图和具有透视效果的块 3 种模板。Visio 2010 中的方块图模板名称更改为框图、基本框图和具有透视效果的框图。

9.1.2　方块图形状

在 Visio 中，虽然每个方块图模具都具有独立的形状，但用户可以通过互换使用每个模具中的形状，来创建丰富多彩的块图图表。在互换使用每个模具形状创建方块图之前，还需要先了解一下每个模板中的常用模具形状。

1．基本框图

在“基本框图”模板中，包含用于制作图表的“基本形状”“箭头形状”“图案形状”等模具。每个模具中的具体形状，如下所述。

- **基本形状**　“基本形状”模具是绘制简单块图的主力军，包括一些几何形状。例如，矩形、六边形、圆形、四角形等形状。
- **箭头形状**　一般情况下，“箭头形状”模具中的形状主要用于链接几何形状，包括普通箭头、现代箭头、环形箭头等形状。用户可通过控制点来改变箭头的长度、宽度，以及箭头和箭尾的角度和长度。
- **图案形状**　该模具为 Visio 2013 新增模具，包括笑脸、云朵、太阳、月亮等一些图案形状，主要用来增加图表的美观性和独特性。
- **图表和数字符号**　该模具为 Visio 2013 新增模具，包括加号、减号、饼图扇区和饼图弧等形状，主要用来增加图表的可读性。

2．框图

“框图”模板是方块图模板中功能最多的模板，通过该模板中的形状可以创建块图、树状图和扇状图。在“框图”模板中包含了“方块”和“具有凸起效果的块”两种模具，主要用于反馈循环图、带批注的功能分解图、数据结构图、层次图、信号流和数据流框图的绘制。

其中，“方块”模具中包含了几何形状、箭头形状、扇环形状等形状。每种形状的具体功能，如下所述。

❏ **几何形状** 主要用于创建图表中的步骤或组件，包括菱形、圆形和三维框等形状。

❏ **箭头框** 该类型的形状将箭头和方块形状融合在一起，主要用于显示过程和下一步骤的流向。

❏ **开放/闭合形状** 该类型的形状可以通过显示或隐藏边框来显示或隐藏形状边界。例如，右击"开放/闭合条"形状可以隐藏两端边框，或者隐藏一端边框。

❏ **自动调节框** 该类型的形状主要包括"高度自动调节框"和"自动调整大小的框"两种形状。其中，"高度自动调节框"可以根据文本内容自动调节文本框的高度，而"自动调整大小的框"则可根据文本的长度和高度自动调节文本框的高度和宽度。

❏ **扇状形状** 该类型的形状主要包括同心圆和扇环形状，可以将两种类型的形状进行叠放，用来显示围绕中心的关系图表。

❏ **树枝形状** 该类型的形状主要用来创建层级树图表，包括多树枝直角、双树枝斜角、多树枝斜角等形状。

❏ **箭头形状** 箭头形状主要用于连接各个几何形状，包括曲线箭头、一维双向箭头等形状。用户不仅可以通过控制点来更改箭头的方向、长度和宽度，还可以更改箭头的曲率。

❏ **连接符** 该类型的形状主要用于连接各个形状，包括动连接线、直线-曲线连接线、中间带箭头的直线等形状。

而在"具有凸起效果的块"模具中，则包含了一些三维样式的几何形状和箭头形状，例如框架、圆形、水平条等形状。

3．具有透视效果的块

"具有透视效果的框图"模板中只包含了"具有透视效果的块"一种模具，包括用于功能分解图、层次图和数据结构图中一些可更改深度和透视效果的三维几何形状、孔洞形状、消失点和线框等形状。

将该类型的多个形状拖到绘图页中时，可以通过调整绘图页中的消失点，来调整所有形状的深度和透视效果。

| Visio | **9.2** 创建框图 | 难度星级：★★ ◉知识链接 9-1：使用标注形状 |

框图多用于显示静态结构关系和动态流数据图，通常使用几何形状来显示过程或步骤，使用箭头形状显示过程或步骤的顺序关系。下面，将详细介绍创建框图的基础操作方法和实用技巧。

9.2.1 创建框图

在绘图页中，执行【文件】|【新建】命令，在展开的"新建"页面中，选择【类别】选项卡。然后选择【常规】选项，并双击【框图】选项，创建框图模板文档。

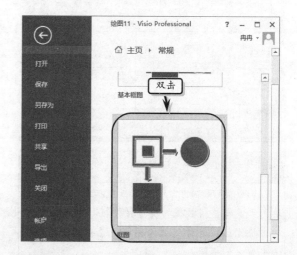

然后，在【形状】窗格中，将"方块"或"具有凸起效果的块"模具中的形状拖到绘图页中。在绘图页中放置形状之后，可以将鼠标移到形状上方，此时在形状四周将显示自动连接箭头。将鼠标移动到自动连接箭头上方，将显示连接形状。

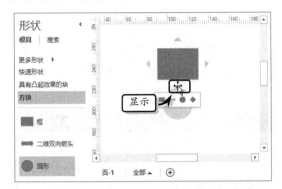

最后，选择一种形状单击鼠标自动创建并连接形状，或者将"方块"模具中的箭头形状拖动到绘图页中。将箭头形状的一端连接到一个形状上，拖动箭头形状的另一端，将其连接到第二个形状上。

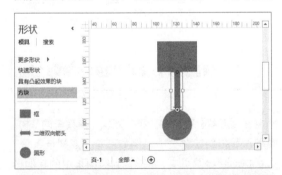

9.2.2　编辑框图

Visio 中的框图所包含的形状都是一些普通的形状，它们并不具有专业化的格式或布局样式。此时，可以使用 Visio 中最基本的操作方法，来编辑方块图的形状与外观。

1．编辑形状

在 Visio 中，可以使用下列任意一种操作方法，来编辑方块图中的形状。

❑ **调整形状关系**　可通过改变连接符或箭头形状端点的方法，来调整形状之间的关系。

❑ **调整形状大小**　可以通过拖动"选择手柄"来调整形状的大小，或拖动形状的四角来按比例调整形状的大小。

❑ **调整形状的弯曲程度**　拖动形状中的"顶点"或"离心手柄"即可调整形状的弯曲程度。

❑ **调整形状的叠放顺序**　选择形状，执行【开始】|【排列】|【置于顶层】|【上移一层】命令，或执行【置于底层】|【下移一层】等命令即可调整顺序。

❑ **设置形状格式**　右击形状，执行【设置形状格式】命令即可。

❑ **设置阴影颜色**　用于设置"具有凸起效果的块"与"具有透视效果的块"模具中形状的阴影颜色。右击形状，执行【自动添加阴影】或【手动添加阴影】命令即可。其中，执行【自动添加阴影】命令时，形状阴影的颜色由主题颜色决定。而执行【手动添加阴影】命令后，执行【开始】|【形状样式】|【效果】|【阴影】|【阴影选项】命令，可在打开的对话框中自定义阴影颜色。

❑ **添加文本**　选择形状，直接输入文本内容即可。另外，当形状中已包含文本时，可双击形状编辑文本内容。

2．编辑形状外观

框图中的形状具有可调特性，用户可以通过形状中的"控制点"或文本来调整形状的外观。

❑ **调整箭头框**　通过调整箭头的控制点来调整箭头的宽度，还可以通过调整框形状中箭头端点与框交点处的控制点来调整箭头的长度。

- ❑ **调整可变箭头** 通过调整箭头的控制点来调整箭头的宽度、箭头形状与尾部形状。
- ❑ **调整曲线箭头** 通过调整箭头的控制点来调整箭头的位置，还可以通过调整弧线上的控制点来调整弧度。
- ❑ **调整自调节框** 通过输入文字来调整框的高度与宽度。

3．突出形状之间的流

当形状之间的边界消失或隐藏时，则更容易显示图表中的流现象。此时，可以通过调整打开或闭合形状的边界的方法，来突出形状之间的流。

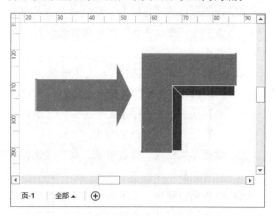

对于"框图"模板中"方块"模具中的"箭头"类型形状及"具有凸起效果的块"模具中的"箭头"

类型、"条"类型与"肘形"类型的形状，可进行打开或闭合边界的操作。

- ❑ **打开箭头边界** 右击形状，在快捷菜单中执行【箭尾开放】命令。
- ❑ **闭合箭头边界** 右击形状，在快捷菜单中执行【箭尾闭合】命令。
- ❑ **打开/闭合"条"类型与"肘形"类型形状的边界** 右击形状，在快捷菜单中执行【左端开放】【底端开放】【两端开放】或【两端闭合】命令。

> **注意**
>
> 对于"垂直条"形状来讲，右击形状，快捷菜单中出现的前两项命令是【仅顶端开放】与【仅底端开放】。

> **Visio 知识链接 9-1：使用标注形状**
>
> Visio 2013 除了为用户提供了图表形状之外，还为用户提供了标注形状。通过使用标注形状，可以有效地强调形状信息或图表内容。另外，可以将标注粘贴在形状上，使之与形状相关联，这样在移动或删除形状时，标注形状也会一起被移动或删除。

Visio 9.3 创建层级树

难度星级：★★ ◉知识链接 9-2：绘制荧光墨迹

层级树主要用来显示图表中的层级关系，例如家族族谱。其中，树连接符中的控制点的增减决定了层级树中树级的多少。下面，将详细介绍创建层级树的基础操作方法和实用技巧。

9.3.1 创建层级树

创建层级树，主要使用"方块"模具中的"树"类型形状来创建。执行【文件】|【新建】命令，在展开的"新建"页面中，选择【类别】选项卡。然后选择【常规】选项，并双击【框图】选项，创建框图模板文档。

在【形状】窗格中，将"方块"模具中的"树"类型形状拖到绘图页中。例如，将"双树枝直角"形状拖动到绘图页中，并连接到绘图页中的其他形状中。

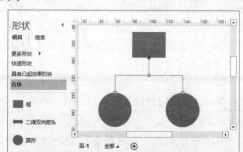

选择"树"类型形状，按快捷键 Ctrl+L 可以
将形状旋转 90 度，按快捷键 Ctrl+H 可以将
形状从右向左翻转。

用户可以通过双击该形状，在"树"类型形状
的枝干上输入文本。在添加文本时，只能向"树"
的枝干添加文本，无法向"树"的分枝添加文本。

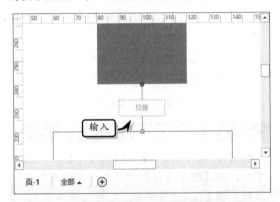

当层级树的主干粘附到形状上时，移动形状
则会一同移动主干与形状相粘附的一端。

9.3.2 编辑层级树

编辑层级树主要是增减"多树枝"形状树的主
干与分支，以及调整树枝之间的位置与距离。

1. 添加树枝

选择"多树枝"形状，拖动主干上的控制手柄
至合适的位置即可添加树枝。一个"多树枝"形状
最多可以添加 4 个分支。当用户需要 6 个以上的分
支时，可以为绘图添加第二个"多树枝"形状。将
第二个"多树枝"形状放置在第 1 个"多树枝"形

状上面，并拖动主干上的控制手柄添加树枝。

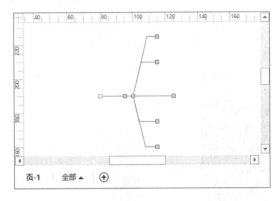

2. 调整树枝

用户可以通过下列操作，对"多树枝"形状进
行调整。

- ❏ **删除树枝** 选择"多树枝"形状，拖动树
  枝端点的控制手柄至主干上，或其他树枝
  的端点处即可。
- ❏ **调整树枝位置** 拖动树枝端点的控制手
  柄至合适位置即可。
- ❏ **调整树枝间距** 拖动树枝端点的控制手
  柄或拖动粘贴在树枝上的形状可以调整
  间距，也可以使用【对齐形状】与【分布
  形状】命令调整间距。
- ❏ **调整主干位置** 选择"多树枝"形状，可
  以按方向键移动形状位置，或使用鼠标直
  接拖动形状。

知识链接 9-2：绘制荧光墨迹

荧光墨迹是墨迹工具中的一种，与圆珠笔墨
迹一样用于标记形状与手写注释。本知识链接将
详细介绍绘制荧光墨迹的操作方法。

Visio **9.4** 创建三维块图 难度星级：★★

三维块图是一种由具有透视效果的形状组合
而成的图表，可以形象地表现绘图内容。其形状的
深度与方向可以通过绘图中的消失点来改变。

9.4.1 创建三维块图

创建三维块图，主要使用"具有透视效果的块"

模具中的形状来创建。执行【文件】|【新建】命令，在展开的"新建"页面中选择【类别】选项卡。然后选择【常规】选项，并双击【具有透视效果的框图】选项。

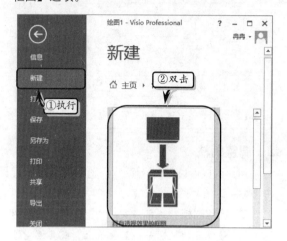

在【形状】窗格中，将"具有透视效果的块"模具中的形状拖到绘图页中，并通过调整消失点的位置，来调整形状的深度

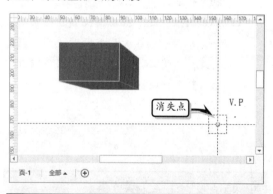

9.4.2　编辑三维块图

创建三维块图之后，可通过调整消失点的方法，来编辑三维块图的透视效果。另外，还可以通过向图表添加多个消失点，并将消失点关联到相关形状上的方法，来创建更加生动的图表。

1. 编辑透视效果

用户可通过下列方法，来编辑透视图的透视

性，以及透视形状的透视性与深度。

- ❏ **连接形状与消失点**　将形状的控制手柄拖动到"消失点"上即可。
- ❏ **调整形状的透视性**　如果形状已连接到消失点上，拖动消失点至新位置即可。如果形状没有连接到消失点上，直接拖动形状上的控制手柄即可。
- ❏ **调整形状的深度**　右击形状并执行【设置深度】命令，在弹出的【形状数据】对话框中，设置深度值即可。
- ❏ **调整图表的透视性**　在确保没有选择任何形状的情况下，拖动绘图页中的消失点，即可调整图表的透视性。

技巧

执行【开始】|【编辑】|【图层】|【层属性】命令，在【图层属性】对话框中，禁用消失点对应的【可见】复选框，即可隐藏消失点。

2. 使用多个消失点

通常情况下，绘图页中无论存在多少个透视形状，均具有一个共同的消失点，此时可通过为绘图页添加消失点，并将形状连接到消失点的方法，来增加图表的精彩演示效果。

首先，在绘图页中添加多个具有透视效果的形状，此时系统会默认一个消失点，拖动该消失点会同时调整所有形状的透视效果。

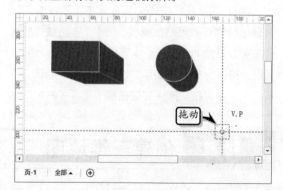

然后，将"具有透视效果的块"模具中的"消失点"形状拖到绘图页的左侧。此时，新增加的"消失点"只作为一个形状存于绘图页中，并不具有调

整透视的功能。例如，选择"圆形"形状，显示其黄色控制点连接在右侧的消失点上。

拖动不同的消失点将调整不同形状的透视效果。

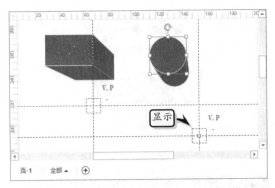

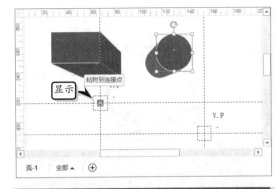

选择"圆形"形状，拖动该形状的黄色控制点至新增加的"消失点"上，当显示高亮绿色方框时，则表示该形状的控制点连接到新增的"消失点"上了。此时，绘图页中便存在两个真正的消失点了，

Visio **9.5**　构建扇状图　　难度星级：★★　●知识链接9-3：分离同心圆

扇状图是使用同心圆和扇环来创建从同一核心向外发展，或者从外向核心发展的图表，例如表示地球结构的图表。下面，将详细介绍创建和编辑扇状图的操作方法和实用知识。

9.5.1　创建扇状图

首先创建"框图"模板文档，然后在【形状】窗格中的"方块"模具中，将"同心圆中心层"形状拖到绘图页中，创建扇状图的最里层。

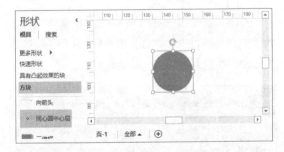

接着，将"同心圆第三层"形状拖到绘图页中，创建扇状图的第二层。以此类推，在绘图页中创建4层扇状图

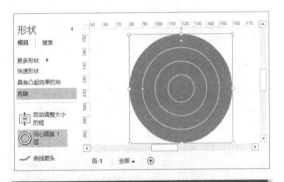

9.5.2　编辑扇状图

创建扇状图之后，不仅可以调整形状的大小和厚度，而且还可以使用"扇环"形状来分解"同心圆"形状。

1．调整扇状图形状

在 Visio 中，选择"同心圆"形状，拖动形状四周的选择手柄即可调整形状的大小。

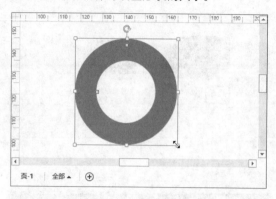

然后，选择"同心圆"形状，拖动形状内侧的黄色控制手柄即可调整形状的厚度。

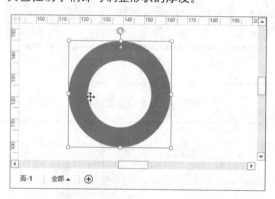

2．自由分解同心圆

首先，将"方块"模具中的"同心圆第一层"形状拖到绘图页中，同时将"第一层扇环"形状拖到"同心圆第一层"形状上，使其符合分解形状。

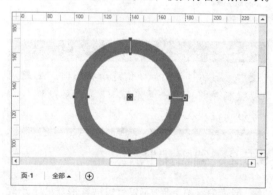

然后，将"方块"模具中的"同心圆第二层"形状拖到绘图页中，同时将"第二层扇环"形状拖到"同心圆第二层"形状上，并按下快捷键 Ctrl+L 调整"第一层扇环"形状。依次类推，分别分解其

他同心圆形状。

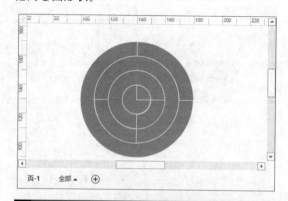

3．固定分解同心圆

首先，将"方块"模具中的"同心圆1层""同心圆2层"等形状添加到绘图页中，并选择所有的形状，右击执行【组合】|【组合】命令，组合形状。

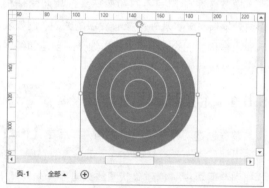

然后，将"第一层扇环""第二层扇环"等形状添加到绘图页中，并组合在一起。最后，将扇环的组合形状拖到同心圆的组合形状上。

知识链接 9-3：分离同心圆

在本知识链接中，首先运用"同心圆"类型的形状创建一个同心圆形状。然后，再运用"扇环"类形状对同心圆形状进行自由分解与固定分解。

Visio **9.6** 练习：市场调查步骤图 　　　　难度星级：★★

Visio 为用户提供了多功能的"框图"模板，运用该模板可以创建反馈循环图、分解图、层次图、信号流和数据流框图等。在本练习中，将通过创建市场调查步骤图，在展示完整市场调查中所涉及的具体步骤的情况下，详细介绍"框图"模板的使用方法和操作技巧。

练习要点

- 创建模板文档
- 设置形状格式
- 设置文本格式
- 设置主题效果
- 设置边框和标题

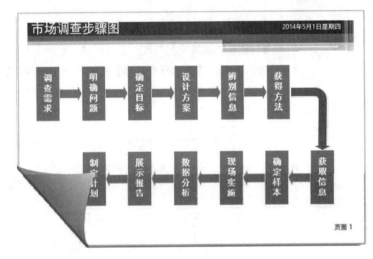

操作步骤 》》》

STEP|01 进行新建页面。执行【文件】|【新建】命令，在"新建"页面中选择【类别】选项卡，同时选择【常规】选项。

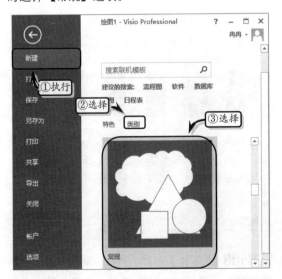

STEP|02 创建模板文档。在弹出的列表中选择

【框图】选项，并单击【创建】按钮，创建模板文档。

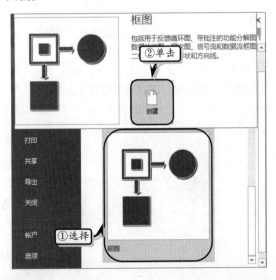

STEP|03 设置纸张。在【设计】选项卡【页面设置】选项组中，单击【对话框启动器】按钮。在弹出的对话框中激活【页面尺寸】选项卡，选中【自

定义大小】选项，设置自定义大小值。同时，选中
【横向】选项。

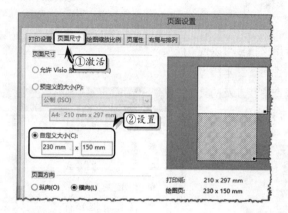

STEP|04 设置缩放比例。激活【打印设置】选项
卡，设置打印缩放比例选项，并单击【应用】按钮。

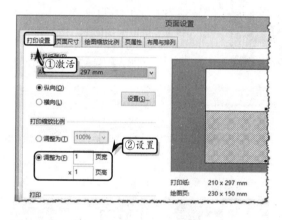

STEP|05 制作步骤图。将"方块"模具中的"框"
形状拖到绘图页中，并调整其位置与大小。

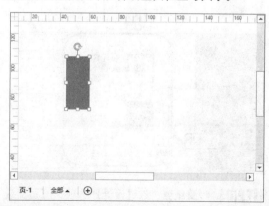

STEP|06 输入文本。双击形状，在形状中输入文
本，并设置文本的格式。

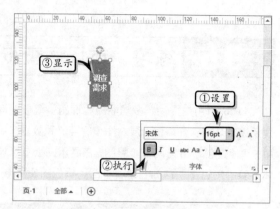

STEP|07 设置字符间距。选择形状，单击【字体】
选项组中的【对话框启动器】按钮，激活【字符】
选项卡，将间距设置为"加宽"，并将磅值设置
为"3pt"。

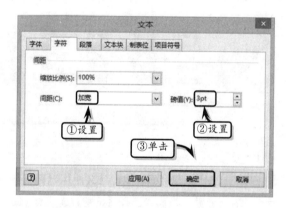

STEP|08 复制框并修改文本。复制多个"框"形
状，修改形状文本并排列各个"框"形状。

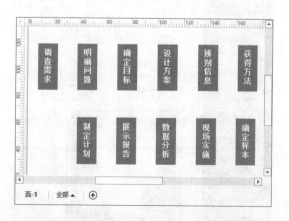

STEP|09 添加箭头。将"方块"模具中的"一维
单向箭头"形状拖到绘图页中，并调整其大小与

位置。

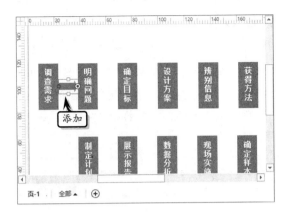

添加

STEP|10 复制箭头。复制"一维单项箭头"形状至其他位置，并排列各个形状。

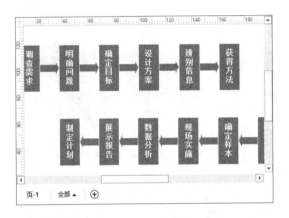

STEP|11 添加曲线箭头。将"方块"模具中的"曲线箭头"形状拖到绘图页中，并调整形状的大小与方向。

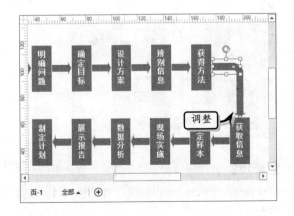

调整

STEP|12 改变形状样式。选择曲线箭头，执行【开

始】|【形状样式】|【快速样式】|【强烈效果-绿色，变体着色 2】命令，设置形状样式。

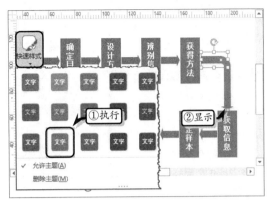

①执行　②显示

STEP|13 添加主题效果。执行【设计】|【主题】|【线性】命令，设置绘图页的主题效果。

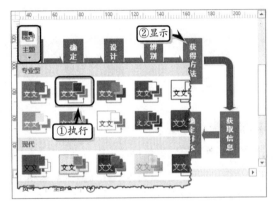

②显示　①执行

STEP|14 添加边框和标题。执行【设计】|【背景】|【边框和标题】|【都市】命令，添加边框和标题，并在"背景-1"页面中修改标题名称。

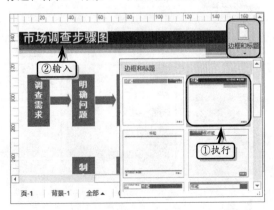

②输入　①执行

Visio 9.7 练习：工作评定方法层级树　　难度星级：★★

层级树是以"多树枝"形状树的主干与分支来显示项目信息的一种图表类型。在本实例中，将通过制作工作评定方法层级树，在使用图表展示工作评定方法的具体内容的同时，详细介绍创建层级树的操作方法和实用技巧。

练习要点
- 创建模板文档
- 调整形状
- 设置线条格式
- 设置字体格式
- 使用文本块
- 设置主题效果
- 设置边框和标题

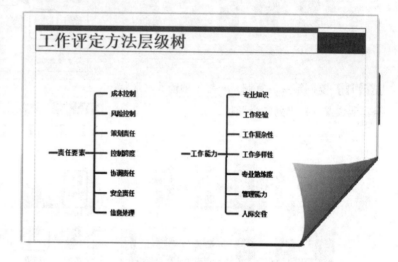

操作步骤 》》》》

STEP|01 进入新建文档页面。执行【文件】|【新建】命令，在展开的页面中选择【类别】选项卡，同时选择【常规】选项。

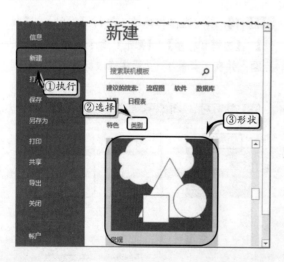

STEP|02 创建模板文档。在展开的常规页面中，

选择【框图】选项，并单击【创建】按钮。

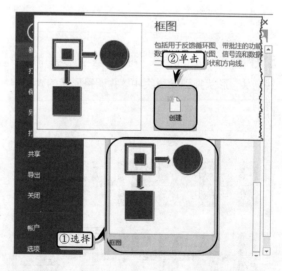

STEP|03 制作层级树。将"方块"模具中的"多树枝直角"形状拖到绘图页中，并调整形状的位置与大小。

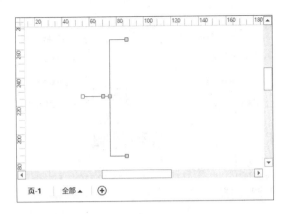

STEP|04 添加分支。拖动形状主干中的黄色控制手柄至合适位置，为形状添加分支。

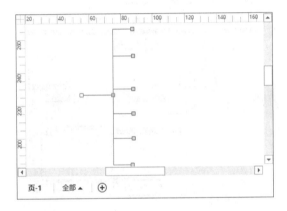

STEP|05 添加形状。将"方块"模具中的"双树枝直角"形状拖到绘图页中的"多树枝直角"形状上方。

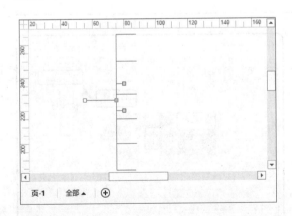

STEP|06 删除分支。选择形状中的一个分支上方的黄色控制手柄，将其拖至主干上方，删除分支。

STEP|07 设置形状轮廓。选择所有的形状，执行【开始】|【形状样式】|【线条】|【粗细】|【2¼pt】命令，设置形状线条的轮廓宽度。

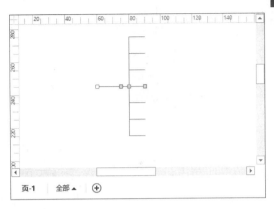

STEP|08 添加文本。双击"多树枝直角"形状，在主干中输入文本，并设置文本的格式。

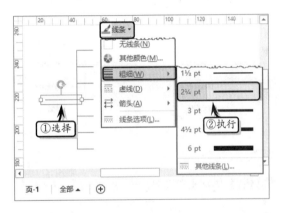

STEP|09 为分支添加文本。执行【开始】|【工具】|【文本】命令，为分支添加文本并设置文本的格式。

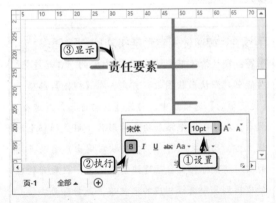

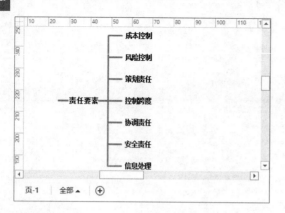

STEP|10 添加其他树图文本。使用同样的方法，制作其他"多树枝直角"形状，并为其添加文本。

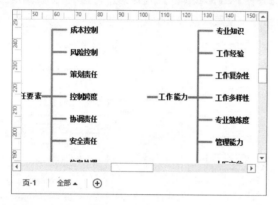

STEP|11 添加主题效果。执行【设计】|【主题】|【离子】命令，为绘图页添加主题效果。

STEP|12 添加边框和标题。执行【设计】|【背景】|【边框和标题】|【方块】命令，添加边框和标题样式，并更改标题文本。

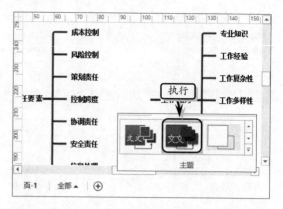

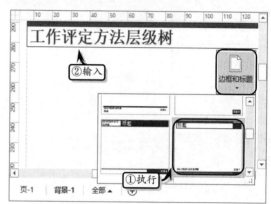

Visio 9.8 高手答疑

难度星级：★★

问题 1：如何使用自动连接功能创建图表？

解答： 默认情况下，可用 Visio 内置的"自动连接"功能创建默认形状图表。首先，在【视图】选项卡【视觉帮助】选项组中，勾选【自动连接】复选框。然后，在绘图页中添加相应的形状，将鼠标移至形状上方，此时系统会自动在形状四周出现自动连接箭头。将鼠标移至自动连接箭头上方，在展开的自动连接列表中选择相应的形状单击鼠标即可。

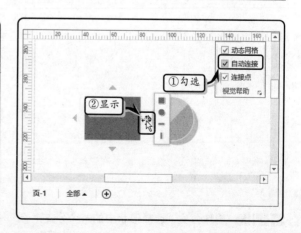

问题 2：如何使用"点箭头线"形状？

解答： 首先，将"方块"模具中的"点箭头线"形状添加到绘图页中。然后，拖动形状中的黄色控制手柄，调整形状的外观。另外，右击形状，执行【指向左】命令，即可更改箭头的方向。

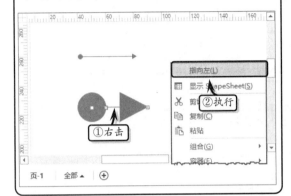

问题 3：如何使用"弧形箭头"形状？

解答： 首先，将"方块"模具中的"弧形箭头"形状添加到绘图页中。然后，拖动形状中的黄色控制手柄，即可调整形状的外观。另外，右击形状，执行相应的命令，即可更改箭头的数量和方向。例如，执行【双向】命令，即可显示双箭头。

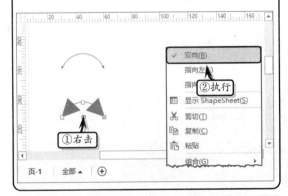

问题 4：如何设置三维形状的深度？

解答： 首先，将"具有透视效果的块"模具中的形状添加到绘图页中。然后，右击形状，执行【设置深度】命令，在弹出的【形状数据】对话框中，设置【深度】选项中的百分比值即可。

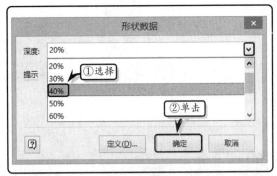

问题 5：如何手动设置三维形状的阴影效果？

解答： 首先，将"具有透视效果的块"模具中的形状添加到绘图页中。右击形状，执行"手动添加阴影"命令。

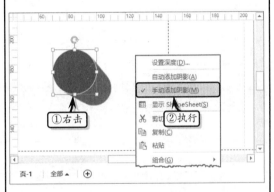

然后，右击形状执行【设置形状格式】命令，并激活【效果】选项卡。展开【阴影】选项组，设置【预设】和【颜色】选项即可。

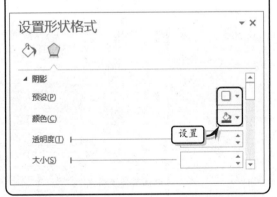

第 **10** 章

创建流程图

Visio 中的流程图是最常见的绘图类型之一，被广泛应用到各个领域中。Visio 内置了基本流程图、跨职能流程图、工作流程图等 9 种流程图模板，以方便用户快速创建各种类型的流程图。通过流程图，不仅可以以图形的方式直观地显示流程过程中的结构与元素，而且还可以直观地显示组织中的人员、操作、业务及部门之间的相互关系。在本章中，将详细介绍创建和编辑各类流程图的基础知识和操作方法。

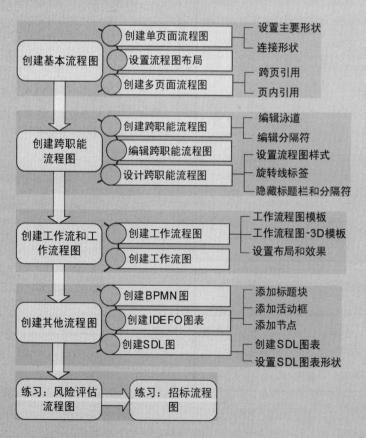

难度星级：★★★ 知识链接 10-1：设置流程图效果

Visio 10.1 创建基本流程图

基本流程图是以序列或流的方法显示服务、业务程序、工作过程等的一种步骤罗列形式图表。在实际应用中，流程图主要作为一种诊断工具，通过揭示和掌握所绘系统的运动状况来帮助管理者直观地跟踪和图解整个企业的运作方式。

用户可以利用 Visio 2013 中简单的箭头、几何形状等绘制基本流程图，同时还可以利用超链接或其他 Visio 基础操作，来设置与创建多页面流程图。

10.1.1 创建单页面流程图

单页面流程图是在一个页面中显示的流程图，一般适用于步骤比较少的流程图。创建单页面流程图图表一般包括设置主要形状和连接形状两个步骤。

1. 设置主要形状

执行【文件】|【新建】命令，在【类别】选项卡中选择【流程图】选项。然后，在展开的列表中，选择【基本流程图】选项，并单击【创建】按钮。

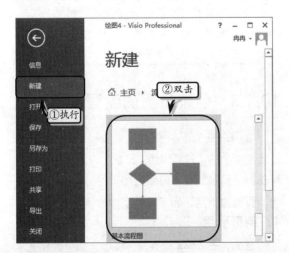

创建"基本流程图"模板文档之后，根据绘图内容与流程，将"基本流程图形状"模具中相应的形状拖到绘图页中，调整大小与位置。

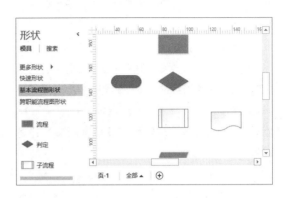

2. 连接形状

创建模板文档之后，用户会发现在【形状】窗格中只包含"基本流程图形状"和"跨职能流程图形状"两个模具，而模具中并不包含连接形状。

此时，单击【形状】窗格中的【更多形状】下拉按钮，选择【流程图】|【箭头形状】选项，以及【其他 Visio 方案】|【连接符】选项，添加相应的模具。将"箭头形状"模具中相应的形状拖到绘图页中，调整大小与位置，连接绘图页中的形状。除此之外，用户还可以使用"连接符"模具中的"动态连接线"或"直线-曲线连接线"形状来连接绘图页中的形状。

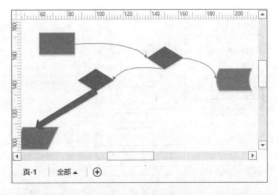

> **注意**
>
> 用户也可以执行【开始】|【工具】|【连接线】命令，连接各个流程形状。

10.1.2　设置流程图布局

　　创建基本流程图之后，为了确保流程图的流畅性，也为了增加流程图的美观性，还需要设置流程的布局样式。

1. 设置流程方向

　　用户不仅可以改变流程图的布局，而且还可以改变步骤之间连接线的方向。在绘图页中选择需要编辑的连接线，执行【开始】|【排列】|【位置】|【旋转形状】|【水平翻转】或【垂直翻转】命令即可。

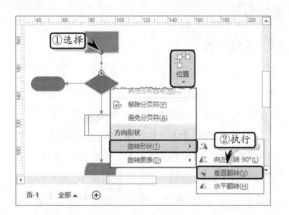

　　另外，选择需要编辑的连接线，执行【开始】|【形状样式】|【线条】|【箭头】命令，在其级联菜单中选择相应的选项，即可更改流程方向。

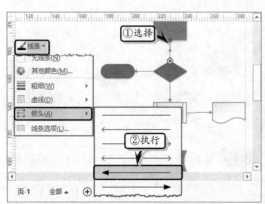

2. 手动布局

　　手动布局是直接拖动流程图中的形状或连接线，来更改整体布局的一种操作方法。用户想手动排列流程图中的形状，只需将绘图页中的形状拖至新位置即可。若用户想手动修改连接线，只需要拖动连接线上的绿色顶点即可。

3. 自动布局

　　在绘图页中，执行【设计】|【版式】|【重新布局页面】|【其他布局选项】命令，弹出【配置布局】对话框，设置【放置】【连接线】等选项即可。

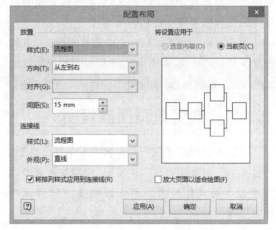

　　该对话框中各选项的功能请参考 3.3.3 节的介绍。

10.1.3　创建多页面流程图

　　当用户在 Visio 中制作大型流程图时，可以通过流程图中的"跨页引用"形状，将流程图中的不同部分分别绘制在不同的绘图页中。跨页引用又分为"页面内引用"和"跨页引用"两种类型。

1. 跨页引用

　　首先，在"基本流程图"模板文档中创建基本流程图。然后，将"基本流程图形状"模具中的"跨页引用"形状添加到绘图页中，系统会自动弹出【跨页引用】对话框，在该对话框中设置各项选项即可。

在【跨页引用】对话框中，主要包括下列选项。

- **新建页**　选择该选项，可以在图表中创建并命名新页，并且添加从"跨页引用"形状到该新页的链接。

- **现有页**　选择该选项，可以添加从"跨页引用"形状到图表现有页的链接。

- **将跨页引用形状放到页面上**　勾选该复选框，可以在"跨页引用"形状所链接到的页上添加"跨页引用"形状。

- **保持形状文本同步**　勾选该复选框，可以使"跨页引用"形状中输入的文本与另一页上该形状中的文本相匹配。

- **在形状上插入超链接**　勾选该复选框，可以为形状建立超链接。

> **注意**
>
> 用户可以右击"跨页引用"形状，执行【传入】【传出】等命令，来改变形状的外观。

2. 页内引用

首先，在"基本流程图"模板文档中创建基本流程图。然后，将"基本流程图形状"模具中的"页面内引用"形状添加到绘图页中，并使用连接线连接该形状。选择"页面内引用"形状，为形状添加标注与文字。利用上述方法，在被连接的流程图步骤中再添加一个"页面内引用"形状。

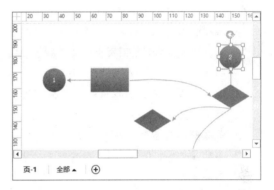

Visio **10.2** **创建跨职能流程图**　　难度星级：★★★★　◎知识链接 10-2：使用标题块

跨职能流程图主要用于显示商务流程与负责该流程的职能单位（例如部门）之间的关系。跨职能流程图中的每个部门都会在图表中拥有一个水平或垂直的带区，用来表示职能单位（例如部门或职位），而代表流程中步骤的各个形状被放置在对应于负责该步骤的职能单位的带区中。

10.2.1　创建跨职能流程图

跨职能流程图分为垂直和水平两种布局，垂直布局中代表职能单位的带区以自上而下的垂直方式进行显示，而水平布局中代表职能单位的带区以水平方式显示在图表上方。由于不同方向的流程图所表示的侧重点不同，所以在创建跨职能流程图之前，用户还需要先设置流程图的方向。

执行【文件】|【新建】命令，在【类别】选项卡中选择【流程图】选项，然后双击【跨职能流程图】选项，系统会自动弹出【跨职能流程图】对话框。

> **注意**
>
> 除了可以在【跨职能流程图】对话框中设置流程图方向之外，还可以执行【跨职能流程图】|【排列】|【泳道方向】|【水平】或【垂直】命令，来更改流程图方向。

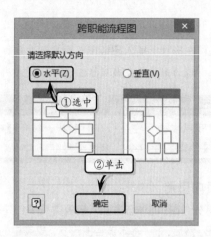

在【跨职能流程图】对话框中单击【确定】按钮后，便可以在绘图页中创建一个跨职能流程图。选中跨职能流程图中的标题块带区与标注带区，输入相应的文本。然后，通过下列操作方法，为流程图添加代表流程过程与步骤的形状。

- □ **添加形状** 将"基本流程图形状"模具中相应的形状拖到绘图页中，定义形状之间的顺序与交互方向，并输入文本。
- □ **标注步骤** 将表示步骤的形状拖到绘图页中，输入文本即可。
- □ **关联部门与步骤** 拖动步骤形状的选择手柄，调整形状的大小，直到形状覆盖多个有关部门。

注意

创建跨职能流程图之后，可通过执行【跨职能流程图】|【排列】|【泳道方向】|【设置默认值】命令，打开【跨职能流程图】对话框。

Visio 知识链接 10-2：使用标题块

标题块是用来标识或跟踪绘图信息与修订历史的形状，适用于任何绘图。在 Visio 中，标题块不仅会随模板一起打开，而且用户还可以打开专门存储标题块的模具。

10.2.2 编辑跨职能流程图

创建跨职能流程图之后，为了使流程图更加符

合要求，还需要对流程图进行一系列的编辑操作。

1．编辑泳道

用户可以通过下列方法，来编辑流程图的泳道。

- □ **添加职能带区** 将"泳道"形状拖到绘图页中，并输入部门名称或职能名称。
- □ **删除职能带区** 选择需要删除的职能带区，按 Delete 键即可。
- □ **调整职能带区的大小** 选择某个职能带区，拖动选择手柄即可调整带区的大小。另外，选择流程图的边框或标题，拖动图表组合的选择手柄，可以调整职能带区的长度。
- □ **移动带区** 在绘图页中直接拖动泳道形状至合适的位置即可。
- □ **插入泳道** 选择某个泳道，右击执行【在此之前插入"泳道"】或【在此之后插入"泳道"】命令，以及执行【跨职能流程图】|【插入】|【泳道】命令即可。
- □ **更改带区标签方向** 选择整个流程图，执行【跨职能流程图】|【排列】|【泳道方向】|【水平】或【垂直】命令即可。

2．编辑分隔符

在跨职能流程图中，用户可以使用"分隔符"形状标识过程中的各个阶段。执行【跨职能流程图】|【插入】|【分隔符】命令，或者将"分隔符"形状添加到绘图页中，此时系统会根据流程图的大小自动调整"分隔符"形状的长度。

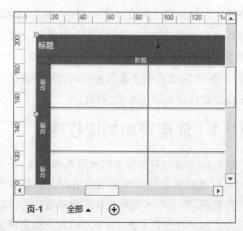

添加"分隔符"形状之后，用户可以双击形状，在文本块中输入阶段名称。另外，用户还可以选择"分隔符"形状，按 Delete 键来删除"分隔符"形状。

10.2.3　设计跨职能流程图

创建跨职能流程图之后，为了使跨职能流程图适合整体布局，也为了美化跨职能流程图，还需要设计跨职能流程图的样式、标题栏和分隔符。

1．设置流程图样式

样式是将填充和线条格式应用到标题、泳道和其他元素的一组命令集合。执行【跨职能流程图】|【设计】|【样式】命令，在其级联菜单中选择一种样式即可，例如选择【无填充样式副标题 3】选项。

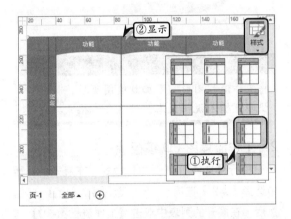

Visio 为用户内置了无填充颜色样式、具有填充颜色样式、无填充颜色样式副标题和具有填充颜色样式副标题 4 类 12 种跨职能流程图样式，方便用户根据整体布局快速设置流程图样式。

> **注意**
>
> 在【样式】列表中，其【无填充颜色样式 1】选项为系统默认的跨职能流程图样式。

2．旋转线标签

旋转线标签是将选定的跨职能流程图中的泳道标题标签旋转为水平或垂直方向。默认情况下，泳道标题标签显示为水平方向。

创建跨职能流程图之后，执行【跨职能流程图】|【设计】|【旋转线标签】命令，即可更改泳道标题标签的方向。

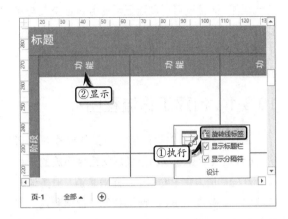

3．隐藏标题栏和分隔符

创建跨职能流程图之后，系统默认显示跨职能流程图的标题栏和分隔符。此时，用户可在【跨职能流程图】选项卡【设计】选项组中，通过取消【显示标题栏】和【显示分隔符】复选框的方法，隐藏跨职能流程图中的标题栏和分隔符。

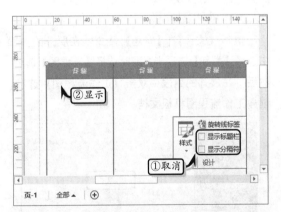

> **注意**
>
> 取消【显示分隔符】复选框表示删除跨职能流程图中的所有分隔符，系统将自动弹出提示对话框，提示用户是否删除所有的分隔符。

10.3 创建工作流和工作流程图 难度星级：★★★ ●知识链接 10-3：导出和导入工作流

Visio

在 Visio 中，不仅可以创建基本流程图与跨职能流程图，而且还可以创建显示商务过程交互与控制的工作流程图。除此之外，Visio 还为用户提供了用于配置 Microsoft SharePoint Designer 的工作流图图表。

10.3.1 创建工作流程图

工作流程图是以部门形状、工作流程对象形状、工作流程步骤形状和箭头形状组合而成的一种显示流程的图表，主要用于创建信息流、业务流程自动化、业务流程重建、会计核算、管理和人力资源等图表，以及编写六西格玛和 ISO 9000 流程文档。

新版本的 Visio 为用户提供了"工作流程图"和"工作流程图-3D"两个类型的模板，其中"工作流程图-3D"模板中的形状主要以 Visio 2010 及以下版本的形状进行显示，以方便习惯使用旧版本的用户进行选择使用。

1. 工作流程图模板

执行【文件】|【新建】命令，在展开的页面中选择【类别】选项卡，同时选择【流程图】选项。然后，在展开的列表中双击【工作流程图】选项，创建工作流程图模板文档。

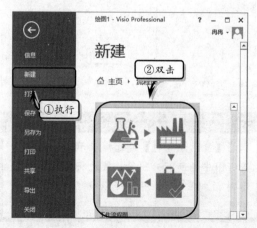

"工作流程图"模板是 Visio 2013 新增的模板，

它以全新的形状样式显示了"箭头形状""部门""工作流程对象"和"工作流程步骤"4 个模具，同时以横向纸张方向进行显示。用户只需将相应模具中的形状添加到绘图页中，按照图表的实际情况进行布局，并使用"箭头形状"模具中的形状或【连接符】工具连接各个形状即可创建工作流程图。

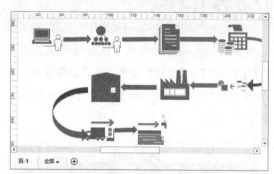

> **注意**
>
> 将工作流程图形状添加到绘图页后，双击形状即可输入说明文本并设置文本格式。

2. 工作流程图-3D 模板

执行【文件】|【新建】命令，在展开的页面中选择【类别】选项卡，同时选择【流程图】选项。然后，在展开的列表中双击【工作流程图-3D】选项，创建工作流程图-3D 模板文档。

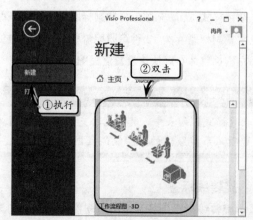

"工作流程图-3D"模板是 Visio 针对用户的使用习惯，保留 2010 及其以下版本中的形状的一种工作流程图模板，它以旧版本的形状样式显示了"箭头形状""部门""工作流程对象"和"工作流程步骤"4 个模具，并以纵向纸张方向进行显示。用户只需将相应模具中的形状添加到绘图页中，按照图表的实际情况进行布局，并使用"箭头形状"模具中的形状或【连接符】工具连接各个形状即可创作工作流程图。

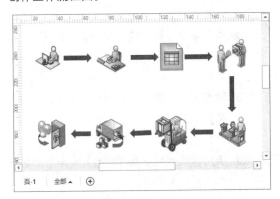

3. 设置布局和效果

创建工作流程图之后，用户还需要通过下列方法，来设置工作流程图的布局和效果。

❑ **绘图标题** 执行【边框和标题】命令，通过添加边框和标题形状，可添加绘图标题。

❑ **设置图表外观** 可以执行【主题】和【变体】命令，来设置工作流程图的主题颜色与主题效果。

❑ **添加背景** 可以将【背景】命令中的形状添加到绘图页中。

❑ **设置页面尺寸** 可以执行【设计】|【页面设置】|【对话框启动器】命令，在弹出的【页面设置】对话框中的【页面尺寸】或【打印设置】选项卡中，设置页面尺寸。

❑ **说明文本** 可以执行【文本块】或【文本框】命令，或者双击形状输入说明性文本。

10.3.2 创建工作流图

流程图类别中的工作流图模板分为 Microsoft

SharePoint 2010 和 Microsoft SharePoint 2013 两种，它们主要用于创建带批注的 Microsoft SharePoint Server 2010（2013）和 Microsoft SharePoint Foundation 2010（2013）工作流程图，并可以将工作流程图导出以供 Microsoft SharePoint Designer 2010（2013）配置使用。

1. Microsoft SharePoint 2010 工作流

执行【文件】|【新建】命令，在展开的页面中选择【类别】选项卡，同时选择【流程图】选项。然后，在展开的列表中双击【Microsoft SharePoint 2010 工作流】选项，创建工作流模板文档。

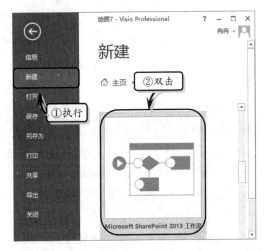

"Microsoft SharePoint 2010 工作流"模板文档中包含了"操作-SharePoint 2010 工作流""条件-SharePoint 2010 工作流"和"终止符-SharePoint 2010 工作流"3 个模具，用户只需将不同模具中的形状添加到绘图页中即可创建工作流图。

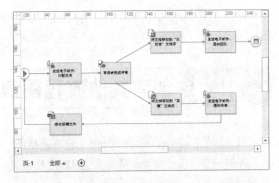

2. Microsoft SharePoint 2013 工作流

执行【文件】|【新建】命令，在展开的页面

中选择【类别】选项卡，同时选择【流程图】选项。然后，在展开的列表中双击【Microsoft SharePoint 2013 工作流】选项，创建工作流模板文档。它与"Microsoft SharePoint 2010 工作流"模板文档不同，系统默认启动页面中自动包含了"开始"和"阶段"形状。

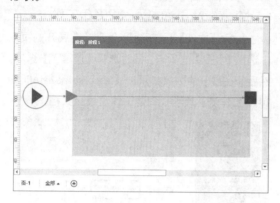

"Microsoft SharePoint 2013 工作流"模板文档中包含了"操作-SharePoint 2013 工作流""条件-SharePoint 2013 工作流"和"终止符- SharePoint 2013 工作流"3 个模具，用户只需将不同模具中的形状添加到绘图页中即可创建工作流图。

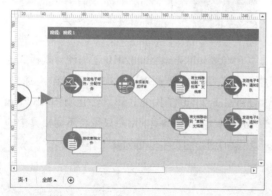

3．设置工作流布局和效果

创建工作流图之后，用户还需要通过下列方法，来设置工作流图的布局和效果。

- **连接形状** 模板中没有为用户提供连接线形状，可通过【连接符】工具或"箭头形状"和"连接符"模具中的形状连接各个形状。
- **更改连接线样式** 选择连接线，执行【设计】|【版式】|【连接线】命令，可更改连接线的直线、曲线和直角样式。
- **绘图标题** 执行【边框和标题】命令，通过添加边框和标题形状，可添加绘图标题。
- **设置图表外观** 可以执行【主题】和【变体】命令，来设置工作流图的主题颜色与主题效果。
- **添加背景** 可以将【背景】命令中的形状添加到绘图页中。
- **设置页面尺寸** 可以执行【设计】|【页面设置】|【对话框启动器】命令，在弹出的【页面设置】对话框中的【页面尺寸】或【打印设置】选项卡中，设置页面尺寸。
- **说明文本** 可以执行【文本块】或【文本框】命令，或者双击形状输入说明性文本。

> **Visio** 知识链接 10-3：导出和导入工作流
>
> Visio 为用户提供了导入和导出工作流的功能，以方便用户快速创建工作流图。

Visio **10.4** 创建其他流程图表

难度星级：★★★ ●知识链接 10-4：检查图表

在 Visio 中的流程图类别中，除了基本流程图、跨职能流程图、工作流程图等常用流程图之外，还包含了 BPMN 图、IDEFO 图表和 SDL 图，以供用户根据绘图内容选择使用。

10.4.1 创建 BPMN 图

BPMN 图是一个由图形对象组成的网状图，其图形对象包括活动和用于定义活动而执行顺序的流程控制器。Visio 中的 BPMN 图主要用于创建遵循业务流程模型和标注 2.0 标准的流程图。

1．BPMN 图基础

BPMN 业务流程图由一系列形状元素组合而成，它操作简单，但可以处理复杂的业务流程。

BPMN 图主要以简单且易识别的形状来标记类别，其形状类别一般分为流对象、连接对象、泳道和人工信息 4 类，每类形状的具体说明如下所述。

❑ **流对象**　通常情况下，BPMN 业务流程包括事件、活动和条件 3 个流对象。其中，事件一般使用圆圈来表示，包括开始、中间和结束 3 种事件；活动一般使用圆角矩形来表示，包括任务和子流程；条件一般使用菱形来表示，用于控制序列流的分支和合并。

❑ **连接对象**　连接对象用于连接流对象，包括顺序流、消息流和关联 3 个对象。其中，顺序流使用实心箭头来表示，用于指定流程顺序；消息流使用虚线空心箭头来表示，用于描述两个独立流程之间发送和接收的消息流；关联使用点线表示，用于展示活动的输入和输出。

❑ **泳道**　泳道用于划分活动中的类别，一般情况下包括池和道。其中，池用于描述流程中的参与者，一般用于 B2B 上下文中；道用于细分池，分为垂直和水平两个方向。

❑ **人工信息**　人工信息用于备注或说明业务流程中的一些特殊信息，包括数据对象、组合、注释 3 种对象。

2．创建 BPMN 图

执行【文件】|【新建】命令，在展开的页面中选择【类别】选项卡，同时选择【流程图】选项。然后，在展开的列表中双击【BPMN 图】选项，创建 BPMN 图模板文档。

"BPMN 图"模板文档中只包含了"BPMN 基本形状"一种模具，用户只需将模具中相应的形状添加到绘图页中，便可以构建 BPMN 图了。

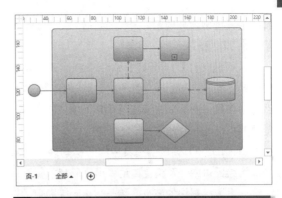

> **注意**
>
> 当用户将【池/泳道】形状添加到绘图页中时，系统会自动显示【跨职能流程图】选项卡，用户可以在该选项卡中设置流程图的泳道、分隔符和样式等。

3．设置 BPMN 形状

BPMN 模具中的形状大部分具有多选择性，用户将形状添加到绘图页中，右击形状执行相应的命令，即可更改形状的用途。例如，右击"任务"形状，执行【循环】|【标准】命令，即可设置该形状的循环类别。

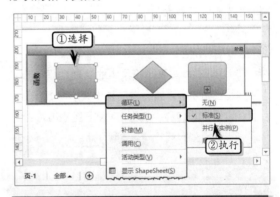

> **注意**
>
> 用户可以双击形状，激活文本编辑状态，为形状添加说明性文本。

10.4.2　创建 IDEFO 图表

IDEFO 是一种结构化分析方法，可以通过同时表达系统中的活动、数据流以及它们之间的关系来全面地描述系统。使用 IDEFO 过程制图模型可为模型配置管理、需要和收益分析、要求定义和持续改进模型创建分层图。

1．添加标题块

执行【文件】|【新建】命令，在展开的页面中选择【类别】选项卡，同时选择【流程图】选项。然后，在展开的列表中双击【IDEFO 图表】选项，创建 IDEFO 图表模板文档。

将"IDEFO 图表"模具中的"标题块"形状添加到绘图页中，系统会自动弹出【形状数据】对话框，设置标题块的节点、编号、title 等即可。

> **注意**
>
> 在【形状数据】对话框中，节点用于设置节点名称，title 用于设置标题名称，page offset 用于设置固定列表的大小。

2．添加活动框

将"IDEFO 图表"模具中的"活动框"形状添加到绘图页中，系统会自动弹出【形状数据】对话框，设置流程名称、流程 ID 和子图表 ID 即可。

> **注意**
>
> 在【形状数据】对话框中，单击【定义】按钮，可在弹出的【定义形状数据】对话框中定义形状数据。

3．添加节点

将"IDEFO 图表"模具中的"节点"形状添加到绘图页中，系统会自动弹出【形状数据】对话框，设置节点形状的编号，单击【确定】按钮即可。

10.4.3　创建 SDL 图

SDL 图是一种使用规范和说明性语言（SDL）为通信系统和网络创建的面向对象的图表，它基于 CCITT 规范，多用于通信系统和协议设计。

1．创建 SDL 图表

执行【文件】|【新建】命令，在展开的页面中选择【类别】选项卡，同时选择【流程图】选项。然后，在展开的列表中双击【SDL 图】选项，创建 SDL 图模板文档。

"SDL 图"模板文档中只包含了"SDL 图形状"一种模具，用户只需将模具中相应的形状添加到绘图页中，便可以构建 SDL 图了。

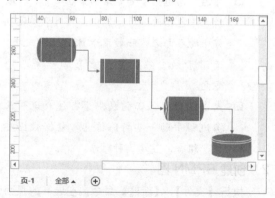

2．设置 SDL 图表形状

创建 SDL 图表时，用户可以根据每个形状所代表的具体含义，来设置形状的显示数据。右击形状，执行【属性】命令，在弹出的【形状数据】对话框中，即可设置形状的成本、持续时间和资源信息。

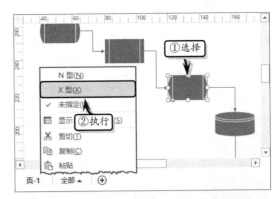

注意

在设置形状数据时，其【持续时间】文本框中必须输入数值。

另外，对于模具中的"可变起始点"和"可变过程"等可变形状，还可以设置其可变类型。右击可变形状，执行【N 型】或【X 型】命令即可。

知识链接 10-4：检查图表

Visio 为用户提供验证图表的功能，该功能可根据当前规则扫描图表中存在的问题，一般用于确保图表是根据图表最佳实践或特定要求制作的。

10.5 练习：风险评估流程图

难度星级：★★★

风险评估是量化测评某一事件、事物或信息资产所带来的影响或损失程度，是确定信息安全需求的一种重要途径。在 Visio 中，用户可以使用"基本流程图"模板，来创建风险评估流程图，以图表的方式显示风险评估过程和相关负责人。

练习要点

- 创建模板文档
- 设置形状填充格式
- 设置线条格式
- 设置文本格式
- 应用主题
- 应用边框和标题
- 应用变体

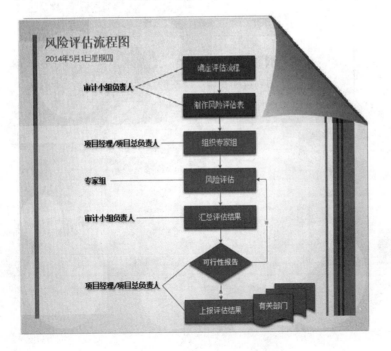

操作步骤 ▶▶▶▶

STEP|01 进入新建页面。执行【文件】|【新建】命令，选择【类别】选项卡，同时选择【流程图】选项。

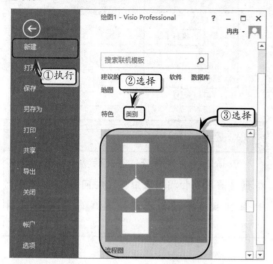

STEP|02 创建模板文档。在展开的流程图列表中，双击【基本流程图】选项，创建流程图模板文档。

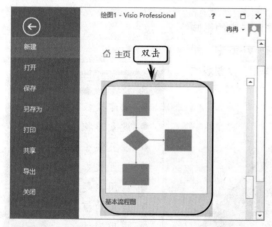

STEP|03 制作流程步骤。将"具体流程图形状"模具中的"流程"形状添加到绘图页中，并调整形状的大小和位置。

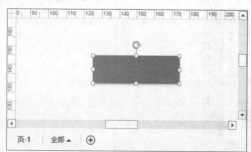

STEP|04 添加说明文字。双击"流程"形状，输入说明性文本，并设置文本的格式。

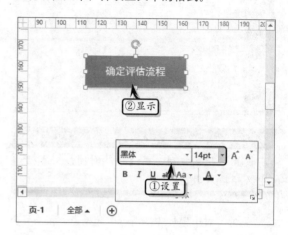

STEP|05 添加排列形状。使用同样的方法，分别为绘图页添加其他"流程"形状，并排列形状。

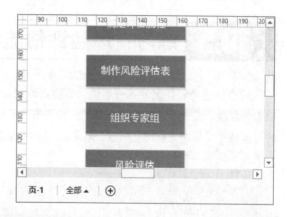

STEP|06 添加"判定"形状。将"判定"形状添加到绘图页中，调整形状的大小和位置，并输入说明性文本。

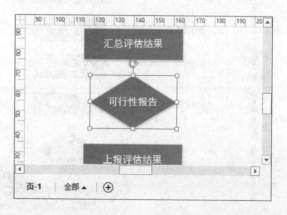

STEP|07 添加"文档"形状。将 3 个"文档"形状添加到绘图页中,排列形状,并输入说明性文本。

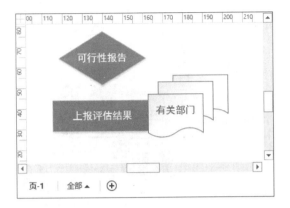

STEP|08 连接形状。执行【开始】|【工具】|【连接线】命令,拖动鼠标连接各个形状。

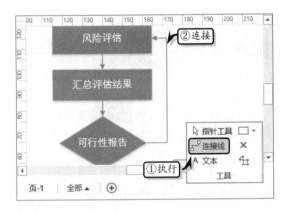

STEP|09 为连接线添加文字。双击"可行性报告"形状右侧的连接线,输入说明性文本。使用同样的方法,为其他连接线添加说明性文本。

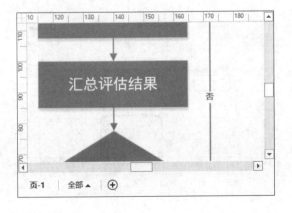

STEP|10 制作负责人列表。将"流程"形状添加到绘图页中,调整大小和位置,输入文本并设置文本的格式。

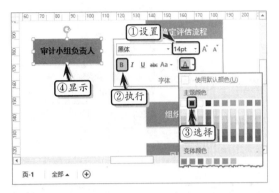

STEP|11 取消形状填充和线条。执行【开始】|【形状样式】|【填充】|【无填充】命令,同时执行【线条】|【无线条】命令,设置形状样式。

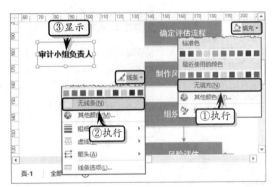

STEP|12 复制形状并输入文字。复制多个"流程"形状,并更改形状中的文本。然后,对齐各个形状,并调整形状之间的垂直距离。

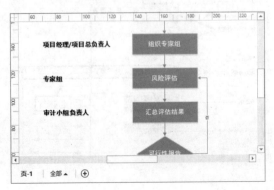

STEP|13 建立连接。执行【开始】|【工具】|【连接线】命令，连接各个形状。

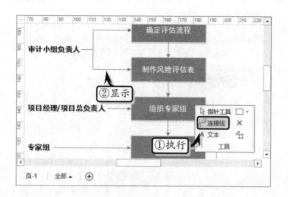

STEP|14 更改连接线类型。选择左侧第 1 条连接线，右击执行【直线连接线】命令，更改连接线的类型。使用同样方法，更改其他相关连接线的类型。

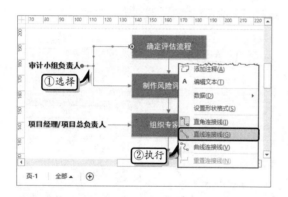

STEP|15 设置箭头样式。选择左侧一列中的所有连接线，执行【开始】|【形状样式】|【线条】|【箭头】命令，在级联菜单中选择箭头样式。

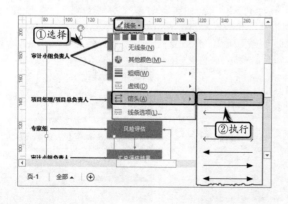

STEP|16 设置主题和变体效果。执行【设计】|【主题】|【离子】命令，同时执行【变体】|【离子，变量 3】命令，设置主题和变体效果。

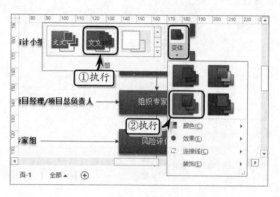

STEP|17 设置背景。执行【设计】|【背景】|【背景】|【货币】命令，为绘图页添加背景。

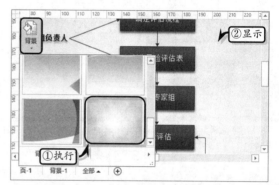

STEP|18 添加边框和标题。执行【设计】|【背景】|【边框和标题】|【凸窗】命令，同时切换到"背景-1"页面中，输入标题文本并设置文本的格式。

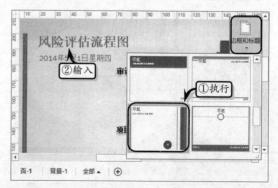

Visio

10.6 练习：招标流程图

难度星级：★★★

招标流程图主要显示了招标过程中不同阶段和不同部门间的工作流程，通过招标流程图，可以清楚地查看及了解整个招标的工作流程及步骤，减少因业务生疏而造成的时间与资源的浪费。在本练习中，将运用 Visio 中的"跨职能流程图"模板与设置线条和形状格式等基础知识，来制作一份招标流程图图表。

练习要点

- 设置流程图方向
- 设置主题效果
- 设置变体效果
- 添加形状
- 连接形状
- 设置形状格式
- 设置文本格式
- 设置绘图背景

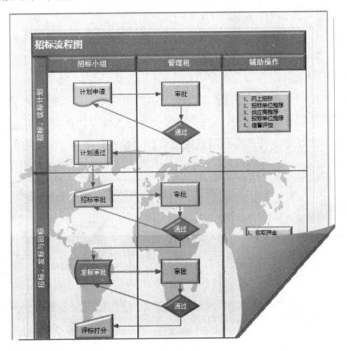

操作步骤 》》》》

STEP|01 进入新建页面。启动 Visio 2013，在弹出的页面中选择【类别】选项卡，同时选择【流程图】选项。

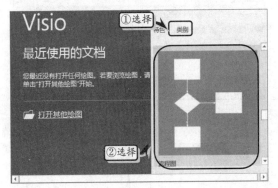

STEP|02 创建模板文档。在展开的列表中双击【跨职能流程图】选项，创建模板文档。

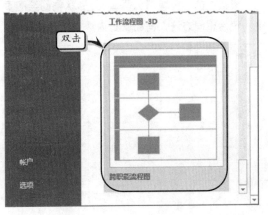

STEP|03 设置跨职能流程图方向。系统会自动弹出【跨职能流程图】对话框，选择【垂直】选项，并单击【确定】按钮。

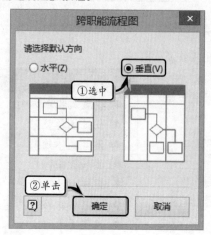

STEP|04 添加文字。在流程图输入标题文本，并添加一个"泳道（垂直）"形状，然后分别修改形状中的文字。

STEP|05 添加分隔符。将"垂直跨职能流程图形状"模具中的"分隔符（垂直）"形状拖到绘图页中。使用相同方法，向绘图页内添加 3 个该形状。

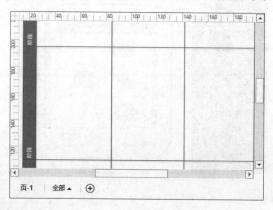

STEP|06 修改文本。修改绘图页中"分隔符"形状中的文本，将"基本流程图形状"模具中的"文档"与"流程"形状，拖到流程图内，并输入相关文字。

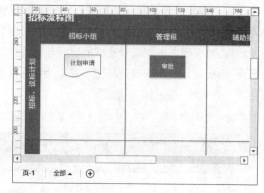

STEP|07 添加形状并建立连接。使用相同方法，分别添加其他形状，并输入文字。执行【开始】|【工具】|【绘图工具】|【线条】命令，在绘图页中绘制连接直线。

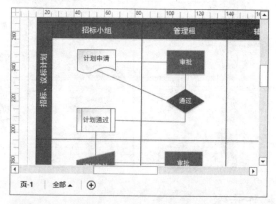

STEP|08 设置连接线格式。选择所有的"直线"形状，执行【开始】|【形状样式】|【线条】|【红色】命令，同时执行【粗细】|【1pt】命令。

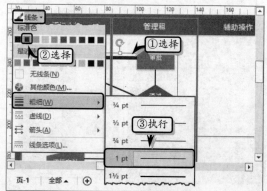

STEP|09 添加箭头。执行【开始】|【形状样式】|【线条】|【箭头】命令，在级联菜单中选择一种箭头样式。

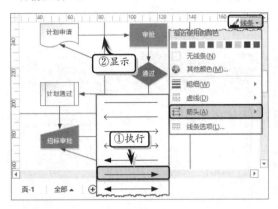

STEP|10 添加模具。在【形状】窗格中，单击【更多形状】下拉按钮，选择【常规】|【方块】选项，添加模具。

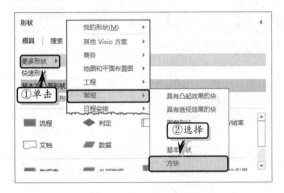

STEP|11 创建文本框并输入文本。将"方块"模具中的"高度自调节框"形状和"基本流程图"模具中的"文档"形状拖到绘图页中的"辅助操作"范围中，调整位置并输入相应的文本。

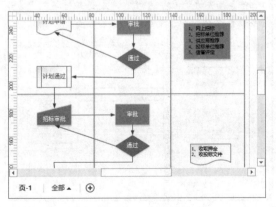

STEP|12 设置主题和变体效果。执行【设计】|【主题】|【丝状】命令，同时执行【变体】|【丝状，变量 2】命令，设置绘图页的主题和变体效果。

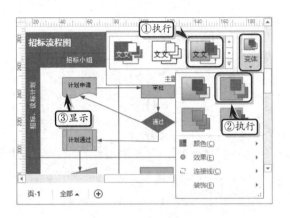

STEP|13 添加棱台效果。选择所有形状，执行【开始】|【形状样式】|【效果】|【棱台】|【圆】命令，设置棱台效果。

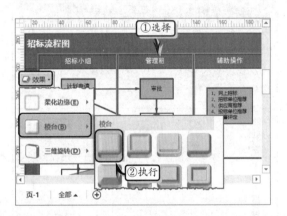

STEP|14 添加背景，执行【设计】|【背景】|【背景】|【世界】命令，为绘图页添加背景。

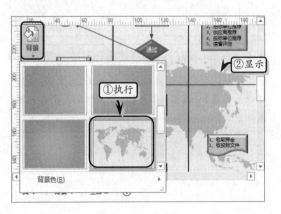

Visio **10.7** 高手答疑 难度星级：★★

问题 1：如何为形状添加注释？

解答：选择绘图页中的形状，右击执行【添加注释】命令，在弹出的窗格中输入注释内容即可。

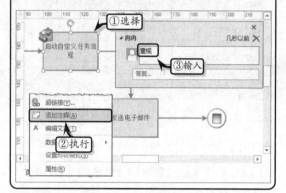

问题 2：如何为跨职能流程图插页？

解答：创建"跨职能流程图"模板文档，执行【跨职能流程图】|【插入】|【页】命令，即可为跨职能流程图插入页面，此时系统会以虚线表示页面之间的分界线。

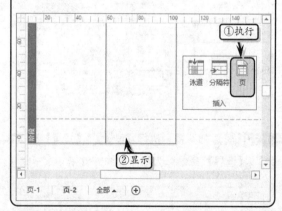

问题 3：如何调整跨职能流程图的边距？

解答：创建"跨职能流程图"模板文档，执行【跨职能流程图】|【排列】|【边距】命令，在其级联菜单中选择相应的选项即可。

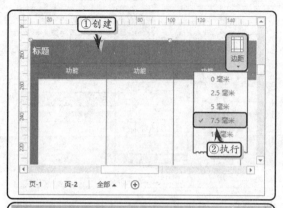

问题 4：如何更改流程图中的形状？

解答：Visio 根据模板类型，为用户提供了相同模具中的更改形状，以帮助用户在保留形状数据的情况下更改形状外观。选择流程图中的形状，执行【开始】|【编辑】|【更改形状】命令，在其级联菜单中选择相应的形状即可。

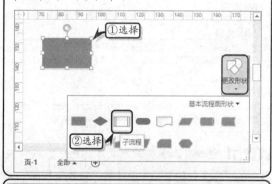

问题 5：如何更改 BPMN 形状的边界类型？

解答：创建 BPMN 模板并将形状添加到绘图页中，选择"折叠的子流程"形状，右击执行【边界】|【事物】命令，即可更改形状的边界类型。

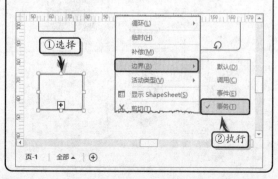

第 11 章

创建日程安排图

日程安排图是一种用于排定、规划、跟踪与管理项目日程活动的图表，被广泛应用于日程安排和项目管理中。Visio 内置了日历、日程表、甘特图和 PERT 图 4 种日程安排图表模板，以方便用户在记录日程事物、计划安排日程的同时，可以快速且准确地控制和管理项目进程及创建项目报告。本章将详细介绍创建项目管理图的基础知识与操作方法。

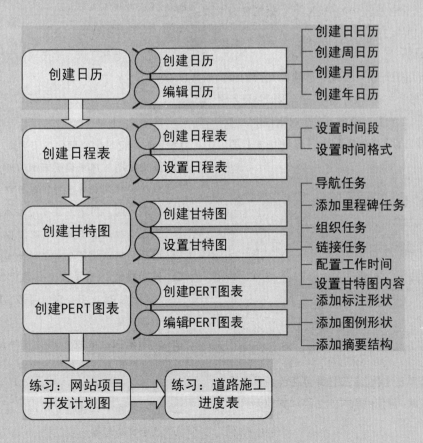

Visio **11.1** 创建日历 难度星级：★★★ 知识链接 11-1：导入日历数据

利用"日历"可以创建跨越一天到数年日历的形状，以及将该形状用于项目或事物跟踪中。在 Visio 中，不仅可以独立地显示按照日、周、月或年安排的日程活动，而且还可以以直观的方式在项目日程中显示提醒、会议、特殊事件、里程碑及其他内容。

11.1.1 创建日历

在 Visio 中，日历按日期的长度可分为日、周、月、年 4 种类型。执行【文件】|【新建】命令，选择【类别】选项卡，同时选择【日程安排】选项，并在展开的列表中双击【日历】选项，创建日历模板文档。在该模板文档中，只包含"日历形状"一个模具。通过拖动该模具中的形状，可以轻松快速地创建各种类型的日历。

1. 创建日日历

日日历适用于记录一天或不连续的几天的日程。在"日历形状"模具中，将"日"形状拖到绘图页中，弹出【配置】对话框。在该对话框中，可设置日历的【日期】【语言】和【日期格式】等选项。

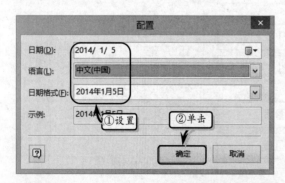

设置完毕单击【确定】按钮即可在绘图页中添加一个日历形状。可使用同样方法添加其他天的日历形状。

> **注意**
> 右击"日历"形状并执行【配置】命令，可在【配置】对话框中更改日期格式。

2. 创建周日历

周日历适用于记录、规划一周或多周的日程。在"日历形状"模具中，将"周"形状拖到绘图页中，弹出【配置】对话框，设置各项配置选项即可。

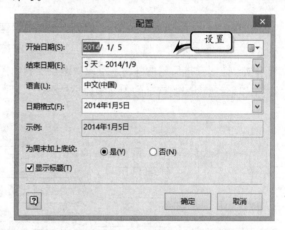

【配置】对话框中主要包括下列选项。

- ❑ **开始日期**　用来设置日历的开始日期，可以在下拉列表中选择，也可以直接输入。
- ❑ **结束日期**　用来设置日历的结束日期，可以在下拉列表中选择，也可以直接输入。
- ❑ **语言**　用来设置日历中所使用的语言。
- ❑ **日期格式**　用来设置日历中所显示的日期样式。该选项会跟随【语言】选项的改变而改变。
- ❑ **为周末加上底纹**　通过选择该选项组中的【是】与【否】单选按钮，来设置是否为表示周末的日期添加底纹。
- ❑ **显示标题**　勾选该复选框，表示在日历中显示日历标题。

另外，对于需要设置多个周日历的用户来讲，可以将"日历形状"模具中的"多周"形状拖到绘图页中，在弹出的【配置】对话框中，设置【开始日期】【结束日期】【一周的第一天为】等选项。

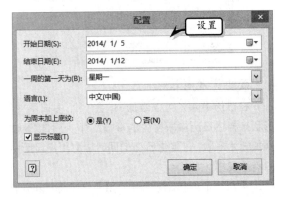

3．创建月日历

月日历与周日历一样，不仅可以设置单月日历，也可以设置多月日历。在"日历形状"模具中，将"月"形状拖到绘图页中，弹出【配置】对话框，设置各项配置选项即可。

该对话框中主要包括下列选项。

❏ 月　用于设置日历的月份。

❏ 年　用于设置日历的年份。

❏ 一周的第一天为　用于设置日历中周开始的日子。

❏ 语言　用于设置日历中所使用的语言。

❏ 为周末加上底纹　通过选择该选项组中的【是】与【否】单选按钮，来设置是否为表示周末的日期添加底纹。

❏ 显示标题　勾选该复选框，表示在日历中显示日历标题。

如果用户想创建连续的多个月日历，可以右击绘图页标签，执行【插入页】命令。为绘图页添加新页，并在新页中创建月日历。

> **注意**
> 对于多月日历，可以将"月缩略图"形状添加到月日历旁边，用来显示上个月或下个月的具体情况。

4．创建年日历

在"日历形状"模具中，将"年"形状拖到绘图页中，弹出【形状数据】对话框。在该对话框中设置年份、每周的开始日及语言即可。

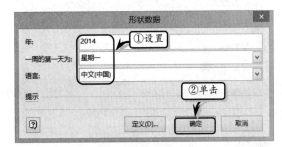

如果用户想创建多个年日历，可以右击绘图页标签，执行【插入页】命令。在插入的新页中创建年日历即可。

> **注意**
> 年日历适合使用"竖向"的页面，用户可在【页面设置】对话框中更改页面方向。

11.1.2　编辑日历

为了使日历具有强大的记录功能，也为了美化日历，需要对日历的颜色、标题、附属标志等进行编辑。

1．设置日历格式

创建日历之后，可以使用下列方法来设置日历的格式。

❏ **更改配置设置**　右击日历形状，执行【配置】命令即可。

❏ **使用主题颜色**　执行【设计】|【主题】|命令，选择相应的主题样式。同时，执行

【设计】|【变体】命令，设置主题变体效果。

❏ **更改日历标题**　对于日、周与月日历，直接双击标题输入文本即可。对于年日历，应该右击形状并执行【配置】命令，在【形状数据】对话框中输入年份值即可。

2．添加约会事件

日历的主要作用是提醒用户计划中的任务、约会或时间的发生日期。将"日历形状"模具中的"约会"形状拖到绘图页中，弹出【配置】对话框，设置各选项即可。

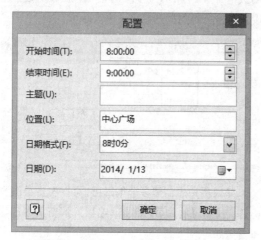

该对话框中主要包括下列选项。

❏ **开始时间**　用于设置约会的开始时间。

❏ **结束时间**　用于设置约会的结束时间。

❏ **主题**　用于设置约会的描述性文本，该文本将会出现在日历中相应的约会上。

❏ **位置**　用于设置约会的地点。该内容不会显示在约会标识中，只会存储在形状数据中。

❏ **日期格式**　用于设置约会的时间格式。

❏ **日期**　用来设置约会时的日期。

3．添加多日事件

当日历中出现同一个事件发生在多日时，可通过添加"多日事件"形状，来描述事件。将"日历形状"模具中的"多日事件"形状拖到绘图页中，弹出【配置】对话框，设置事件的主题、位置及始末时间，单击【确定】按钮即可。

4．添加艺术形状

在日历中除了可以添加"约会"和"多日事件"形状来描述日历中所发生的事情之外，还可以通过添加艺术形状，在美化日历的同时提醒用户日历中的特殊安排。

添加艺术形状比较简单，用户只需将"日历形状"模具中的艺术类形状添加到日历中即可。例如，将"构思""图钉""注意"和"旅行-飞机"等形状添加到日历中。

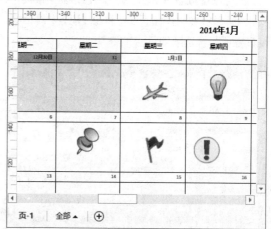

5．编辑事件和艺术形状

编辑事件和艺术形状主要包括为事件和艺术形状添加文本、修改或删除事件和艺术形状。用户可通过下列操作方法，进行编辑。

❏ **添加文本**　双击日历中的事件、艺术形状，在文本块中直接输入文本即可。

❏ **编辑约会事件**　右击约会事件，执行【配置】命令，在【配置】对话框中修改相应的选项。

❏ **删除事件和艺术形状**　右击事件或艺术形状，执行【剪切】命令；或者选择事件和艺术形状，按下 Delete 键。

注意

对于"月相"形状，用户可以通过右击并执行相应命令的方法，将形状设置为满月、新月等样式。

知识链接 11-1：导入日历数据

如果用户在 Outlook 中安排了约会、计划等日历，可以使用"导入 Outlook 日历向导"功能，将 Outlook 中的日历导入到 Visio 中。

11.2　创建日程表

难度星级：★★★★　　●知识链接 11-2：导入与导出日程表数据

Visio 中的日程表显示沿着横向或纵向时间线发送的任务、阶段、间隔或里程碑等日程信息，主要用于传达日期并显示和总结项目进度。在本小节中，将详细介绍创建和设置日程表的基础知识和方法。

11.2.1　创建日程表

日程表用来显示某期间内的活动阶段与关键日期。在创建日程表之前，还需要根据实际需求，设置日程表的时间段和时间格式。

1．设置时间段

执行【文件】|【新建】命令，选择【类别】选项卡，同时选择【日程安排】选项，并双击【日程表】选项，创建日程表模板文档。

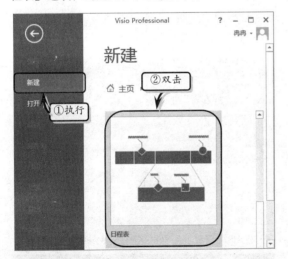

在"日程表形状"模具中，将"块状日程表"形状拖到绘图页中，系统会自动弹出【配置日程表】对话框，在【时间段】选项卡中可设置日程表的时间段与刻度。

【时间段】选项卡主要包括下列选项。

❏ **开始**　用于设置日程表的开始时间。

❏ **结束**　用于设置日程表的结束时间。

❏ **时间刻度**　用于设置日程表的时间刻度，应该选择小于指定日期范围的时间刻度。如果选择的时间刻度大于日期范围，日程表上将不会显示时间单位。

❏ **一周的第一天为**　用于设置一周的开始日，主要用来指定日程表上的周间隔。只有将时间刻度设置为"周"时，此选项才可用。

❏ **财政年度的第一天为**　用来设置财政年度的月份和日，主要用来指定日程表上季度间隔的月和日。只有将时间刻度设置为"季度"时，此选项才可用。

2．设置时间格式

在【配置日程表】对话框中，激活【时间格式】选项卡，设置日程表的时间格式。

该选项卡中主要包括下列选项。

❏ **日程表语言**　用于设置日程表中日期格式所使用的语言。

❑ 在日程表上显示开始日期和完成日期
勾选该复选框，可以在日程表上显示开始
日期和完成日期。

❑ 日期格式　用于设置日程表上的日期或
时间格式。

❑ 在日程表上显示中期计划时间刻度标记
选择该复选框，可以在日程表上显示各
天、周、月或年时间单位。

❑ 在中期计划时间刻度标记上显示日期
勾选该复选框，可以在日程表上显示各中
期计划标记的日期。只有勾选了【在日程
表上显示中期计划时间刻度标记】复选
框，该复选框才可用。

❑ 日期格式　主要用于设置时间刻度标记
的日期格式。

❑ 当移动标记时自动更新日期　勾选该复
选框后，在移动日程表上的标记、里程碑
和间隔形状时，上述形状上的日期会自动
更新。

11.2.2　设置日程表

Visio 中的"日程表"形状只显示一条时间线，

无法详细地展示具体的日程安排。此时，用户可通
过为"日程表"形状添加间隔、里程碑或标记等辅
助形状，来完善日程表的功能。

1．添加间隔和里程碑

间隔主要用来显示日程表上某时间段内的活
动。在"日程表形状"模具中，将"块状间隔"形
状拖到日程表上，在弹出的【配置间隔】对话框中，
设置起止时间与日期、说明性文本及日期格式，单
击【确定】按钮即可。

里程碑主要用来显示某阶段内特定事件。在
"日程表形状"模具中，将"圆形里程碑"形状拖
到日程表上，在弹出的【配置里程碑】对话框中，
设置里程碑的日期、时间、说明性文本及日期格式，
单击【确定】按钮即可。

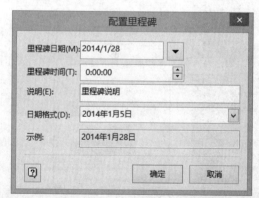

2．展开日程表

展开日程表可以为总日程表中的某阶段创建详细的任务日程表。在"日程表形状"模具中，将"展开日程表"形状拖到日程表上，在弹出的【配置日程表】对话框中，设置【时间段】与【时间格式】选项卡中相应的选项。单击【确定】按钮，即可在绘图中显示"展开日程表"形状。

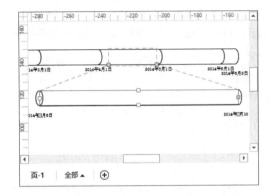

用户可通过下列操作编辑"展开日程表"形状。

- ❏ **移动**　直接拖动形状到新位置即可。
- ❏ **调整大小**　拖动形状中的选择手柄即可调整形状的大小。
- ❏ **调整开始与结束日期**　右击形状，执行【配置日程表】命令。
- ❏ **调整日程表类型**　右击形状，执行【日程表类型】命令，在级联菜单中选择相应的选项即可。
- ❏ **显示起始与完成箭头**　右击形状，执行【箭头】命令，选择相应的选项即可。

3．同步间隔和里程碑

在 Visio 中，可以实现同一页中多个日程表上的间隔与里程碑保持同步。在绘图页中，选择日程表上需要保持同步的"间隔"形状，执行【日程表】|【间隔】|【同步处理】命令，弹出【使间隔保持同步】对话框，在【使间隔与以下对象保持同步】

下拉列表中选择相应的选项。

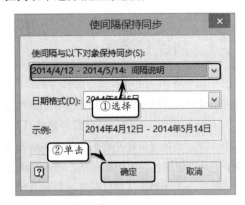

同样，选择日程表上需要保持同步的"里程碑"形状，执行【日程表】|【里程碑】|【同步处理】命令，设置各选项即可同步里程碑。

> **注意**
>
> 可以通过删除"间隔"或"里程碑"形状的方法，来删除形状之间的同步关联。

> Visio **知识链接 11-2：导入与导出日程表数据**
>
> 由于 Visio 程序属于 Office 办公套装中的一个组件，所以 Visio 程序可以与 Office 其他组件进行协同工作。在使用日程表时，既可以将 Visio 中的数据导出到 Project 程序中，也可以将 Project 程序中的数据导入到 Visio 日程表中。

Visio
11.3　创建甘特图

难度星级：★★★★　●知识链接 11-3：导入与导出甘特图数据

甘特图又称为横道图和条状图，以提出者亨利．甘特先生的名字命名，它以图示的方式通过活动类别和时间刻度形象地显示项目中各项任务的活动顺序和持续时间，被广泛应用于简单且短期的项目中。在本小节中，将详细介绍甘特图的基础知识和创建方法。

11.3.1 创建甘特图

甘特图主要用来显示项目中的任务名称、开始时间、结束时间、持续时间等任务信息。执行【文件】|【新建】命令，在展开的页面中选择【类别】选项卡，同时选择【日程安排】选项，并双击【甘特图】选项，创建甘特图模板文档。创建模板文档之后，系统会自动弹出【甘特图选项】对话框，可根据项目计划设置甘特图的【日期】和【格式】选项卡内容。

1. 设置【日期】选项卡

在【甘特图选项】对话框中，激活【日期】选项卡，可设置任务选项、持续时间选项和时间刻度范围等内容。

【日期】选项卡中主要包括下列选项。

❏ **任务数目** 用于设置在甘特图中显示的任务数量。

❏ **主要单位** 用于设置在时间刻度中使用的最大单位，如年或月等。在甘特图的时间刻度上，主要单位显示于次要单位之上。而主要单位和次要单位在很大程度上决定着甘特图的宽度。

❏ **次要单位** 用于设置在时间刻度中使用的最小单位。

❏ **格式** 用于设置在甘特图的"持续时间"列中显示的时间单位。

❏ **开始日期** 用于设置项目的开始日期和时间。只有将次要单位设置为"小时"时，才可以设置开始时间。

❏ **完成日期** 用于设置项目的完成日期和时间。只有将次要单位设置为"小时"时，才可以设置完成时间。

2. 设置【格式】选项卡

在【甘特图选项】对话框中，激活【格式】选项卡，可设置任务栏、里程碑、摘要栏和各标签。

【格式】选项卡中各选项的功能，如下表所述。

选项组	选 项	功 能
任务栏	开始形状	用于设置显示在所有任务栏开始处的形状类型
	完成形状	用于设置显示在所有任务栏结束处的形状类型
	左标签	用于设置作为标签而显示于所有任务栏左侧的列标题文本
	右标签	用于设置作为标签而显示于所有任务栏右侧的列标题文本
	内部标签	用于设置作为标签而显示于所有任务栏内部的列标题文本
里程碑	形状	用于设置里程碑的形状类型
摘要栏	开始	用于设置显示在所有摘要任务栏开始处的形状类型
	完成	用于设置显示在所有摘要任务栏结束处的形状类型

设置完毕后，在【甘特图选项】对话框中单击

【确定】按钮即可在绘图页中创建一张甘特图。创建甘特图之后，还需要在【任务名称】列中输入任务名称，在【开始时间】列中输入任务的开始时间，在【持续时间】列中输入任务的持续时间，并组织和链接任务。

> **注意**
>
> 使用快捷键 Ctrl+A，拖动甘特图四周的选择手柄，可调整甘特图的大小。

11.3.2　设置甘特图

创建甘特图之后，为了完善甘特图中的任务，也为了充分体现甘特图的作用，用户还需要添加里程碑、组织与链接任务，以及设置甘特图的格式。

1．导航任务

对于大型的甘特图来讲，往往包含了大量的任务信息。为了快速查看任务信息，需要利用【甘特图】选项卡【导航】选项组中的各项命令，来查看各项任务。

- ❏ **转到开始**　执行该命令，可以显示项目的首个任务信息。
- ❏ **上一步**　执行该命令，可以转到甘特图时间刻度中的上一个任务或里程碑。
- ❏ **下一步**　执行该命令，可以转到甘特图时间刻度中的下一个任务或里程碑。
- ❏ **转到完成**　执行该命令，可以显示最后一个任务信息，即完成处。
- ❏ **滚动至任务**　执行该命令，可以显示当前选中的任务信息。

2．添加里程碑任务

里程碑是标记项目中主要事件的参考点，用于监视项目的进度，里程碑的工期通常为零，但也不排除工期不为零的里程碑。Visio 中的里程碑任务的持续时间默认为零，并以"菱形"形状进行显示。

在"甘特图形状"模具中，将"里程碑"形状拖到甘特图中。在【任务名称】列中选择"新建任务"，并输入表示里程碑名称的文本。然后，在【开始日期】列中，设置里程碑的开始时间。在【持续时间】单元格中，将里程碑的持续时间设置为"0"。

> **注意**
>
> 如果用户将里程碑的【持续时间】设置为非 0 值，则里程碑标记将会变成任务栏的标记。

3．组织任务

组织任务按照范围将任务降级或升级，从而使每个任务范围中分别具有一个摘要任务。而组织任务后的摘要任务以粗体显示并靠单元格左侧放置，而子任务降级显示在摘要任务之下。

在甘特图中选择任务，执行【甘特图】|【任务】|【降级】命令，即可将该任务变成上一个任务的子任务。当用户组织任务之后，甘特图中将会显示摘要任务，而摘要任务中的文字将自动变成"加粗"格式，持续时间变成所有任务时间的累积值。另外，摘要任务的标记会变成"三角端点"形状。

ID	任务名称	开始时间	完成	持续时间
1	任务 1	2014/1/8	2014/1/16	7天
2	任务 2	2014/1/8	2014/1/9	2天
3	里程碑	2014/1/10	2014/1/10	0天
4	任务 3	2014/1/13	2014/1/14	2天
5	任务 4	2014/1/15	2014/1/15	1天
6	任务 5	2014/1/16	2014/1/16	1天

页-1　全部▲　⊕

4．链接任务

项目中的任务需要相互关联，才能显示它们之间的关系与实施顺序，并保证项目的顺利完成。选择第一个任务，按住 Shift 或 Ctrl 键的同时按照顺序依次选择其他任务，执行【甘特图】|【任务】|【链接】命令，即可链接选中的任务。

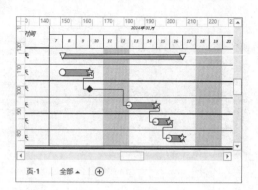

5. 配置工作时间

配置工作时间是指定甘特图中的工作日以及工作日的开始和结束时间。默认情况下，Visio 为甘特图配置了每周工作 5 天的工作时间。执行【甘特图】|【管理】|【配置工作时间】命令，在弹出的【配置工作时间】对话框中，可设置甘特图的具体工作时间。

6. 设置甘特图内容

用户可通过下列方法，来添加或删除甘特图中的内容。

- ❑ **新建任务** 执行【甘特图】|【任务】|【新建】命令，或将"甘特图形状"模具中的"行"形状拖到甘特图中即可新建任务。

- ❑ **删除任务** 选择任务，执行【甘特图】|【任务】|【删除】命令，或右击任务执行【删除任务】命令即可删除任务。

- ❑ **插入列** 选择需要插入列的位置，执行【甘特图】|【列】|【插入】命令，在弹出的【插入列】对话框中选择列类型即可。

- ❑ **隐藏列** 选择需要隐藏的列，执行【甘特图】|【列】|【隐藏】命令即可。

> **注意**
>
> 通过执行【设计】选项卡【主题】选项组中的各项命令，可设置甘特图的外观。

> Visio **知识链接 11-3：导入与导出甘特图数据**
>
> 甘特图与日程表一样，也可以与 Project 软件进行交互。不仅可以将 Visio 中甘特图的数据导出到 Project 程序中，而且也可以将 Project 程序中的数据导入到 Visio 甘特图中。

Visio 11.4 创建 PERT 图表 ★★★★
难度星级：★★★★

PERT 图又称为"计划评审技术"，它是一种采用网络图来描述项目任务的有向图表，用于创建项目或任务管理的 PERT 图、日程、日程表、议程、任务分解结构、关键路径等图表。

11.4.1 创建 PERT 图表

PERT 图表不仅描述了每个任务的开始时间、结束时间、持续时间和可宽延时间等任务所需要的时间，而且还使用连接线显示了任务之间的依赖关系。

在绘图页中，执行【文件】|【新建】命令，选择【类别】选项卡，同时选择【日程安排】选项。然后，在展开的列表中双击【PERT 图】选项，创建 PERT 图模板文档。

在"PERT 图"模板文档中，系统只提供了"PERT 图标形状"模具，用户可将相应的形状添加到绘图页中，按照一定的规则排列和连接，并输入相应的任务信息。

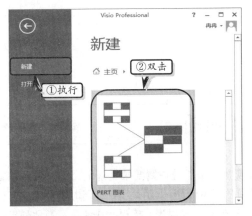

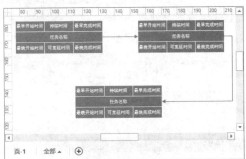

在"PERT 图表形状"模具中,主要包括 PERT 1 和 PERT 2 主形状。其中,PERT 1 形状主要包括任务名称和用来描述任务信息的 6 个方块,而 PERT 2 形状则包括任务名称和用来描述任务信息的 4 个方块。两个形状所描述的任务信息各不相同,用户可根据日程的实际情况,选择相应的形状。

11.4.2 编辑 PERT 图表

创建 PERT 图表后,还需要通过为其添加图例、摘要结构或标注等方法,来完善 PERT 图表的功能。

1. 添加标注形状

在"PERT 图表形状"模具中,包括"水平标注"和"直角水平"两种标注形状,可帮助用户记录项目中的特殊事件。用户只需将"水平标注"或"直角水平"形状添加到绘图中,连接到相应的形状,输入说明性文本并设置文本格式即可。

2. 添加图例形状

图例主要用来显示整个项目的计划、实际和当前值,以帮助用户了解项目的整体状况。在"PERT 图表形状"模具中,将"图例"形状添加到绘图页中,并分别修改"计划""实际"和"当前"文本。

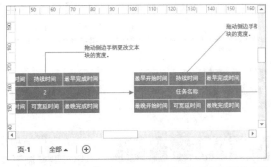

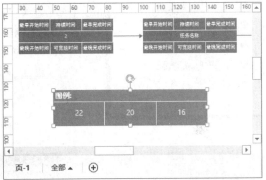

注意

用户可以直接选择"图例"形状中的"计划""实际"和"当前"方块,为其添加文本。可以选中文本块,通过按下空格键的方法来删除文本块中的文本。

3. 添加摘要结构

摘要结构形状除了用于描述某个任务形状的具体情况之外,还可以以单独的形状显示项目的大纲组织结构。用户只需将"PERT 图表形状"模具中的"摘要结构"形状添加到绘图页中即可。

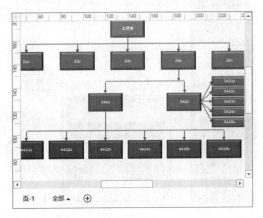

> **注意**
>
> 添加"摘要结构"形状之后，可使用【连接符】工具连接各个形状，双击形状即可输入文本。

Visio 11.5 练习：网站项目开发计划图

难度星级：★★★★

练习要点

- 创建模板文档
- 配置日程表
- 添加形状
- 设置形状属性
- 设置主题效果
- 设置边框和标题

在网站项目开发实施之前，往往需要根据开发目标、资源和费用等要素制订整个项目的开发计划，以明确项目在何时需要完成何种工作。在 Visio 中，可以使用"日程表"模板，快速且清晰地列出项目运作的流程，并计划这些流程所需花费的时间。在本练习中，将使用 Visio 中内置的模板文档，来制订一份某商业网站的项目开发计划。

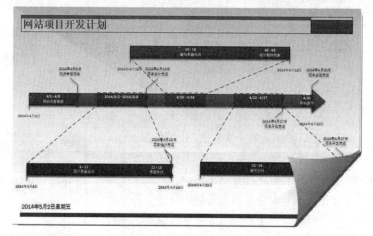

操作步骤 ▶▶▶▶

STEP|01 进入新建页面。执行【文件】|【新建】命令，在页面中选择【类别】选项卡，并选择【日程安排】选项。

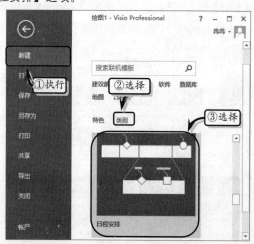

STEP|02 创建模板文档。在展开的日程安排列表中，双击【日程表】选项，创建模板文档。

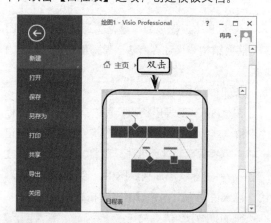

STEP|03 配置日程表。将"块状日程表"形状拖到绘图页中，在【配置日程表】对话框中设置起止时间与时间刻度。

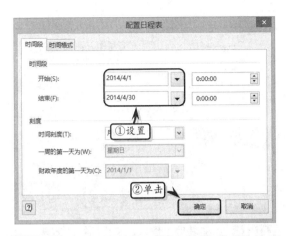

STEP|04 设置日期格式。激活【时间格式】选项卡，设置日程表的日期格式。

STEP|05 添加箭头。选择整个日程表，右击执行【箭头】|【结束】命令，添加完成箭头标志。

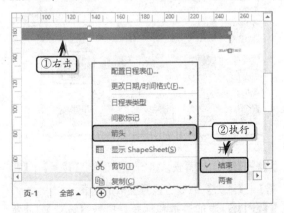

STEP|06 添加间隔。将"块状间隔"形状添加到日程表中，在【配置间隔】对话框中设置间隔选项。

STEP|07 添加其他间隔使用同样的方法，分别为日程表添加其他块状间隔。

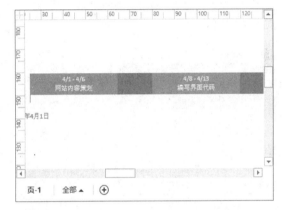

STEP|08 展开日程表。将"展开的日程表"形状添加到绘图页中，并在【配置日程表】对话框中设置日期选项。

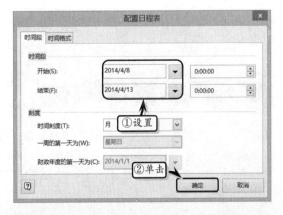

STEP|09 添加其他展开的日程表。使用同样的方法，为主日程表中的第三段与第四段的间隔添加"展开的日程表"形状。

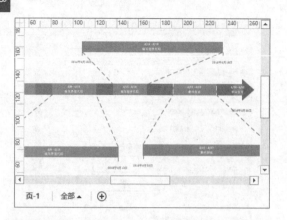
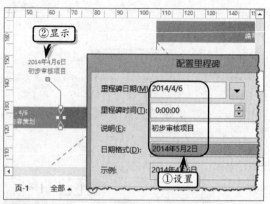

STEP|10 删除说明文本。将主日程表中与"展开的日程表"形状中相同间隔的文本说明删除。

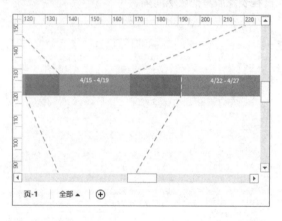

STEP|11 添加块状间隔。将"块状间隔"形状添加到展开的日程表形状上，为其添加展开的时间间隔内容。

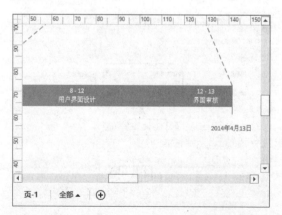

STEP|12 添加里程碑。将"双三角形里程碑"形状添加到主日程表中，并在【配置里程碑】对话框中设置日期格式。

STEP|13 添加其他里程碑。使用同样的方法，为主日程表添加其他里程碑。

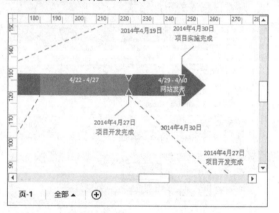

STEP|14 添加主题效果。执行【设计】|【主题】|【离子】命令，设置图表的主题效果。

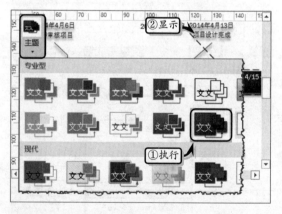

STEP|15 添加背景。执行【设计】|【背景】|【活力】命令，设置图表的背景。

STEP|16 添加边框和标题。执行【设计】|【背景】|【边框和标题】|【方块】命令，添加边框和标题样式并更改标题文本。

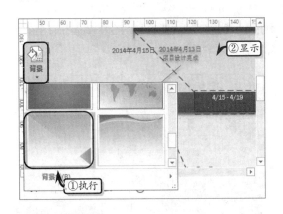

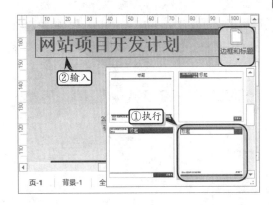

Visio 11.6 练习：道路施工进度表

难度星级：★★★★

在项目实施之前，用户需要先使用甘特图图表规划项目的进度，以保证项目可以在预定时间内完成。甘特图主要以条形图形式显示项目中的任务名称、开始时间、结束时间、持续时间等任务信息。在本练习中，将运用 Visio 中的"甘特图"模板，来创建一份道路施工进度表。

练习要点

- 创建模板文档
- 设置甘特图选项
- 链接任务
- 设置甘特图格式
- 设置图表主题效果
- 添加图表背景
- 设置边框和标题

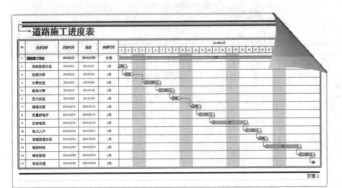

操作步骤 ▶▶▶▶

STEP|01 进入新建页面。执行【文件】|【新建】命令，在页面中选择【类别】选项卡，并选择【日程安排】选项。

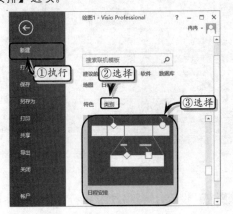

STEP|02 创建模板文档。在展开的"日程安排"列表中，双击【甘特图】选项，创建模板文档。

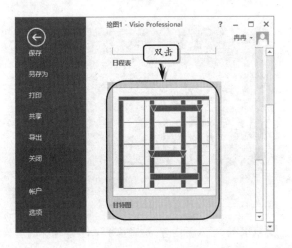

STEP|03 设置日期选项。在弹出的【甘特图选项】对话框中，将"任务数目"设置为"13"，将"格式"设置为"天"，并设置开始与结束日期。

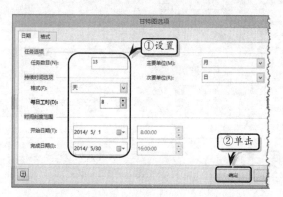

STEP|04 调整甘特图位置。按快捷键 Ctrl+A，将鼠标置于选择手柄上，向下拖动，调整甘特图的位置。

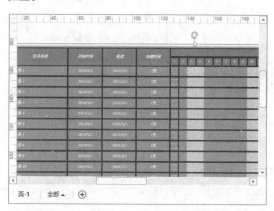

STEP|05 输入文本。在甘特图中输入任务名称和持续时间，并设置文本格式。

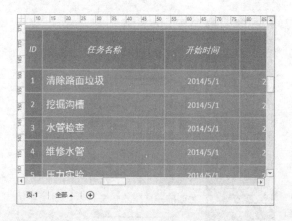

STEP|06 插入新任务。选择第 1 个任务，执行【甘

特图】|【任务】|【新建】命令，插入新任务，并输入任务名称。

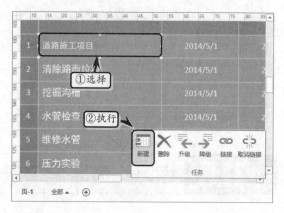

STEP|07 降级任务。按住 Ctrl 键同时选择第 2~14 个任务，执行【甘特图】|【任务】|【降级】命令，降级任务。

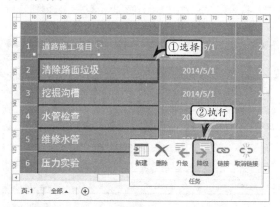

STEP|08 链接任务。同时，执行【甘特图】|【链接任务】命令，链接第 2~14 个任务。

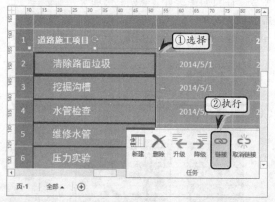

STEP|09 设置甘特图格式。执行【甘特图】|【管

理】|【图表选项】命令，激活【格式】选项卡，设置甘特图的格式。

STEP|10 设置主题与变体效果。执行【设计】|【主题】|【序列】命令，同时执行【变体】|【序列，变量 4】命令，设置图表的主题和变体效果。

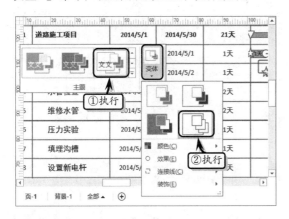

STEP|11 更改页面尺寸。在【设计】选项卡【页

面设置】选项组中，单击【对话框启动器】按钮。激活【页面尺寸】选项卡，选中【自定义大小】选项，并设置大小数值。

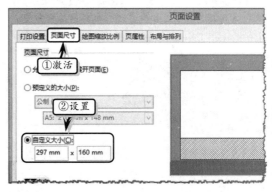

STEP|12 添加边框和标题。执行【设计】|【背景】|【边框和标题】|【霓虹灯】命令，添加边框和标题样式，同时在"背景-1"页面中修改标题文本。

Visio **11.7** 高手答疑

难度星级：★★

问题 1：如何在甘特图条形形状中显示标签信息？

解答：创建甘特图图表之后，执行【甘特图】|【管理】|【图表选项】命令，在弹出的【甘特图选项】对话框中，激活【格式】选项卡，分别设置【左标签】【右标签】和【内部标签】选项。

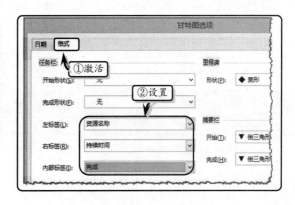

问题 2：如何在甘特图中显示自定义任务信息？

解答： 创建甘特图之后，右击任意任务信息列，执行【插入列】命令，在弹出的【插入列】对话框中，单击【列类型】下拉按钮，选择相应的选项即可。

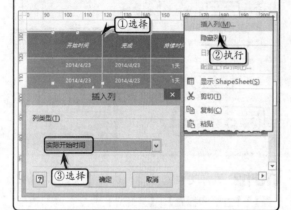

问题 3：如何更改甘特图中条形形状的外观？

解答： 创建甘特图图表之后，执行【甘特图】|【管理】|【图表选项】命令，在弹出的【甘特图选项】对话框中，激活【格式】选项卡，分别设置【开始形状】和【完成形状】选项即可。

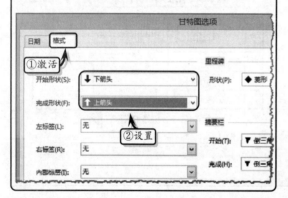

问题 4：如何更改日程表形状的箭头样式？

解答： 创建日程表之后，右击日程表形状，执行【箭头】|【开始】命令，即可在日程表形状中显示开始箭头。

问题 5：如何设置日程表的日期和时间格式？

解答： 创建日程表之后，选择日程表形状，执行【日程表】|【日程表】|【日期/时间格式】命令，在弹出的【更改日期和时间格式】对话框中，设置日期和时间格式即可。

第 **12** 章

创建网络图

Visio 为用户提供了强大的网络图模板，包含用于记录高层网络设计的基本网络图模板、用于记录详细网络设计的详细网络图模板、用于记录目录服务器的 LDAP 目录图模板，以及用于机架网络设备摆放的机架模板。另外，用户还可以将网络图作为架构层的设计图，用来取代 UML 部署图。在本章中，将详细介绍使用 Visio 创建网络图的基础知识和操作方法。

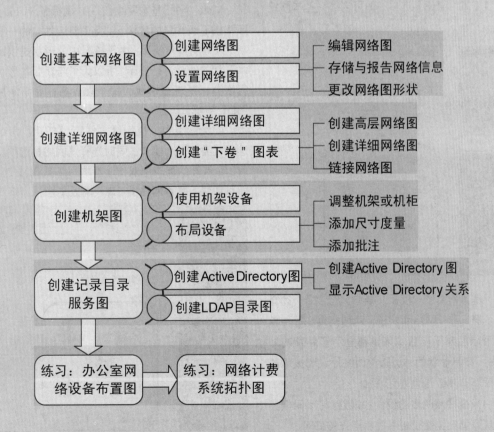

12.1 创建基本网络图　　　　难度星级：★★★

Visio 内置了用于设计和记录简单网络，或生产高层网络的"基本网络图"模板，可帮助用户使用基本网络形状和计算机设备形状，快速且专业地创建简单网络设计图和网络体系结构图。

12.1.1 创建网络图

Visio 中的"基本网络图"模板包括"基本网络图"和"基本网络图-3D"两种，其每种模板的使用方法如下所述。

1. 创建网络图模板

Visio 中的"基本网络图"模板是 Visio 2013 新增的模板类型，包含了全新的形状。在绘图页中，执行【文件】|【新建】命令，选择【类别】选项卡，同时选择【网络】选项。然后，在展开的列表中双击【基本网络图】选项，即可创建"基本网络图"模板文档。

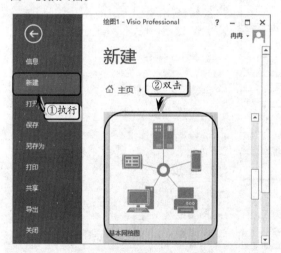

在"基本网络图"模板文档中，包含了"计算机和显示器"和"网络和外设"两种模具，每种模具中的形状相对于旧版本来讲都显示了新颖的外观。另外，模具形状的种类随着网络外设和技术的升级而更新，其数量也随之增加。

用户只需按照图表的设计和规划，将不同模具中的形状添加到绘图页中，并相互连接即可。

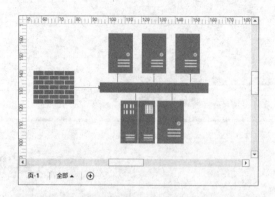

> **注意**
>
> 在连接形状时，可以使用【连接符】工具，或者使用模具中的"动态连接线"形状，来连接各个形状。

2. 创建基本网络图-3D

Visio 中的"基本网络图-3D"模板是 Visio 2010 版及以下版本中的模板，包含了旧版本中的一些形状，以方便用户使用。由于模具中的形状是以旧版本形状的外观进行显示，所以为了与新版本形状进行区分，系统在模板和每个模具名称后面添加了"3D"字样。

在绘图页中，执行【文件】|【新建】命令，选择【类别】选项卡，同时选择【网络】选项。然后，在展开的列表中双击【基本网络图-3D】选项，即可创建"基本网络图-3D"模板文档。

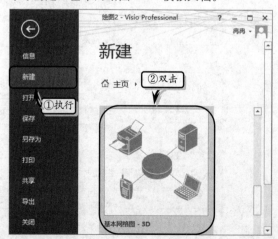

在"基本网络图-3D"模板文档中，包含了"计算机和显示器-3D"和"网络和外设-3D"两种模具，每种模具中形状的数量和种类都少于新版本中的形状。在模板文档中，用户只需按照图表的设计和规划，将不同模具中的形状添加到绘图页中，并相互连接各个形状即可。

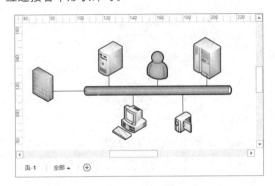

12.1.2　设置网络图

创建网络图之后，为了增加图表的美观性，也为了存储或查看网络设备数据，需要设置网络图的格式、批注以及存储网络信息。

1．编辑网络图

用户可通过下列方法，来设置网络图的格式。

- ❑ **添加文本或批注形状**　可以执行【开始】|【工具】|【文本】命令，为网络图添加文本。另外，还可以将"批注"模具中的"文本"形状与"批注"形状拖到绘图页中，用来记录网络数据。

- ❑ **编号网络形状**　可以执行【视图】|【宏】|【加载项】|【其他 Visio 方案】|【给形状编号】命令，在弹出的【给形状编号】对话框中设置编号格式。

- ❑ **设置形状格式**　选择需要设置格式的形状，右击执行【设置形状格式】命令，在弹出的【设置形状格式】窗格中设置形状的填充、线条和阴影效果等。

- ❑ **设置背景和标题**　执行【设计】|【背景】|【背景】命令，或执行【设计】|【背景】|【边框和标题】命令，选择相应的选项即可。

2．存储与报告网络信息

用户可通过下列方法，来存储和报告网络信息。

- ❑ **添加形状数据值**　选择形状，执行【数据】|【显示/隐藏】|【形状数据窗口】命令，在弹出的【形状数据】窗格中输入相应的数据即可。

- ❑ **创建新的形状数据属性**　右击形状执行【数据】|【定义数据】命令，在弹出的【定义形状数据】对话框中设置新的数据属性即可。

- ❑ **将形状链接到数据库字段**　选择形状，执行【数据】|【外部数据】|【将数据链接到形状】命令，在弹出的【数据选取器】对话框中，依据提示完成操作即可。

- ❑ **生成设备报告**　执行【审阅】|【报表】|【形状报表】命令，在弹出的【报告】对话框中选择报告类型，并单击【运行】按钮即可。

- ❑ **显示绘图信息**　将"网络和外设"模具中的"图例"形状添加到绘图页中，可获取网络中各形状的具体信息。

3．更改网络图形状

网络图模板中的形状有别于其他常用模板中的形状，用户可通过编辑形状的方法，来调整形状的显示和外观样式。

在绘图页中，右击网络图形状（例如右击"主机"形状），执行【组合】|【打开主机】命令。此时，系统会自动以新的窗口显示"主机"形状，选择形状中的某个部分，对其进行编辑，即可更改形状的显示和外观样式。

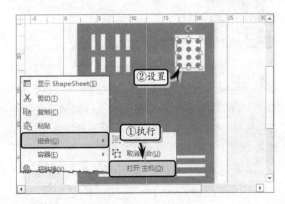

Visio 12.2 创建详细网络图

难度星级：★★★　◎知识链接12-1：创建三维网络分布图

Visio 除了内置了构建简单网络图的"基本网络图"模板之外，还内置了用于设计和记录逻辑网络链接或布局的"详细网络图"模板，可帮助用户使用全面的网络和计算机设备形状，创建详细的物理架构图、逻辑架构图和网络架构图。

12.2.1 创建详细网络图

Visio 中的"详细网络图"模板包括"详细网络图"和"详细网络图-3D"两种模板类型，其每种模板的使用方法如下所述。

1. 创建网络图模板

Visio 中的"详细网络图"模板是 Visio 2013 新增的模板类型，包含了全新的形状。在绘图页中，执行【文件】|【新建】命令，选择【类别】选项卡，同时选择【网络】选项。然后，在展开的列表中双击【详细网络图】选项，即可创建"详细网络图"模板文档。

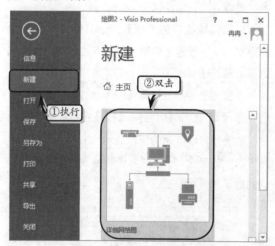

在"详细网络图"模板文档中，包含了"计算机和显示器""详细网络图""网络和外设""网络位置""网络符号""服务器"和"机架式服务器"7种模具，每种模具中的形状相对于旧版本来讲无论在数量上还是在外观上都有所不同。

用户只需按照图表的设计和规划，将不同模具中的形状添加到绘图页中，并相互连接各个形状即可。

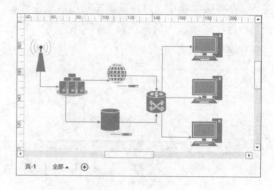

2. 创建基本网络图-3D 模板

Visio 中的"详细网络图-3D"模板是 Visio 2010 版及以下版本中的模板类型，包含了旧版本中的一些形状，以方便用户使用。为了与新版本形状进行区分，系统在模板和每个模具名称后面添加了"3D"字样。

在绘图页中，执行【文件】|【新建】命令，选择【类别】选项卡，同时选择【网络】选项。然后，在展开的列表中双击【详细网络图-3D】选项，即可创建"详细网络图-3D"模板文档。

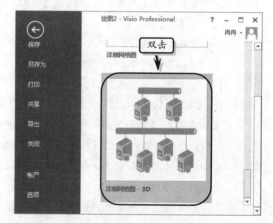

在"详细网络图-3D"模板文档中，包含了与"详细网络图"模板文档中一样数量和名称的模具，但是每种模具中形状的数量和种类少于新版本中的形状。

在模板文档中，用户只需将不同模具中的形状添加到绘图页中，并相互连接各个形状，即可创建详细网络图。

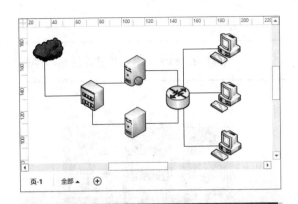

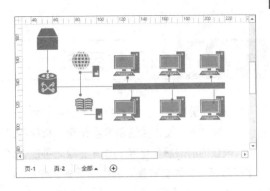

3．链接网络图

创建高层网络图和详细网络图之后，除了为了区分页面中所绘制的内容而重命名绘图页之外，还可以在高层网络图中为每个形状创建超链接，以确保可以准确地查看每个高层网络图所关联的详细网络图。

例如，在高层网络图中，选择"图书馆"形状，执行【插入】|【链接】|【超链接】命令，在弹出的【超链接】对话框中单击【子地址】选项后面的【浏览】按钮，将页设置为"页-2"，单击【确定】按钮。

> **注意**
>
> 为绘图页添加形状之后，可通过双击形状的方法，为形状添加说明性文本。

12.2.2 创建"下卷"图表

当用户在 Visio 中绘制大型或复杂的网络图表时，为了清晰且详细地显示网络图中的具体情况，还需要将图表显示在多页绘图中，也就是通常所说的"下卷"图表。

1．创建高层网络图

"下卷"图表是在首页绘图页中显示网络图中的高层图，而在其他页中显示网络图中的细节图。例如，在创建校园网络图时，可以将网络访问点或建筑类形状布置在首页中，代表网络所支持的校园建筑图。

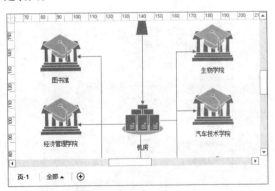

2．创建详细网络图

确定高层网络图之后，便可以依据不同建筑中所需要的网络图类型，在后续绘图页中继续创建更详细的网络图。例如，在后续页中显示高层图中的"图书馆"详细网络图。

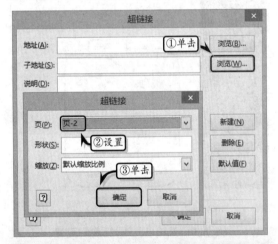

> **注意**
>
> 用户也可以在详细网络图绘图页中，通过为某个形状添加超链接的方法，来制作一个返回高层网络图绘图页的链接功能。

> **Visio** 知识链接 12-1：创建三维网络分布图
>
> 在本知识链接中，将运用 Visio 中的【详细网络图】模板、【大小和位置】窗口及线条工具，来制作一份"三维网络分布图"图表。

Visio 2013 图形设计从新手到高手

Visio **12.3** 创建机架图   难度星级：★★★ ●知识链接 12-2：创建机架图

Visio 内置的机架图模板提供了标准尺寸的形状，用于帮助用户设计并绘制紧密结合的机架系统图。该模板中的形状能够精确适应，因此可以将形状堆叠起来，并通过精确计算所需要的机架空间，来优化设备的布局和配置。

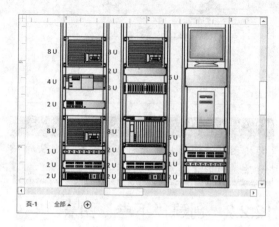

12.3.1 使用机架设备

在绘图页中，执行【文件】|【新建】命令，选择【类别】选项卡，同时选择【网络图】选项。然后，在展开的列表中，双击【机架图】选项，创建"机架图"模板文档。

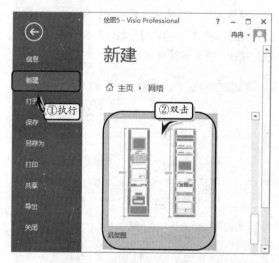

在"机架图"模板文档中，系统为用户提供了"批注""独立式机架设备""网络房间元素"和"机架式安装设备"4 种模具，用户只需将不同模具中的形状添加到绘图页中，并排列各个形状即可。

例如，在"机架式安装设备"模具中，将"机架"或"机柜"形状拖到绘图页中。然后，将"服务器""路由器"及"电源"等形状拖到"机架"或"机柜"形状中。

> **注意**
> 模具中的"机架"形状的边是开发形式的，而"机柜"形状的边是闭合形式的。

12.3.2 布局设备

创建"机架图"模板文档之后，还需要根据实际绘图情况，调整机架或机柜、添加尺寸度量和批注等。

1. 调整机架或机柜

对于"机架"和"机柜"形状，用户可右击形状执行【属性】命令，在弹出的【形状数据】窗格中，设置形状的高度、单元高度和孔间宽度等数据。

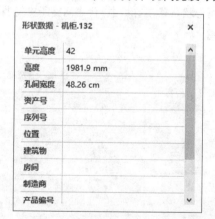

另外，用户也可以右击形状，执行【隐藏单元大小】命令，来隐藏形状上方显示的单元数据。

> **注意**
> 用户也可以右击形状，执行【数据】|【形状数据】命令，来打开【形状数据】窗格。

2．添加尺寸度量

尺寸度量是一种用来衡量绘图形状高度和宽度的度量形状。用户只需将"机架式安装设备"模具中的"尺寸度量-水平"或"尺寸度量-垂直"形状添加到绘图页中的形状中，即可度量形状的宽高值。

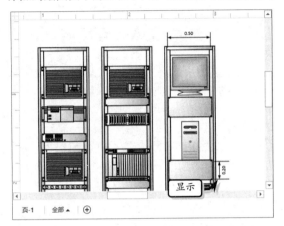

在绘图页中添加尺寸度量形状之后，右击该形状，执行【精度和单位】命令，在弹出的【形状数据】对话框中设置精度、单位和角度等值。

3．添加批注

在模板中的"批注"模具中，存放了 33 种批注形状，以方便用户为机架图添加标签、注解和引用符号。例如，将"截面 3"形状添加到"机柜"形状上，用来标识所需要的截面范围。

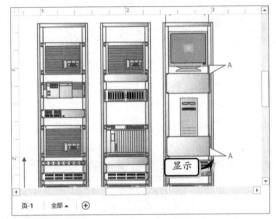

知识链接 12-2：创建机架图

在本知识链接中，将运用"网络"模板中的"机架图"模板，通过创建"多媒体网站自建机房机架图"图表，来详细介绍创建机架图的操作方法与技巧。

12.4　创建记录目录服务图

难度星级：★★★

记录目录服务图主要用于设计新目录、重新设计现有目录或规划当前网络目录，以及规划网络资源和设置网络政策等。Visio 为用户提供了 Active Directory 图和 LDAP 目录图，以方便用户创建各类记录目录服务图图表。

12.4.1　创建 Active Directory 图

Active Directory 图主要用于设计和记录站点的目录服务，它可以使用表示普通 Active Directory 对象、站点和服务的形状展示 Active Directory 服务。

1．创建 Active Directory 图

在绘图页中，执行【文件】|【新建】命令，选择【类别】选项卡，同时选择【网络图】选项。然后，在展开的列表中，双击【Active Directory 图】选项，创建"Active Directory 图"模板文档。

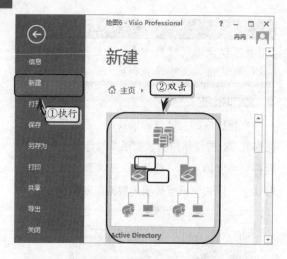

"Active Directory 图"模板文档提供了"Active Directory 对象""Active Directory 站点和服务"和"Exchange 对象"3 个模具，用户只需将不同模具中的形状添加到绘图页中，排列并连接各个形状即可。

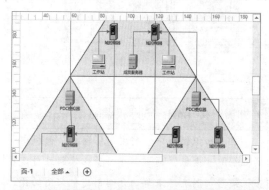

注意

为绘图页添加形状之后，可通过调整形状四周控制点的方法，来调整形状的大小。

2．显示 Active Directory 关系

"Active Directory 站点和服务"模具中的形状具有双重功能，即可以用于网络图和目录规划，又可以显示网络信息的分布情况。其中，下列形状可以显示网络域、站点和服务之间的关系。

❏ **站点形状**　站点形状主要用于显示网络链接区域，以及显示一个或多个 LANS 之间的互联性。

❏ **域对象**　域对象用于定义网络安全和管理网络边界，通常存在于一个或多个站点之间，而一个域可以拥有一个或多个域控制器。

❏ **站点链接形状**　站点链接形状用于呈现站点之间通讯信息的传送链接。例如，"站点链接网桥三维图"形状描述了一套站点链接。

❏ **复制链接形状**　复制链接形状主要用于两个域控制器之间的站点间复制。

12.4.2　创建 LDAP 目录图

Visio 内置的"LDAP 目录"模板主要用于设计和记录站点的目录服务，在该模板中可以使用表示普通 LDAP（轻型目录访问协议）对象的形状创建目录服务文档。

在绘图页中，执行【文件】|【新建】命令，选择【类别】选项卡，同时选择【网络图】选项。然后，在展开的列表中，双击【LDAP 目录】选项，创建"LDAP 目录"模板文档。

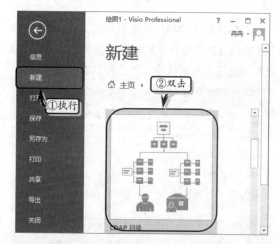

"LDAP 目录"模板文档只包含了一个"LDAP 对象"模具，用户只需将该模具中的形状添加到绘图页中，调整形状大小并排列形状，然后使用模具中的"目录连接线"形状连接各个绘图形状即可。

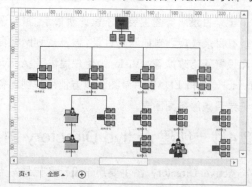

Visio 12.5　练习：办公室网络设备布置图

难度星级：★★★★

网络设备布置图是一种设计和记录网络结构的可视化图案，它可以清楚地展示出网络内的设备分布和使用情况。在本练习中，将运用"详细网络图-3D"模板，通过使用折线图工具绘制形状，以及设置形状填充等方法，来制作一份办公室网络设备布置图。

练习要点

- 使用参考性
- 绘制形状
- 设置形状格式
- 设置背景
- 设置主题
- 设置边框和标题
- 操作形状

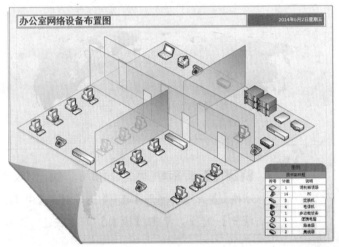

操作步骤 >>>>

STEP|01 进入新建页面。执行【文件】|【新建】命令，选择【类别】选项卡，并选择【网络】选项。

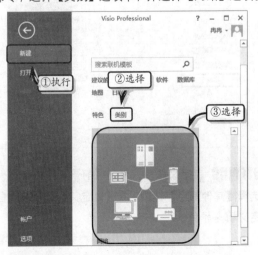

STEP|02 创建模板文档。在展开的网络列表中，双击【详细网络图-3D】选项，创建模板文档。

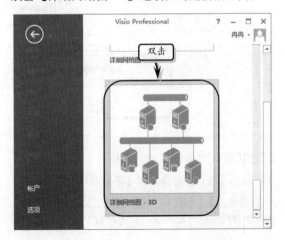

STEP|03 添加主题效果。执行【设计】|【主题】

|【丝状】命令，设置图表的主题效果。

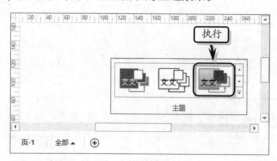

STEP|04 添加背景。执行【设计】|【背景】|【背景】|【世界】命令，设置图表的背景。

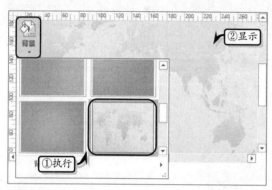

STEP|05 添加边框和标题。执行【设计】|【背景】|【边框和标题】|【平铺】命令，设置图表的边框和标题样式，并在"背景-1"绘图页中更改标题文本。

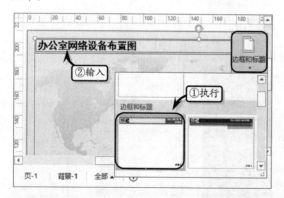

STEP|06 制作菱形形状。切换到"页-1"绘图页中，单击【形状】窗格中的【更多形状】下拉按钮，选择【常规】|【基本形状】选项，添加模具。

STEP|07 添加菱形。将"基本形状"模具中的"菱形"形状添加到绘图页中，并调整形状的大小。

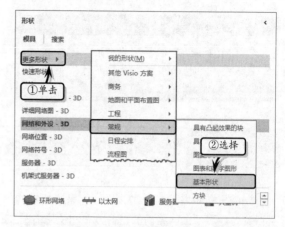

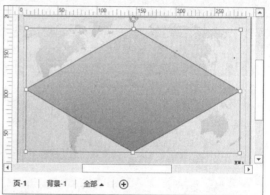

STEP|08 设置填充类型右击形状，执行【设置形状格式】命令。展开【填充】选项组，选中【图案填充】选项，单击【模式】下拉按钮，选中模式 23。

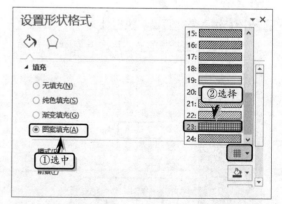

STEP|09 自定义颜色。单击【前景】下拉按钮，选择【其他颜色】选项，在【自定义】选项卡中自定义填充颜色。

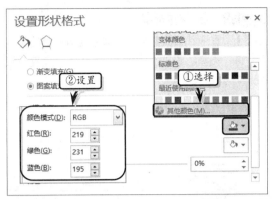

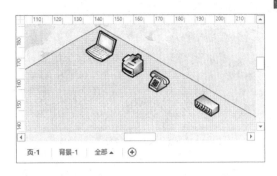

STEP|10 自定义背景颜色。单击【背景】下拉按钮，选择【其他颜色】选项，在【自定义】选项卡中自定义背景填充色。

STEP|13 添加电脑和电话形状。将"计算机和显示器"模具中的"PC"形状拖至绘图页中，调整形状大小。再将"网络和外设"模具中的"交换机""电话机"形状拖至绘图页中。

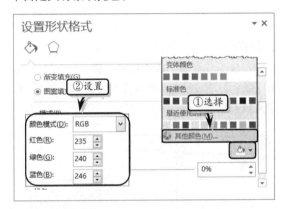

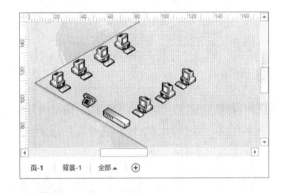

STEP|11 设置线条样式。展开【线条】选项组，选中【实线】选项，将【宽度】设置为"0.75磅"，单击【颜色】下拉按钮，选择【其他颜色】选项，自定义线条颜色。

STEP|14 添加其他形状。使用同样方法，分别添加其他模具中的形状和图例，调整形状大小并排列形状。

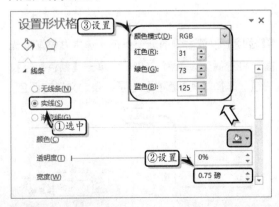

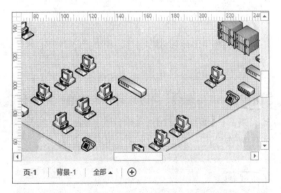

STEP|12 添加网络形状。将"计算机和显示器"模具中的"便捷电脑"形状拖至绘图页中，调整形状大小。然后，再将"网络和外设"模具中的"多功能设置"、"电话机"和"集线器"形状拖至绘图页中。

STEP|15 添加参考线。在绘图页中添加两条垂直和水平参考线，在【大小和位置】对话框中将上下两条水平垂直参考线的角度分别设置为"153"和"151"。

STEP|16 绘制相交直线。执行【开始】|【工具】|【线条】命令，沿着参考线绘制4条相交直线。

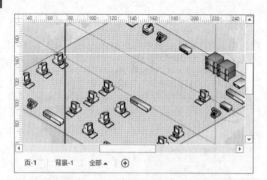

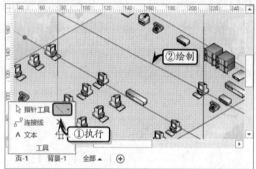

STEP|17 修剪直线。选择 4 条直线，执行【开发工具】|【形状设计】|【操作】|【修剪】命令，删除相交直线中多余的线段。

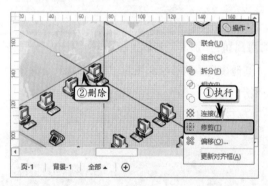

STEP|18 连接直线。同时选择 4 条直线，执行【开发工具】|【形状设计】|【操作】|【连接】命令，将直线连接在一起，组成一个平行四边形。

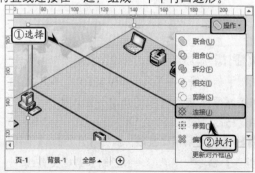

STEP|19 设置填充类型。右击平行四边形形状，执行【设置形状格式】命令，选中【渐变填充】选项，将"类型"设置为"线性"，并将"角度"设置为"135°"。

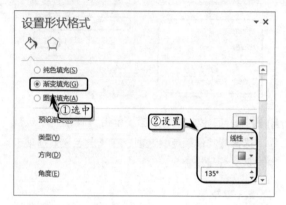

STEP|20 设置左侧渐变颜色。保留两个渐变光圈，选中左侧渐变光圈，将透明度设置为"50%"，单击【颜色】下拉按钮，选择【其他颜色】选项，自定义填充颜色。

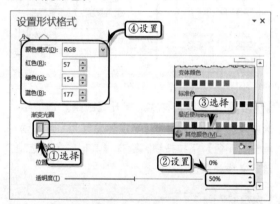

STEP|21 设置右侧的渐变颜色。选中右侧渐变光圈，将透明度设置为"50%"，单击【颜色】下拉按钮，选择【其他颜色】选项，自定义填充颜色。

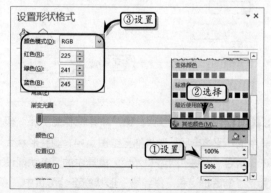

STEP|22 设置线条样式。展开【线条】选项组，将宽度设置为"0.75磅"，单击【颜色】下拉按钮，选择【其他颜色】选项，自定义线条颜色。

置为"50%"。

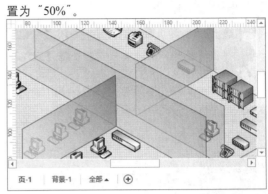

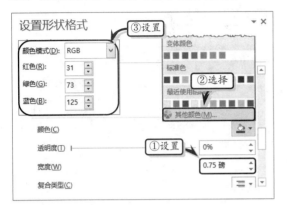

STEP|23 绘制其他的四边形。使用同样方法，绘制其他平行四边形形状，自定义形状的填充颜色并排列形状。

STEP|24 绘制矩形。绘制多个矩形形状，右击形状执行【设置形状格式】命令，选中【纯色填充】选项，将颜色设置为"白色，白色"，将透明度设

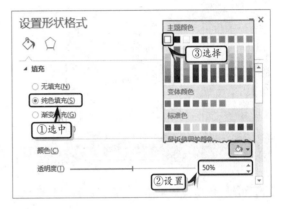

Visio 12.6 练习：网络计费系统拓扑图

难度星级：★★★

网络拓扑图是一种由网络节点设备和通信介质构成的网络结构图，它可以清楚地标明该网络内各设备间的逻辑关系。在本练习中，将通过使用"详细网络图"模板并添加形状，来绘制网络计费系统拓扑图。

练习要点
- 创建模板文档
- 添加形状
- 设置主题
- 设置背景
- 设置边框和标题
- 连接形状
- 设置形状格式

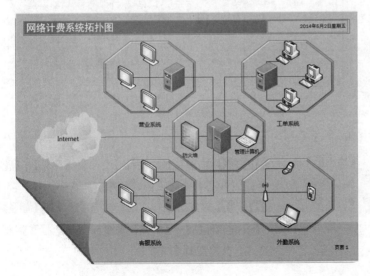

操作步骤 ▶▶▶▶

STEP|01 进入新建页面。执行【文件】|【新建】命令，选择【类别】选项卡，同时选择【网络】选项。

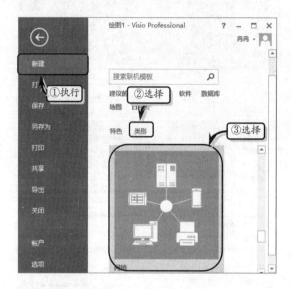

STEP|02 创建模板文档。在展开的网络列表中，双击【详细网络图-3D】选项，创建模板文档。

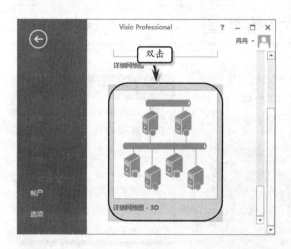

STEP|03 添加形状。在【形状】窗格中，单击【更多形状】下拉按钮，选择【常规】|【基本形状】选项，添加"基本形状"模具。

STEP|04 添加网络模具。单击【更多形状】下拉按钮，选择【网络】|【Active Directory 站点和服务】选项，添加 Active Directory 形状。

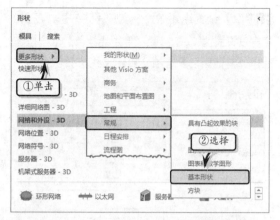

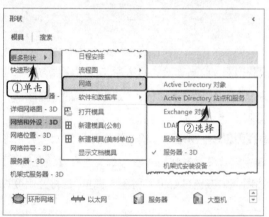

STEP|05 设置主题和变体效果。执行【设计】|【主题】|【丝状】命令，同时执行【变体】|【丝状，变量 2】命令，设置主题和变体效果。

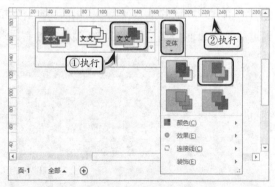

STEP|06 添加背景。执行【设计】|【背景】|【背景】|【实心】命令，设置绘图页的背景。

STEP|07 添加边框和标题。执行【设计】|【背景】|【边框和标题】|【平铺】命令，添加边框和标题样式，并修改标题文本。

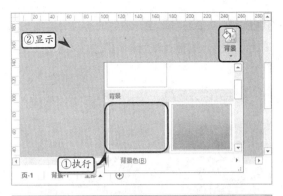

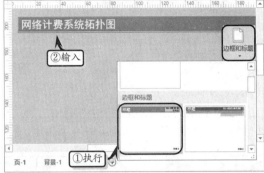

STEP|08 添加基本形状。将"基本形状"模具中的"八边形"形状添加到绘图页中，并调整大小和位置。

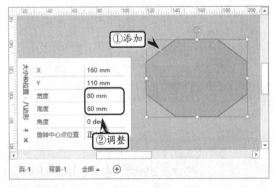

STEP|09 复制形状并添加文本。复制八边形形状，并排列形状。执行【开始】|【工具】|【文本块】命令，在周围 4 个八边形形状下方添加文本。

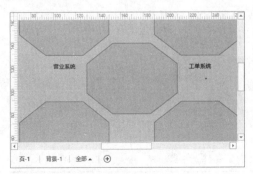

STEP|10 添加棱台效果。选择所有的八边形形状，执行【开始】|【形状样式】|【效果】|【棱台】|【凸起】命令，设置棱台效果。

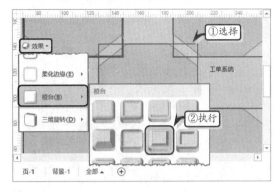

STEP|11 添加网络形状。将"Active Directory 站点和服务"模具中的"WAN"形状拖至绘图页中，并输入文本"Internet"。同时将"计算机和显示器-3D"模具中的"LCD 显示器"形状放置在"营业系统"形状中。

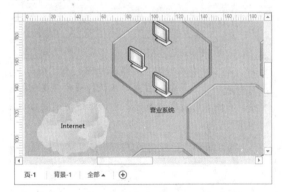

STEP|12 添加服务器和 PC 形状。将"网络和外设-3D"模具中的"服务器"形状拖至"营业系统"和"工单系统"形状中，并放置在相应的位置。然后将"计算机和显示器-3D"模具中的"PC"形状拖至"工单系统"形状中。

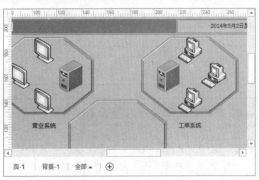

STEP|13 添加防火墙等形状。将"网络和外设-3D"模具中的"防火墙"和"大型机"形状，以及"计算机和显示器"模具中的"便捷电脑"形状添加到中间的八边形形状中，并输入说明性文本。

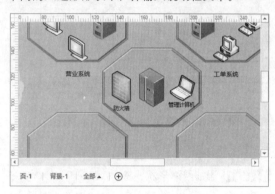

STEP|14 连接形状。使用同样的方法，添加其他形状。最后，执行【开始】|【工具】|【连接线】命令，连接各个形状。

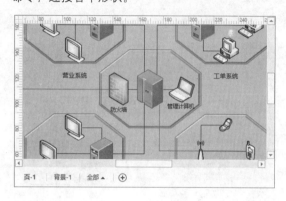

Visio **12.7** 高手答疑   难度星级：★★★

问题 1：在"基本网络图"模板文档中，如何配置图例选项？

解答：在"基本网络图"模板文档中，将"图例"形状添加到绘图页中，右击形状执行【配置图例】命令，在弹出的【配置图例】对话框中，设置各项选项即可。

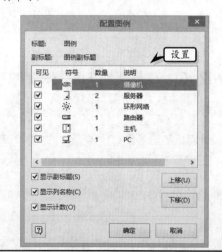

问题 2：如何设置尺寸度量类形状的延长线类型

解答：在"机架图"模板文档中，将尺寸度量类形状添加到绘图页中，右击执行【延长线】命令，在

弹出的【形状数据】对话框中，单击【延长线】下拉按钮，选择相应的选项即可。

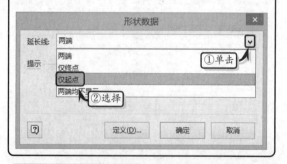

问题 3：如何为形状新建子进程？

解答：在绘图页中选择相应的形状，执行【进程】|【子进程】|【新建】命令，即可创建一个新的子进程页，并将新页面链接到所选形状中。

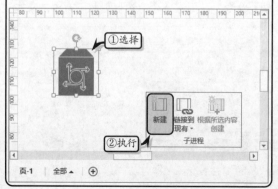

问题 4：如何为形状链接其他子进程？

解答：在绘图页中选择形状，执行【进程】|【子进程】|【链接到现有】|【浏览其他文档】命令，在弹出的【链接到文件】对话框中，选择相应的选项，单击【打开】按钮即可。

问题 5：如何显示形状的面积和周长值？

解答：在绘图页中，选择形状，执行【视图】|【宏】|【加载项】|【其他 Visio 方案】|【形状面积和周长】命令，在弹出的【形状面积和周长】对话框中将显示形状的面积和周长值，用户可以在该对话框中设置面积和周长值的单位。

问题 6：如何设置形状的交互属性？

解答：在绘图页中，选择形状，执行【开发工具】|【形状设计】|【行为】命令，在弹出的【行为】对话框中，设置【行为】选项卡中的各选项即可。

第 **13** 章

创建商务图

Visio 是一款强大的绘图软件，除了可以运用图表清晰地显示和分析绘图数据，运用组织结构图以图形的方式直观地表示组织中的人员、业务及部门之间的结构与关系之外，还可以运用灵感触发图使杂乱无章的信息流变得清晰易读，运用因果图系统地评价影响或导致特定情况的因素。另外，Visio 还提供了类似 Excel 数据分析功能的数据透视图表模板，可帮助用户创建可视化分析的数据分层图。在本章中，将详细介绍各种商务图表的基础知识和创建方法，以帮助用户提高 Visio 的操作能力。

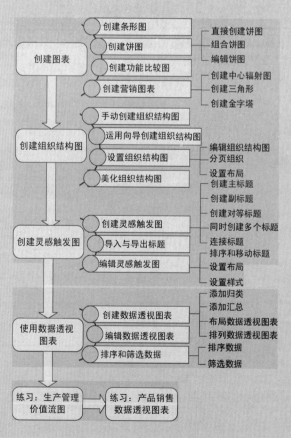

Visio 为用户提供了财务报表、统计分析、营销数据、市场预测等各类数据图表和图形形状，可帮助用户更好地分析数据与发展趋势。

13.1.1　创建条形图

Visio 为用户提供了二维条形图与三维条形图两种条形图形状，其中二维条形图最多可以显示 12 个条，而三维条形最多可以显示 5 个条。

1．创建二维条形图

执行【文件】|【新建】命令，在【类别】选项卡中选择【商务】选项，双击【图表和图形】选项，创建模板文档。

然后，将"绘制图表形状"模具中的二维条形图"条形图 1"形状拖到绘图页中，在弹出的【形状数据】对话框中，设置条形数目并单击【确定】按钮，即可在绘图页中创建一个二维条形图。

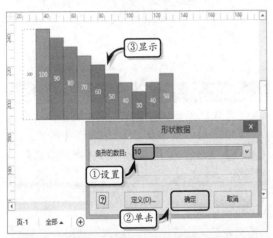

注意

在【形状数据】对话框中，单击【定义】按钮，即可在弹出的【定义形状数据】对话框中，自定义该形状的数据选项。

2．创建三维条形图

在"图表和图形"模板文档中，将"绘制图表

形状"模具中的"三维轴"形状拖到绘图页中，并拖动形状上的控制手柄调整形状的网格线、墙体厚度与第三维的深度。然后，将"三维条形图"形状拖到"三维轴"形状的原点处，在弹出的【形状数据】对话框中设置条形数、值与颜色，单击【确定】按钮后即可在绘图页中创建一个三维条形图。

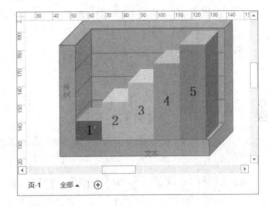

3．编辑条形图

编辑条形图主要是更改条形图的高度、宽度、条值、数量、颜色等外观样式。用户可采用下列方法来编辑二维条形图。

- ❑ **调整高度与宽度**　拖动"条形图"形状左上方的控制手柄，可调整条形图的高度。拖动"条形图"中第一条右下方的控制手柄，可调整条形图的宽度。
- ❑ **指定条值**　选中"条形图"形状中的条，直接输入数值即可。
- ❑ **调整条数量**　右击"条形图"形状，执行【设置条形数目】命令，在弹出的【形状数据】对话框中可设置条形数目。
- ❑ **设置条颜色**　右击"条形图"形状，执行【设置形状格式】命令，在弹出的【设置形状填充格式】窗格中，可以设置条形图的填充和线条样式。
- ❑ **添加坐标轴**　将"绘制图表形状"模具中的"X-Y 轴"形状拖到图表中即可。
- ❑ **设置轴单位**　单击 X 轴或 Y 轴，在文本

框中输入文本即可。

另外，用户可以使用下列方法来编辑三维条形图。

❏ **调整高度与宽度** 可通过拖动"条形图"中的选择手柄来调整条形图的高度。拖动"条形图"形状中第一条右下方的控制手柄，可调整条形图的宽度。

❏ **指定条值与颜色** 右击"条形图"形状，执行【条形属性】命令，在弹出的【形状数据】对话框中，可设置条值与颜色。

❏ **隐藏条值** 右击"条形图"形状，执行【隐藏值】命令即可。

❏ **显示线条** 右击"条形图"形状，执行【显示线条】命令即可。

❏ **调整条数目** 右击"条形图"形状，执行【条形计数与范围】命令，在弹出的【形状数据】对话框中设置"条形计数"值即可。

❏ **调整相对高度** 右击"条形图"形状，执行【条形计数与范围】命令，在弹出的【形状数据】对话框中设置"范围"值即可。该"范围"值为 Y 轴顶端的值。

13.1.2 创建饼图

Visio 为用户提供了饼图及组合饼状图的饼图扇区和特殊饼图扇区，可帮助用户更详细地展示数据。

1. 直接创建饼图

直接将"绘制图表形状"模具中的"饼图"拖到绘图页中，在弹出的【形状数据】对话框中设置扇区数量，单击【确定】按钮即可在绘图页中创建一个饼状图。

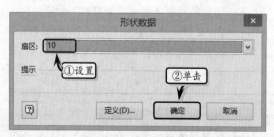

2. 组合饼图

由于内置的"饼图"形状只能提供 10 个扇区，所以用户可以使用自定义饼状图的方法，来创建大于 10 个扇区的饼图。

首先，将"绘制图表形状"模具中的"饼图扇区"拖到绘图页中。然后，将第二个"饼图扇区"拖到绘图页中，拖动第二个形状上右下方的选择手柄，将其粘附到第一个形状左上方的顶点上。拖动第二个形状左下方的选择手柄，将其粘附到第一个形状左下方的顶点上。最后，拖动形状上的控制手柄调整扇区的大小。以此类推，分别添加其他扇区形状。

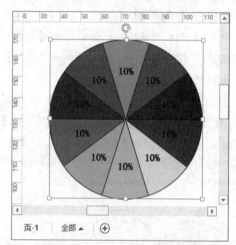

> **注意**
>
> 在自定义饼图形状时，按住 Ctrl 键选择所有的【饼图扇区】形状，右击执行【组合】|【组合】命令，可组合所有的【饼图扇区】形状。

3. 编辑饼图

用户可通过下列操作，编辑饼状图的值、颜色与大小。

❏ **设置扇区数目** 右击"饼图"形状，执行【设置扇区数目】命令，在弹出的【形状数据】对话框中设置扇区值即可。

❏ **设置扇区大小** 右击"饼图"形状，执行【设置扇区大小】命令，在弹出的【形状数据】对话框中设置数值即可。

知识链接 13-1：自定义饼图

Visio 为用户提供了演示产品数据的饼状图，由于内置的"饼图"形状只能提供 10 个扇区，所以用户可以使用自定义饼状图的方法，来创建大于 10 个扇区的饼图。

注意

"功能开关"形状包括空白、实心圆与空心圆 3 种状态标注。其中，空白表示产品不存在特性，实心圆表示产品提供特性，空心圆表示产品提供受限制的特性。

13.1.3 创建功能比较图

功能比较图主要用来显示产品的特性。在【形状】窗格中，将"绘制图表形状"模具中的"功能比较"形状拖到绘图页中，在弹出的【形状数据】对话框中设置产品与功能数量，单击【确定】按钮即可在绘图页中创建一个比较图表。

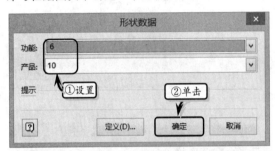

注意

右击"功能图表"形状，执行【设置域】命令，即可更改图表的功能与产品数量。

然后，将"功能开关"形状拖到"功能比较"图表的单元格中，在弹出的【形状数据】对话框中，设置状态样式，单击【确定】按钮即可为图表添加状态标志。

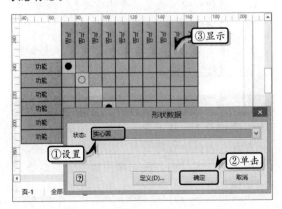

13.1.4 创建营销图表

Visio 为用户提供了显示销售数据的营销图表，利用该图表不仅可以帮助用户分析数据与数据之间的关系，而且还可以帮助用户分析数据的层级、发展趋势，以及制作产品的销售塔形分布和市场占有率等图表。

1．创建中心辐射图

中心辐射图主要用来显示数据之间的关系，最多可包含 8 个数据关系。

在绘图页中，执行【文件】|【新建】命令，在【类别】选择卡中选择【商务】选项，并双击【营销图表】选项，创建绘图模板文档。然后，在"营销图表"模具中，将"中心辐射图"形状拖到绘图页中，在弹出的【形状数据】对话框中，指定圆形数值，单击【确定】按钮即可在绘图页中创建一个中心辐射图。

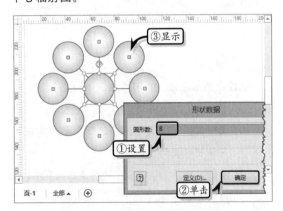

创建中心辐射图之后，用户可通过下列方法，来编辑"中心辐射图"形状。

❑ **调整大小** 可通过拖动选择手柄的方法，来调整形状的大小。

❑ **调整外围圈的位置** 可通过拖动圆圈内

的控制手柄的方法，来调整外围圈的位置。

- □ **调整外围圈的数目** 右击"中心辐射图"形状，执行【设置圆形数目】命令，在弹出的【形状数据】对话框中，设置圆形数值。

- □ **调整外围圈的颜色** 单击"中心辐射图"形状中的单个围圈，右击执行【设置形状格式】命令，选择相应的颜色即可。

2．创建三角形

三角形主要用来显示数据的层次级别，最多可以设置5层数据。在【形状】窗格中的"营销图表"模具中，将"三角形"形状拖到绘图页中，在弹出的【形状数据】对话框中指定级别数值，单击【确定】按钮即可在绘图页中创建一个三角形。

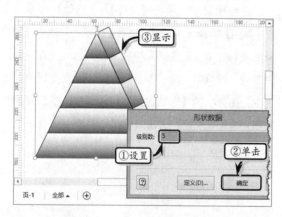

创建三角形之后，用户可通过下列方法，来编辑"三角形"形状。

- □ **调整大小** 可通过拖动选择手柄的方法，来调整形状的大小。

- □ **设置维度** 右击形状，执行【二维】或【三维】命令即可。

- □ **设置级别** 右击形状，执行【设置级别数】命令，在弹出的【形状数据】对话框中设置级别数值即可。

- □ **设置偏移量** 右击形状，执行【设置偏移量】命令，在弹出的【形状数据】对话框

中设置偏移值即可。

3．创建金字塔

金字塔将以三维的样式显示数据的层级关系，最多可包含6层数据。在【形状】窗格中的"营销图表"模具中，将"三维金字塔"形状拖到绘图页中，在弹出的【形状数据】对话框中指定级别数与颜色，单击【确定】按钮即可在绘图页中创建一个金字塔。

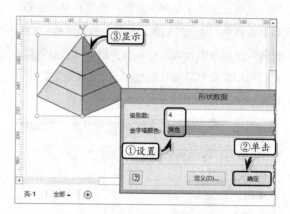

创建金字塔之后，用户可通过下列方法，来编辑三维金字塔形状。

- □ **调整大小** 可通过拖动选择手柄的方法，来调整形状的大小。

- □ **设置级别数** 右击形状，执行【设置级别数】命令，在弹出的【形状数据】对话框中，设置"级别数"值即可。

- □ **设置金字塔颜色** 右击形状，执行【设置金字塔颜色】命令，在弹出的【形状数据】对话框中，设置"金字塔颜色"即可。

- □ **设置层颜色** 选择三维金字塔形状，单击单个层，右击执行【设置形状格式】命令，选择相应的颜色即可。

> **注意**
>
> 在"营销图表"模具中，还可以通过拖动其他形状，来创建市场分析、SWOT、步骤图、三维矩阵、定位图、波士顿矩阵及营销综合图等图表。

企业组织结构图用来说明企业的运转流程、部门设置以及职能规划等，常见的组织结构图形式包括中央集权制、分权制、直线式及矩阵式等。利用 Visio 中的组织结构图模板，可以帮助用户创建人力资源管理、职员组织、办公室行政管理等图表。

13.2.1 手动创建组织结构图

手动创建组织结构图适用于规模比较小的结构图。执行【文件】|【新建】命令，在【类别】选项卡中选择【商务】选项，并双击【组织结构图】选项，创建模板文档。然后，在"组织结构图形状"模具中，将相应的形状拖到绘图页中即可。

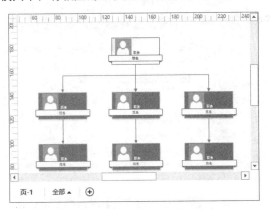

创建组织结构图框架之后，双击形状，在文本块中直接输入职位、姓名等形状数据。另外，用户也可以右击形状并执行【属性】命令，在弹出的【形状数据】对话框中设置相应的数据信息。

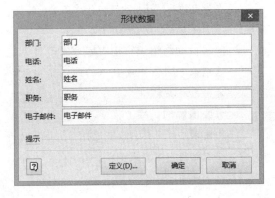

13.2.2 运用向导创建组织结构图

除了使用手工方法创建组织结构图之外，还可以运用"组织结构图向导"来创建具有外部数据的结构图，该方法适用于创建大型且具备数据源的结构图。

执行【文件】|【新建】命令，在【类别】选项卡中选择【商务】选项卡，双击【组织结构图向导】选项，启用组织结构图向导模板，在弹出的【组织结构图向导】对话框中，根据步骤创建组织结构图。

1．使用向导输入信息创建

在【组织结构图向导】对话框中的【根据以下信息创建组织结构图】选项组中，选中【使用向导输入的信息】选项，并单击【下一步】按钮。

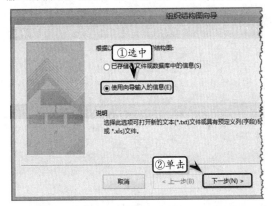

在【选择要向其输入数据的文件的类型】选项组中，选中【Excel】选项，并单击【浏览】按钮，在弹出的【组织结构图向导】对话框中指定文件名称与路径，单击【保存】按钮。在【组织结构图向导】对话框中，单击【下一步】按钮。

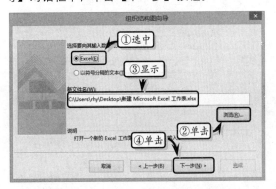

在弹出的【组织结构图向导】对话框中，单击【确定】按钮，系统会自动弹出含有导出数据的Excel工作簿。

在工作簿中输入数据，保存并退出工作簿。系统会自动跳转到【组织结构图向导】对话框中。用户按照下面的步骤提示进行操作，即可创建组织结构图。

2．使用已存在的文件创建

在【组织结构图向导】对话框中的【根据以下信息创建组织结构图】选项组中，选中【已存储在文件或数据库中的信息】选项，并单击【下一步】按钮。然后，选择【文本、OrgPlus(*.txt)或 Excel文件】选项，并单击【下一步】按钮。

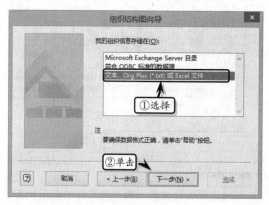

在【定位包含组织结构信息的文件】选项组中，单击【浏览】按钮，在弹出的【组织结构图向导】对话框中选择包含数据源的文件，单击【打开】按钮，并单击【下一步】按钮。

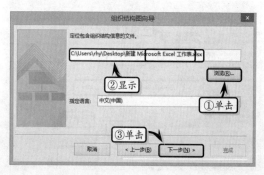

在【从数据文件中包含组织结构定义信息的列】选项组中，设置"姓名""隶属于"信息，并单击【下一步】按钮。在【从数据文件中选择要显示的列（字段）】选项组中，添加或删除列字段。

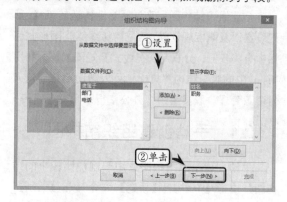

单击【下一步】按钮，在弹出的【组织结构图向导】对话框中，设置组织结构图的布局，并单击【下一步】按钮，最后单击【完成】按钮即可。

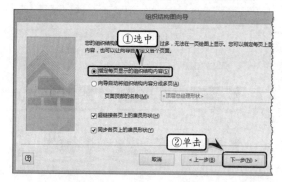

上面的【组织结构图向导】对话框主要包括下列几种选项。

- ❏ **指定每页显示的组织结构内容** 该选项主要用于指定每页中所显示的组织结构图内容。选择该选项，并单击【下一步】按钮后，在弹出的新对话框中可以修改已定义的页、添加新页或者删除绘图页。

- ❏ **向导自动将组织结构内容分成多页** 该选项表示每页中所显示的组织结构图内容由系统决定。

- ❏ **页面顶部的名称** 主要用来指定组织结构图顶层的名称，只有选择【向导自动将组织结构内容分成多页】选项时，才会显示该选项。

❑ **超链接各页上的雇员形状** 勾选该复选框，可以链接绘图页中的形状。

❑ **同步各页上的雇员形状** 勾选该复选框，可以将更改自动应用到该形状在其他页上的所有副本。

13.2.3 设置组织结构图

为了保持组织结构图的实时更新，也为了美化组织结构图，需要设置组织结构图的格式与布局。同时，为了使组织结构图更具有实用性，还需要编辑与分布组织结构图。

1. 编辑组织结构图

编辑组织结构图，主要是编辑组织结构图中的形状，即设置形状文本与数据值，改变组织结构图形状的类型等。用户可通过下列几种方法，来编辑形状文本和数据。

❑ **编辑形状文本** 选择形状，直接输入文本字段即可。

❑ **编辑形状数据** 右击形状并执行【属性】命令，在弹出的【形状数据】对话框中设置数据值即可。

❑ **插入图片** 右击形状并执行【图片】命令，在级联菜单中选择相应的命令即可更改、删除或隐藏图片。

❑ **设置下属职务** 右击形状并执行【下属】命令，在级联菜单中选择相应的命令即可排列、隐藏或同步下属形状。

❑ **更改职务类型** 右击形状并执行【更改职务类型】命令，在弹出的【更改职务类型】对话框中选择相应的职务即可。

❑ **删除形状** 右击形状并执行【剪切】命令，或按快捷键 Ctrl+X 即可。

2. 分页组织

分页组织是将组织结构图分布到多个页面中。在绘图页中选择需要移动的形状，执行【组织结构图】|【布局】|【同步】|【创建同步副本】命令，弹出【创建同步副本】对话框，设置各项选即可。

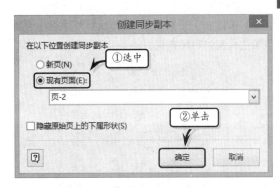

在【创建同步副本】对话框中，主要包括下列3种选项。

❑ **新页** 选择该选项，可在组织结构图绘图页上创建一个新页面，并将原始页面中的副本放置在新页面中。

❑ **现有页面** 选择该选项，并在下拉列表中选择放置页的名称，即可将原始页面的副本放置在所选择的绘图页上。

❑ **隐藏原始页上的下属形状** 勾选该复选框，可在原始页上隐藏下属形状。其上级形状的外观会发生变化，指明其下属形状已隐藏。

注意

如果绘图页中只包含一个页面，则【创建同步副本】对话框中的【现有页面】选项将不可用。

3. 设置布局

当用户为单个团队设置布局时，选择团队的上级形状，执行【组织结构图】|【布局】|【布局】命令在其级联菜单中选择一种布局样式即可。

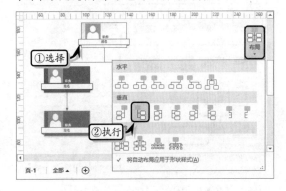

另外，在【布局】选项组中，单击【对话框启

动器】按钮,可在【排列下属形状】对话框中设置
组织结构图的布局样式。

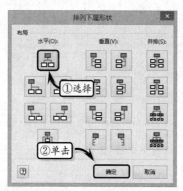

用户还可以通过下列两种方法,来设置组织结
构图的布局。

❑ **重新布局**　执行【组织结构图】|【布
局】|【重新布局】命令,即可将组织结构
图恢复到原始的排列方式。

❑ **恰好适合页面**　执行【组织结构图】|【布
局】|【恰好适合页面】命令,即可将组织
结构图自动移动到绘图页的中上部。

13.2.4　美化组织结构图

在 Visio 中,除了利用【主题】命令来设置形
状的颜色与效果之外,还可以利用下述几种方法,
来美化组织结构图。

1．设置形状样式

在绘图页中,执行【组织结构图】|【形状】|
【其他】命令,在其级联菜单中选择相应的形状样
式即可。

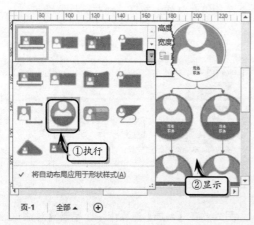

2．设置选项

在绘图页中的【组织结构图】选项卡【形状】
选项组中,单击【对话框启动器】按钮,弹出【选
项】对话框。激活【选项】选项卡,设置相应的选
项即可。

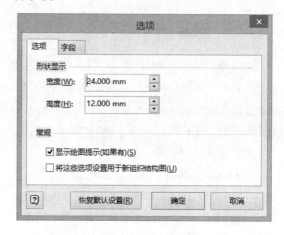

该选项卡中主要包括下列选项。

❑ **宽度**　用于设置组织结构图中各框的宽度。

❑ **高度**　用于设置组织结构图中各框的高度。

❑ **显示绘图提示(如果有)**　勾选该复选框,
可以自动显示绘图提示(如果有提示)。

❑ **将这些选项设置用于新组织结构图**　勾
选该复选框,可将上述设置应用到以后使
用该模板创建的所有组织结构图中。

❑ **恢复默认设置**　单击该按钮,可以取消对
话框中的所有设置,使之恢复成默认设置。

3．设置字段

在【选项】对话框中激活【字段】选项卡,并
在【字段】选项卡中设置相应的选项。

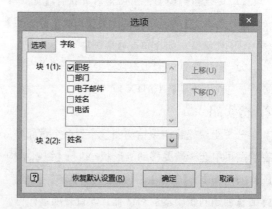

该选项卡中主要包括下列选项。

❑ **块 1** 表示组织结构图形状的中心文本块。

❑ **上移** 单击该按钮,可以将所选的域向上移动一级。

❑ **下移** 单击该按钮,可以将所选的域向下移动一级。

❑ **块 2** 表示组织结构图形状左上角的文本块。

❑ **恢复默认设置** 单击该按钮,可以取消此对话框中的所有设置,使之恢复成默认设置。

4. 设置形状间距

在绘图页中,用户还可以设置形状之间的距离,在【组织结构图】选项卡【排列】选项组中,单击【对话框启动器】按钮,在弹出的【间距】对话框中设置相应的选项即可。

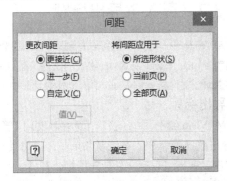

该对话框中主要包括下列选项。

❑ **更接近** 选择该选项,可以使组织结构图形状之间的间距缩小一个绘图页网格单位。

❑ **进一步** 选择该选项,可以使组织结构图形状之间的间距增加一个绘图页网格单位。

❑ **自定义** 选择该选项并单击【值】按钮,可以在弹出的【自定义间距值】对话框中设置布局类型,以及上级形状和下属形状之间、下属形状之间的准确间距。

❑ **所选形状** 选择该选项,可以将间距设置应用到当前选定的形状中。

❑ **当前页** 选择该选项,可以将间距设置应用到当前显示页面上的所有形状中。

❑ **全部页** 选择该选项,可以将间距设置应用到所有绘图页上的全部形状中。

> **注意**
>
> 用户也可以通过执行【组织结构图】|【排列】|【增加间距】或【减少间距】命令,来调整形状的间距。

> **知识链接 13-2:共享组织结构图**
>
> 在 Visio 中,用户可以通过报告与互换数据文件的方法,来共享组织结构图数据。

Visio 13.3 创建灵感触发图

难度星级:★★★★ ⬤知识链 13-3:创建网络营销策略思想图

灵感触发图主要用来显示标题与副标题之间的关系与层次。灵感触发图,不仅可以用来规划、决策,而且还可以使杂乱无章的信息流转换为易读且清晰的图表。在 Visio 中,用户可以使用"灵感触发"模板来创建并编辑灵感触发图。

13.3.1 创建灵感触发图

在 Visio 中,执行【文件】|【新建】命令,在【类别】选项卡中选择【商务】选项,并双击【灵感触发】选项,创建绘图模板文档。然后,在绘

图页中可以使用"灵感触发形状"模具、"灵感触发"选项卡或【大纲窗口】视图来创建灵感触发图。

1. 创建主标题

用户可以使用下列方法,来创建主标题。

❑ **选项卡创建** 执行【灵感触发】|【添加主题】|【主要】命令,即可在绘图页中添加一个主标题。

❑ **大纲窗口创建** 右击文件名执行【添加主标题】命令即可。

❑ **模具创建** 在【灵感触发形状】模具中,

将"主标题"形状拖到绘图页中即可。

❏ **快捷菜单创建** 右击绘图页,执行【添加主标题】命令即可。

> **注意**
>
> 在【大纲窗口】视图中右击标题,执行【删除标题】命令,即可删除标题。

2．创建副标题

用户可以使用下列方法,来创建副标题。

❏ **选项创建** 执行【灵感触发】|【添加主题】|【副标题】命令,即可在绘图页中添加一个副标题。

❏ **大纲窗口创建** 右击主标题名并执行【添加副标题】命令即可。

❏ **模具创建** 在"灵感触发形状"模具中,将"标题"形状拖到绘图页中即可。

❏ **快捷菜单创建** 右击"主标题"形状,执行【添加副标题】命令即可。

> **注意**
>
> 在【大纲窗口】视图中右击标题,执行【重命名】命令,即可更改标题名称。

3．创建对等标题

用户可以使用下列方法,来创建对等标题。

❏ **选项卡创建** 执行【灵感触发】|【添加主题】|【对等】命令即可。

❏ **快捷菜单创建** 右击"标题"形状,执行【添加对等标题】命令即可。

4．同时创建多个标题

用户可以使用下列方法,同时创建多个标题。

❏ **选项卡创建** 执行【灵感触发】|【添加主题】|【多个副标题】命令,在弹出的【添加多个标题】对话框中,分别输入多个标题名称即可。

❏ **大纲窗口创建** 右击标题名并执行【添加多个副标题】命令即可。

❏ **快捷菜单创建** 右击"主标题"形状,执行【添加多个副标题】命令即可。

5．连接标题

在"灵感触发形状"模具中,将"动态连接线"形状拖到绘图页中。将其中一个端点连接到一个形状上,然后将另外一个端点连接到另外一个形状上。同时,拖动离心率手柄来调整曲线连接线与关联连接线的曲率。

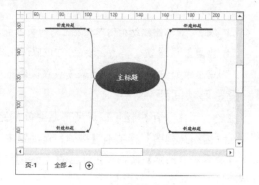

13.3.2　导入与导出标题

在 Visio 中,用户不仅可以将创建的灵感触发图导出为 Word、Excel 或 XML 格式的文件,而且还可以将 XML 文件导入到 Visio 中的灵感触发图中。

1．导出标题

在 Visio 绘图页中,执行【灵感触发】|【管理】|【导出数据】命令,在级联菜单中选择需要导出的程序,弹出【保存文件】对话框。在【文件名】文本框中输入保存名称,单击【保存】按钮。

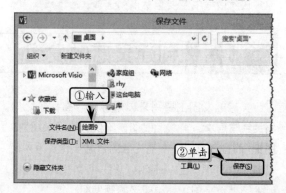

当用户选择【导出数据】命令级联菜单中的 Microsoft Word 与 Microsoft Excel 程序,并在【保存文件】对话框中单击【保存】按钮时,Visio 将自动启动 Word 或 Excel 程序。

2．导入标题

在 Visio 中,只能导入 XML 文件。执行【灵

感触发】|【导入数据】命令,弹出【打开】对话框。选择需要导入的文件,单击【打开】按钮即可。

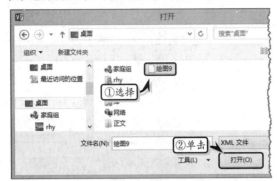

另外,用户也可以先将灵感触发图导出为 XML 文件,然后在 XML 编辑器中编辑标题后,再将 XML 文件导入到 Visio 中。

13.3.3 编辑灵感触发图

创建灵感触发图之后,可以通过编辑灵感触发图的布局与样式、排序和移动标题等操作,使灵感触发图具有整洁的外观与独特的个性。

1. 排序和移动标题

用户可通过下列方法,对标题进行排序与移动。

- ❑ **排列标题** 执行【灵感触发】|【排列】|【自动排列】命令即可。

- ❑ **在当前页中移动标题** 直接拖动标题至新位置即可。

- ❑ **移动标题至新页中** 选择主标题,执行【灵感触发】|【排列】|【将标题移到新页】命令。在弹出的【移动标题】对话框中,选择"现有页"或"新建页"单选按钮即可。

- ❑ **复制标题至其他页中** 右击形状并执行【复制】命令,选择其他绘图页,右击并执行【粘贴】命令即可。

- ❑ **调整标题的层次位置** 在【大纲窗口】视图中,将标题拖动到该标题的上级标题上,即可调整该标题的层次位置。

> **注意**
>
> 在复制标题时,按住 Shift 键选择多个标题形状,右击形状并执行【复制】命令,即可同时复制多个标题形状。

2. 设置布局

通过设置布局,可以改变绘图页中标题形状的显示顺序。执行【灵感触发】|【排列】|【布局】命令,弹出【布局】对话框。在【选择布局】列表框中选择形状的布局样式,在【连接线】列表框中选择连接线的样式。最后,可以通过单击【应用】按钮,预览布局效果。

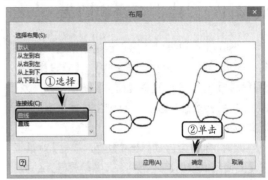

3. 设置样式

通过设置样式,可以改变每个层次结构中标题的形状。执行【灵感触发】|【管理】|【图表样式】命令,弹出【灵感触发样式】对话框。在【选择样式】列表框中选择相应的样式,并单击【确定】按钮,预览样式效果。

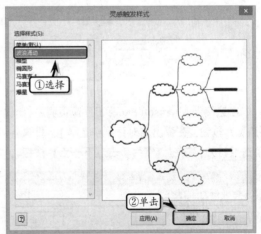

Visio 知识链接 13-3:创建网络营销策略思想图

灵感触发图主要用来显示标题与副标题之间的关系与层次。在本知识链接中,将运用 Visio 中的灵感触发图模式,来制作一份网络营销策略思想图。

Visio 13.4 使用数据透视图表

难度星级：★★★★ ● 知识链接 13-4：创建其他商务图表

Visio 为用户提供了用于创建分层图的数据透视图表模板，可帮助用户在将数据进行分组或汇总后进行可视化分析和呈现。

13.4.1 创建数据透视图表

Visio 为用户提供了用于创建数据透视图表的向导模板，用户只需执行【文件】|【新建】命令，在【类别】选项卡中选择【商务】选项，同时双击【数据透视图表】选项，即可创建数据透视图表模板文档。

此时，系统会自动弹出【数据选取器】对话框，在【要使用的数据】列表中，选中需要导入的数据类型，单击【下一步】按钮即可。

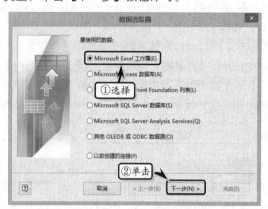

在连接到 Microsoft Excel 工作簿页面中，单击【浏览】按钮，在弹出的对话框中选择 Excel 文件，单击【打开】按钮，然后单击【下一步】按钮。

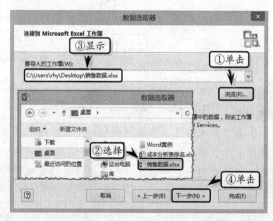

然后，单击【选择自定义范围】按钮，系统会自动弹出 Excel 窗口，选择相应的数据区域，单击【确定】按钮，选择数据区域。

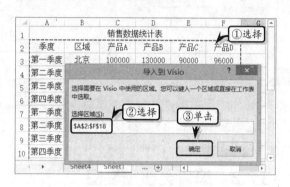

在【数据选取器】对话框中，单击【下一步】按钮。在连接到数据页面中，保持默认选项，单击【下一步】按钮，并单击【完成】按钮，完成数据透视图表的创建。

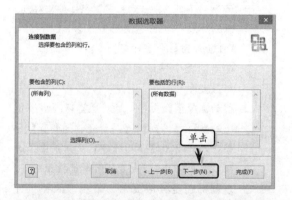

注意

在连接到数据页面中，可通过单击【选择列】和【选择行】按钮，来选择数据区域中的行和列。

创建数据透视图表之后，系统会在绘图页中显示"数据透视节点""数据透视表名称"和"图例"3 个形状和"数据透视关系图"窗格。

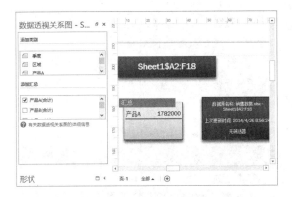

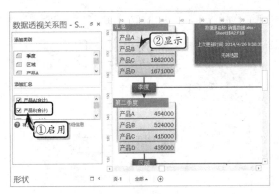

13.4.2　编辑数据透视图表

创建数据透视图表之后,为了充分体现其强大的数据分析功能,还需要对数据透视图表进行归类和汇总,以及设置布局和排列等编辑操作。

1．添加归类

选择"数据透视节点"形状,在【数据透视关系图】窗格中的【添加类别】列表框中,选择相应的选项即可,例如选择"季度"和"区域"选项,即可将这两种类别添加到数据透视图表中。

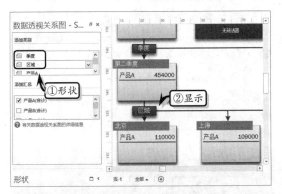

> **注意**
>
> 用户也可以右击"数据透视表节点"形状,执行【添加类别】命令,在级联菜单中选择相应的命令即可。

2．添加汇总

选择"数据透视节点"形状,在【数据透视关系图】窗格中的【添加汇总】列表框中,勾选相应的复选框即可,例如勾选"产品 B(合计)""产品C(合计)"和"产品 D(合计)"选项,即可将这3 种汇总选项添加到数据透视图表中。

另外,在【数据透视关系图】窗格中的【添加汇总】列表框中,单击【产品 A(合计)】下拉按钮,在其下拉列表中选择相应的选项,即可设置汇总数据的计算方式。

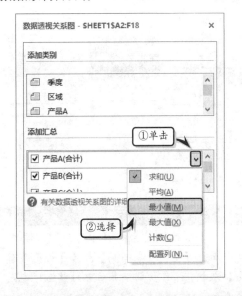

> **注意**
>
> 选择下拉列表中的【配置列】选项,可在【配置列】对话框中指定所要显示行数据的标准。

3．布局数据透视图表

在 Visio 中,可通过设置数据透视图表的布局方向,来增加数据透视图表的实用性。选择"数据透视表节点"汇总形状,执行【数据透视图表】|【布局】|【方向】命令,在其级联菜单中选择一种命令即可。

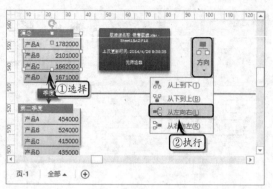

另外，除了更改透视图表的显示方向之外，还需要设置其对齐方式，以增加数据透视图表的美观性。选择"数据透视表节点"汇总形状，执行【数据透视图表】|【布局】|【对齐方式】命令，在其级联菜单中选择一种命令即可。

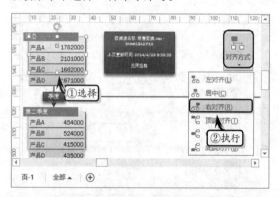

> **注意**
>
> 执行【数据透视图表】|【布局】|【全部重新布局】|【全部重新布局】或【自动重新布局】命令，可自动调整页面中的数据透视图表布局。

4．排列数据透视图表

创建数据透视图表之后，为了使某个字段或节点适应图表的整体布局，还需要合并、移动或折叠节点，其具体操作方法如下所述。

- **左移/上移** 在数据透视图的某一级别中向左或向上移动选定的节点。
- **右移/下移** 在数据透视图的某一级别中向右或向下移动选定的节点。
- **折叠** 用于折叠选定父节点下所有子节点，使其处于隐藏状态。

- **升级** 可将子节点提升为顶部节点，从而仅显示数据透视图的部分展开细节。
- **合并** 可将选定的多个节点组合成一个节点。
- **取消合并** 可以将一个合并后的节点分解为多个节点。

> **注意**
>
> 选择数据透视图中的一个节点形状，在【显示/隐藏】选项组中选择或取消某个复选框，即可隐藏或显示数据透视图中的标题、数据图形或细分形状。

13.4.3 排序和筛选数据

Visio 中的数据透视图表，除了可视化呈现绘图数据之外，还可以通过排序和筛选功能，达到简单分析绘图数据的功能。

1．排序数据

排序数据是根据数据中的一个值按照升序或降序规则更改级别中的节点顺序。选择数据透视图表中的细分形状（分解形状），执行【数据透视图表】|【排序和筛选】|【排序和筛选】命令，在弹出的【细目选项】对话框中，设置排序条件和显示选项即可。

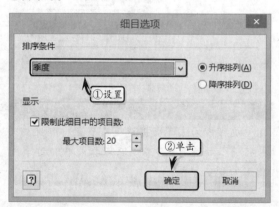

2．筛选数据

筛选是使用数据筛选器来选择数据透视图中给定级别中的节点。选择数据透视图表中的细分形状（分解形状），执行【数据透视图表】|【排序和筛选】|【筛选】命令，在弹出的【配置列】对话框中，设置筛选器选项即可。

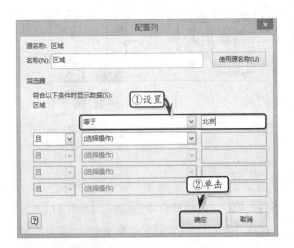

Visio 知识链接 13-4：创建其他商务图表

　　在 Visio 中，除了可以创建图表、组织结构图、灵感触发图和数据透视图表之外，还可以创建因果图、故障树分析图、价值流图、EPC 图表、TQM 图、ITIL 图等。

Visio 13.5 练习：生产管理价值流图　　　　难度星级：★★★★

　　在生产管理过程中，价值会随着流程不断地变化，生产、组装、运输、销售都可以体现出价值的所在。在本练习中，将使用 Visio 内置的"价值流图"模板，来制作一份与生产管理相关的价值流图。

练习要点

- 创建模板文档
- 设置主题效果
- 设置变体效果
- 应用边框和标题
- 设置文本格式
- 排列形状

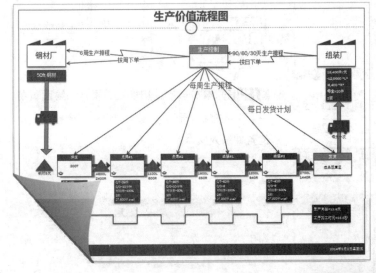

操作步骤 ▷▷▷▷

STEP|01 进入新建页面。启动 Visio，在新建页面中选择【类别】选项卡，同时选择【商务】选项。

STEP|02 创建模板文档。在展开的商务列表中，双击【价值流图】选项，创建模板文档。

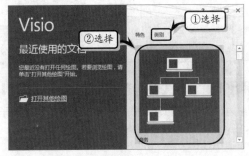

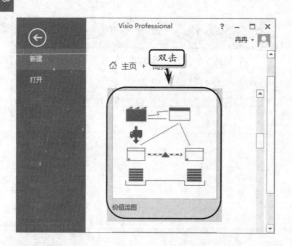

STEP|03 设置纸张大小。在【设计】选项卡【页面设置】选项组中，单击【对话框启动器】按钮。激活【页面尺寸】选项卡，自定义页面尺寸。

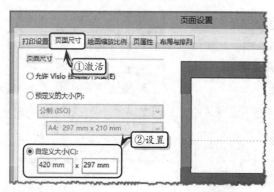

STEP|04 设置缩放比例。激活【打印设置】选项卡，设置打印缩放比例，并单击【应用】按钮。

STEP|05 添加主题和变体效果。执行【设计】|【主题】|【离子】命令，同时执行【变体】|【离子，变量 4】命令，设置绘图页的主题和变体效果。

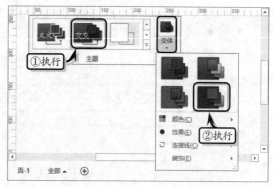

STEP|06 添加边框和标题。执行【设计】|【背景】|【边框和标题】|【市镇】命令，添加边框和标题，在"背景-1"绘图页中输入标题文本并设置文本的格式。

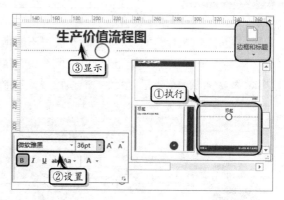

STEP|07 添加形状。切换到"页-1"绘图页中，将"生产控制"形状拖到绘图页中，调整其大小与位置并输入文本。

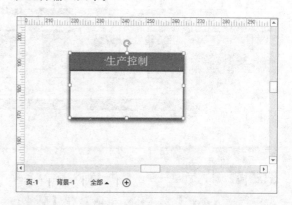

STEP|08 添加客户/供应商形状。将"客户/供应商"形状拖到"生产控制"形状的两侧，分别输入"钢材厂"与"组装厂"文本。

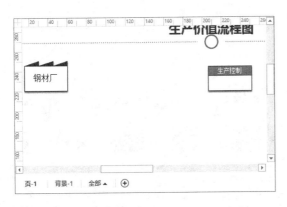

STEP|09 添加电子信息形状。将"电子信息"形状拖到绘图页中，连接各个形状，并输入说明性文本。

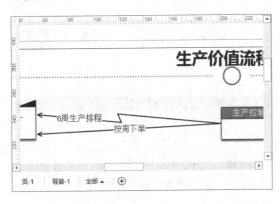

STEP|10 添加矩形等形状。在绘图页中添加"矩形"与"模拟运算表"形状，并分别输入文本。

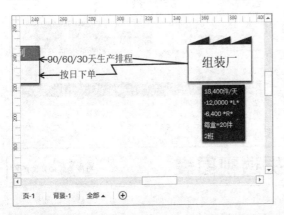

STEP|11 添加运输卡车等形状。将"运输箭头"与"运输卡车"形状添加到绘图页中，调整其位置与大小，并输入说明性文本。

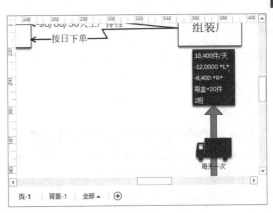

STEP|12 添加库存等形状。将"库存"与"流程"形状添加到绘图页中，并输入相应的文本。

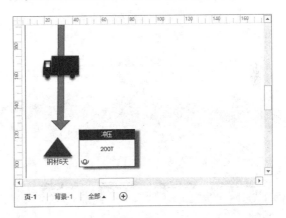

STEP|13 添加生产控制等形状。在"冲压"流程的右侧添加 4 个"流程"与 1 个"生产控制"形状，并输入说明性文本。

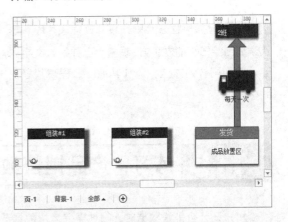

STEP|14 用上推箭头连接形状。在形状之间使用"上推箭头"形状进行连接，然后拖入"库存"形状，并输入说明性文本。

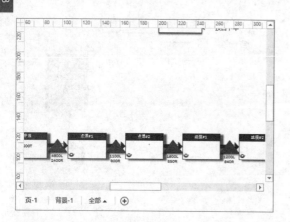

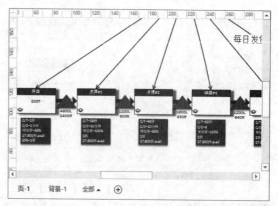

STEP|15 用人工信息形状连接。使用"人工信息"形状连接"生产控制"与"冲压""电焊#2""组装#1"等形状，并在指定位置输入文本。

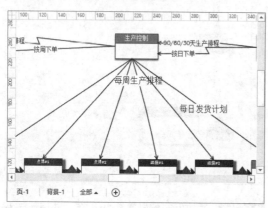

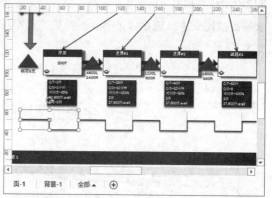

STEP|18 添加汇总形状。最后，在最右端添加"日程表汇总"形状，并输入生成周期与工序加工时间。

STEP|16 添加模拟运算表。将"模拟运算表"形状添加在"流程"形状下方，并依次输入文字内容。

STEP|17 添加日程表片段。将"日程表片段"形状添加到绘图页的左下方，调整大小并输入文字内容。使用同样的方法，添加其他"日程表片段"形状。

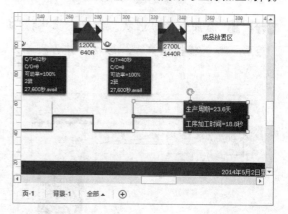

Visio 13.6 练习：产品销售数据透视图表　　难度星级：★★★★

　　用户在分析销售数据时，往往需要运用数据透视图表来形象地汇总与分析。而数据透视图表是按树状结构排列的形状集合，是以一种可视化、易于理解的数据显示样式，主要用来显示、分析与汇总绘图数据。在本练习中，将通过制作产品销售数据透视图表，来介绍创建数据透视图表的操作方法与技巧。

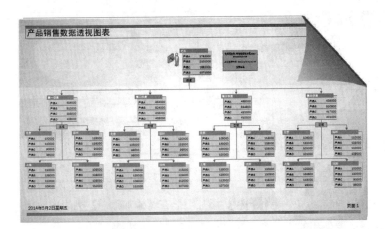

练习要点

- 导入数据
- 添加汇总数据
- 添加类别数据
- 设置文本格式
- 应用形状
- 布局数据透视图表

操作步骤 ▶▶▶▶

STEP|01 进入新建页面。执行【文件】|【新建】命令，选择【类别】选项卡，然后选择【商务】选项。

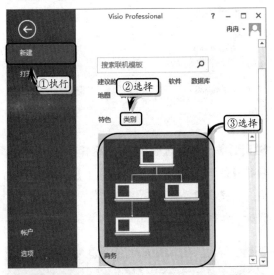

STEP|02 创建模板文档。在展开的商务列表中，双击【数据透视图表】选项，创建模板文档。

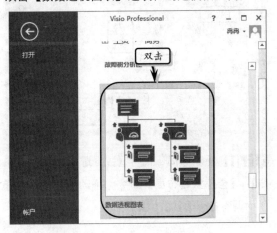

STEP|03 导入数据。在弹出的【数据选取器】对话框中，选中【Microsoft Excel 工作簿】选项，并单击【下一步】按钮。

STEP|04 浏览数据文件。在连接到 Microsoft Excel 工作簿页面中，单击【浏览】按钮。

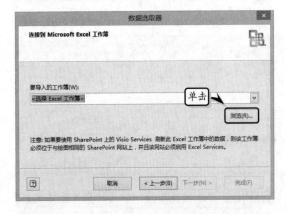

STEP|05 选定数据文件。在弹出的【数据选取器】对话框中，选择数据文件，单击【打开】按钮。

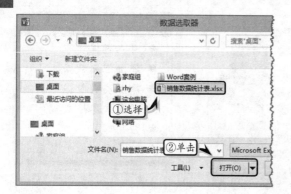

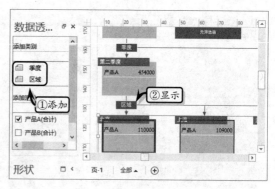

STEP|06 指定工作表区域。单击【选择自定义范围】按钮，在弹出的 Excel 窗口中选择需要使用的工作表区域，并单击【下一步】按钮。

STEP|09 添加汇总在【添加汇总】列表中，选用"产品 B"至"产品 D"复选框。

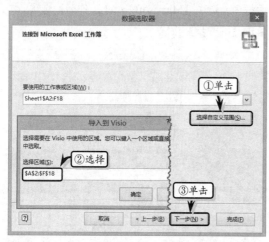

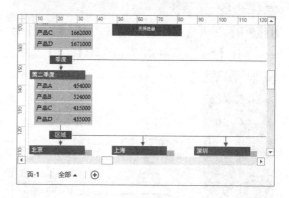

STEP|07 设置数据行列数。在连接到数据页面中，选择所有的行与所有的列，并单击【完成】按钮。

STEP|10 设置汇总形状格式。选择"汇总"形状，执行【数据透视图表】|【格式】|【应用形状】命令，将模具设置为"工作流部门"，并在列表框中选择"营销"选项。

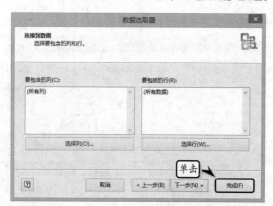

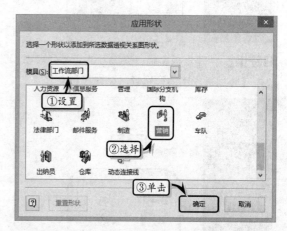

STEP|08 添加数据字段。在【数据透视关系图】窗格中的【添加类别】列表框中，先选用【季度】选项，再选用【区域】选项。

STEP|11 重新布局。执行【数据透视图表】|【布局】|【全部重新布局】命令，拖动图表中的选择手柄调整各个形状的位置。

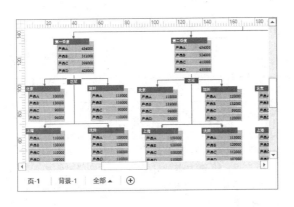

STEP|12 添加主题和变体效果。执行【设计】|【主题】|【丝状】命令，同时执行【变体】|【丝状，变量 2】命令，设置主题和变体效果。

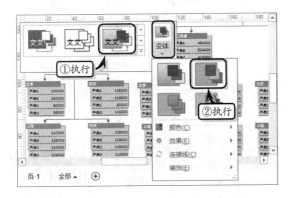

STEP|13 添加背景。执行【设计】|【背景】|【背景】|【货币】命令，为绘图页添加背景。

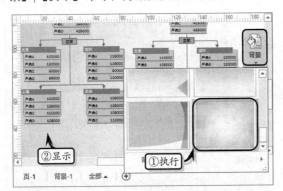

STEP|14 添加边框和标题。执行【设计】|【背景】|【边框和标题】|【方块】命令，添加边框和标题样式，并修改标题文本。

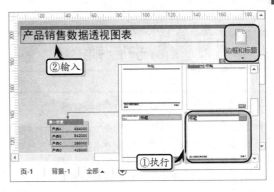

STEP|15 设置缩放比例。在【设计】选项卡【页面设置】选项组中，单击【对话框启动器】按钮，设置打印缩放比例。

STEP|16 设置页面大小。在【页面设置】对话框中，激活【页面尺寸】选项卡，选中【自定义大小】选项，并输入自定义大小值。

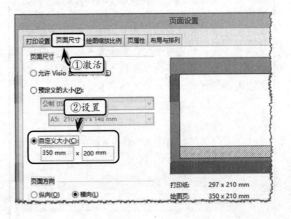

13.7 高手答疑

难度星级：★★

问题1：如何为图表添加文字提示框？

解答： 由于图表形状中无法输入过多的文字，所以需要通过添加文字提示框的方法，来增加图表的说明文本。在"绘制图表形状"模具中，将"2-D 提示框"或"1-D 提示框"形状拖到绘图页中即可。

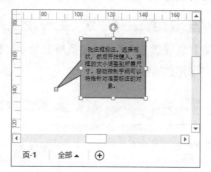

添加提示框之后，用户可通过下列方法，来调整文字提示框。

- ❏ 调整"2-D 提示框"形状　拖动提示框形状上的选择手柄，可调整提示框的大小。拖动控制手柄可调整形状中的"重定位指针"的显示方向。
- ❏ 调整"1-D 提示框"形状　拖动提示框形状上的控制手柄，可调整提示框的高度、宽度与箭头长度。另外，拖动控制手柄可调整形状中的"重定位指针"的显示方向。

问题2：如何为图表添加批注和标注？

解答： 在"绘制图表形状"模具中，将"水平标注"或"批注"形状拖到绘图页中即可。当用户为形状输入文本时，形状的高度会根据文本的多少而自动调整。另外，用户可拖动选择手柄，来调整形状的大小与标注线的方向、位置与长度。

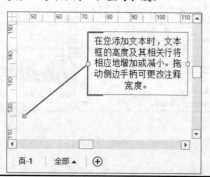

问题3：如何创建步骤图？

解答： 首先创建"营销图表"模板文档，然后将"营销图表"模具中的"步骤图"形状添加到绘图页中，并调整其大小。最后，将"附加步骤"形状添加到"步骤图"形状右侧，并调整其大小和位置。

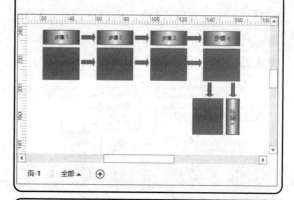

问题4：如何设置数据透视图表中的数据透视关系图选项？

解答： 在【数据透视图表】选项卡【数据】选项组中，单击【对话框启动器】按钮，在弹出的【数据透视关系图选项】对话框中，设置相应的选项即可。

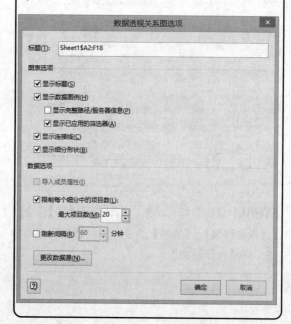

问题 5：如何更改数据透视图表中形状的外观样式？

解答：在数据透视图表中，选择相应的形状，执行【数据透视图表】|【格式】|【应用形状】命令，在弹出的【应用形状】对话框中，选择一种形状样式，单击【确定】按钮即可。

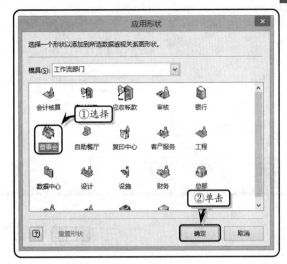

第 14 章

创建地图和平面布置

在日常工作中，地图和平面布置图属于比较常用的绘图类型。用户可通过 Visio 中的地图和平面布置图类模板，绘制办公室布局、家居设计图、工程布局图和空间规划等一些常用建筑平面和规划图。除了建筑平面图和规划图之外，运用该模板类型还可以根据实际情况快速、形象地绘制各种类型的地图和方向图。在本章中，将详细介绍一些创建有关地图和平面布置图图表的基础知识和实用技巧。

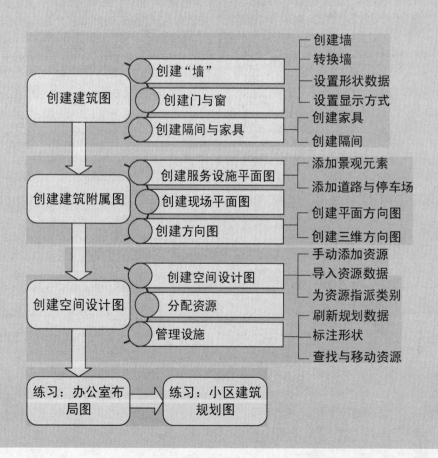

难度星级：★★★★ ●知识链接 14-1：创建家具装修平面图

14.1 创建建筑图

在创建建筑图时，除了可以使用 AutoCAD 软件绘制之外，还可以使用 Visio 软件来绘制。Visio 为用户内置了便于理解和操作的建筑图类型模板文档，用户只需将相应的形状添加到的绘图页中，排列并组合形状，便可以轻松且快速地绘制各种类型的建筑图。

14.1.1 创建"墙"

建筑图中的重要组成元素是"墙"，它是一般建筑物的外围。在 Visio 中，用户可以使用模具中的"墙"形状来构建不同类型的外墙或内墙，使用该形状可以轻松地链接墙的行为。

"墙"形状主要包含在办公室布局、家居规划、工厂布局、平面布置图等模板文档中的"墙壁、外壳和结构"与"墙壁和门窗"模具中，用户只需执行【文件】|【新建】命令，在【类别】选项卡中选择【地图和平面布置图】选项，在其展开的列表中选择相应的模板文档即可。

1．创建墙

在"墙壁、外壳和结构"或"墙壁和门窗"模具中，将"外墙"形状拖到绘图页中，调整并排列形状。同时，将"墙壁"与"弯曲墙"形状拖到绘图页中，并拖动"弯曲墙"与"墙壁"形状，使其粘贴在"外墙"形状上。

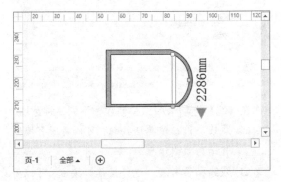

将墙壁粘贴在一起时，Visio 会自动整理墙角与交接面。用户可通过下列几种方法，将形状粘附

到参考线上，从而确保墙壁的粘贴状态。

- ❏ **依据现有参考线** 将形状拖动到参考线上，或将形状的一个端点拖到参考线即可。
- ❏ **使用【转换为墙壁】对话框创建参考线** 在【转换为墙壁】对话框中，启用【添加参考线】复选框。
- ❏ **右击"墙壁"形状创建参考线** 右击形状并执行【添加一个参考线】命令即可。

> **注意**
>
> 将形状粘附到参考线之后，移动参考线即可移动形状。此时，任何与该形状相连的"墙壁"形状都会随着该形状的移动而拉伸或收缩。

2．转换墙

在 Visio 中，可以使用"转换为墙壁"命令快速地将空间形状转换为墙壁形状。在模板文档中，将"空间"形状拖到绘图页中，并执行【计划】|【转换为背景墙】命令，弹出【转换为墙壁】对话框，设置各项选项即可。

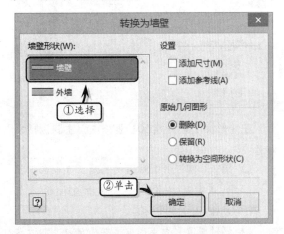

该对话框中主要包括下列几种选项。

- ❏ **墙壁形状** 用来显示模具中的墙壁形状。
- ❏ **添加尺寸** 勾选该复选框，可以将尺寸添加到新墙壁上。其中，所添加的尺寸将作为单独形状粘附在墙壁或墙壁的参考线上。

❏ **添加参考线** 勾选该复选框，可以将参考线添加到新墙壁上。其中，墙壁端点和尺寸端点将粘附到墙壁参考线的交叉点上。

❏ **删除** 选择该单选按钮，可在转换时删除原始形状。

❏ **保留** 选择该单选按钮，可在转换时保留原始形状，并自动计算墙壁占用的面积。

❏ **转换为空间形状** 选择该单选按钮，可在待转换为墙壁的形状区域中创建空间形状，并删除原始形状。

> **注意**
>
> 在绘图页中，右击形状并执行【转换为墙壁】命令，可打开【转换为墙壁】对话框。

3. 设置形状数据

创建"墙"之后，为了适应整个绘图的尺寸，需要设置墙壁的厚度、长度、高度等属性。

在绘图页中选择"墙壁"形状，执行【数据】|【显示/隐藏】|【形状数据窗口】命令，弹出【形状数据】窗格，设置各项数据值即可。

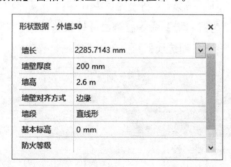

在【形状数据-外墙.50】窗格中，主要包括下列选项。

❏ **墙长** 用于设置墙壁的长度，可以在下拉列表中选择或在文本框中直接输入长度值。

❏ **墙壁厚度** 用来设置墙壁的厚度，可以在下拉列表中选择或在文本框中直接输入厚度值。

❏ **墙高** 用来设置墙壁的高度。

❏ **墙壁对齐方式** 用来设置墙壁形状的排列方式，其中"边缘"表示根据选择手柄排列形状，而"居中"表示可以根据形状的中心点排列形状。

❏ **墙段** 用来设置墙壁形状的弯曲程度，其中"直线形"表示形状以直线的方式进行显示，而"曲线形"表示形状以弯曲墙的方式进行显示。

❏ **基本标高** 用来设置墙壁形状底部的海拔高度。

❏ **防火等级** 用来设置墙壁形状的防火等级，该数据一般用在材料报告中。

> **注意**
>
> 在选择"弯曲墙"形状时，【形状数据】窗格中将会增加【墙半径】选项。

4. 设置显示方式

除了通过设置形状数据来完善形状功能之外，还需要通过设置形状的显示方式，来增加形状的美观性。

在绘图页中，执行【计划】|【计划】|【显示选项】命令，弹出【设置显示选项】对话框。选择【墙】选项卡，在【墙壁显示为】选项组中设置相应的选项。

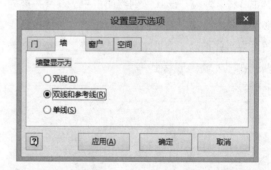

在【墙】选项卡中，主要包括下列 3 种选项。

❏ **双线** 选择该单选按钮，可以将所有墙壁显示为双线墙壁。

❏ **双线和参考线** 选择该单选按钮，可以将所有墙壁显示为双线墙壁，同时还显示墙壁参考线。

❏ 单线　选择该单选按钮，可以将所有墙壁显示为单线墙壁，而且所显示的线为墙壁参考线。

14.1.2　创建门与窗

创建墙壁之后，还需要为墙壁添加出口，即为墙壁添加门、窗或其他通道。除此之外，还可以设置门或窗的开口方向、位置及显示状态。

1．创建门与窗

创建门与窗的方法与创建墙的方法大体一致，即将"墙壁、外壳和结构"或"墙壁和门窗"模具中的"门"、"窗户"或"开口"类形状拖到绘图页中，调整并排列形状即可。

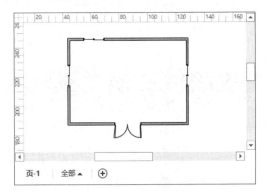

创建门与窗之后，可通过下列几种操作方法，轻松地改变开口形状的方向、尺寸等属性。

❏ **改变形状方向**　右击形状并执行【向里打开/向外打开】命令，或者拖动控制手柄。

❏ **改变形状转向**　右击形状并执行【向左打开/向右打开】命令即可。

❏ **调整形状位置**　直接拖动形状即可。

❏ **更改形状尺寸**　拖动形状中的选择手柄即可。

❏ **设置形状属性**　选择形状，执行【数据】|【显示/隐藏】|【形状数据窗口】命令，在【形状数据】窗格中设置形状属性值即可。

2．设置门的显示方式

在绘图页中选择"门"形状，执行【计划】|【计划】|【显示选项】命令，弹出【设置显示选项】对话框，选择【门】选项卡，设置相应的选项即可。

在该选项卡中，用户可通过启用或禁用【显示组件】选项组中的各项复选框，来显示或隐藏门框、门楣、门板等门组件。另外，用户可通过单击【属性】按钮，在弹出的【设置门组件属性】对话框中设置门组件的默认属性。

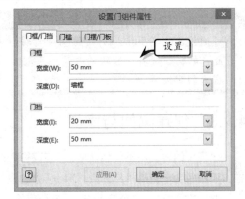

3．设置窗的显示方式

在绘图页中选择"窗户"形状，执行【计划】|【计划】|【显示选项】命令，弹出【设置显示选项】对话框。选择【窗户】选项卡，设置相应的选项即可。

在该选项卡中，用户可通过启用或禁用【显示组件】选项组中的各项复选框，来显示或隐藏窗框、窗楣、窗扇与窗台组件。另外，还可以单击【属性】按钮，在弹出的【设置窗户组件属性】对话框中设置窗户组件的默认属性。

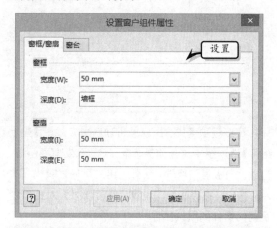

> **注意**
>
> 用户可通过为绘图页添加"门的明细资料"与"窗户的明细资料"形状的方法，来创建门与窗户的明细资料。

14.1.3 创建隔间与家具

一个完整的建筑图不仅包含墙、门与窗等外围设施，还应包含一些隔间与家具。Visio 中的隔间与家具形状主要包括"办公室家具"、"办公室设备"与"隔间"等模具。

1．创建家具

在模板文档中的"办公室家具"模具中，将相应的形状拖到绘图页中即可，例如将电话、传真机等办公室设备拖到绘图页中。

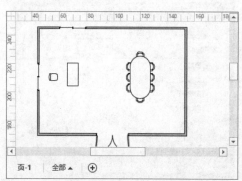

另外，用户也可以单击【形状】窗口中的【更多形状】下拉按钮，执行【地图和平面布置图】|【建筑设计图】|【家具】命令，在"家具"模具中，将相应的形状添加到绘图页中。

2．创建隔间

对于大型办公室来讲，需要添加隔间来设置办公室的布局。在绘图页中，将"隔间"模具中相应的形状添加到绘图页中即可，例如将"平直工作台""L 工作台""议事工作台""立方工作台""L 形工作台"或"U 形工作台"形状拖到绘图页中。

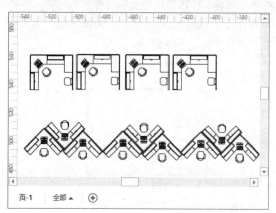

另外，如果"隔间"模具中的形状无法满足绘图的需求，可以使用"隔间"模具中的"嵌板"与"嵌板支柱"形状来自定义办公室隔间。首先，将"嵌板"或"曲线型嵌板"形状拖到绘图页中。然后，将"嵌板支柱"形状添加到绘图页中，并与"嵌板"形状相粘连。最后，将家具与设备形状添加到隔间中。

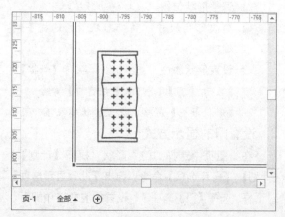

注意

用户可以使用快捷键 Ctrl+D，来复制绘图页中的形状。

知识链接 14-1：创建家具装修平面图

家居设计是家居装修的灵魂，也是完美装修的保证。在本练习中，将运用【家居规划】模板，创建一份"一室一厅"的家居装修平面图。

14.2 创建建筑附属图

难度星级：★★★★ ◉知识链接 14-2：创建城市公园规划图

在建筑图中，除了墙壁、门与窗户等基本元素之外，还需要绘制通风、管道、空调等服务设施元素，以及道路、停车场等现场与景观元素。另外，为了使客户能准确找到公司或厂房地址，还需要绘制包含公司附近道路、交通线路以及地标的方向图。

14.2.1 创建服务设施平面图

建筑图中的电气、管道及安全系统等维持建筑运转的设备与服务设施，与门、窗、墙壁元素一样具有重要的地位。

1. 创建 HVAC 规划图

"HVAC 规划图"主要包括显示管道系统、设备系统和排气扩散器等形状，用于创建加热、通风、空气调节和分布的批注图，以及用于自动楼宇控制、环境控制和能源系统的制冷系统批注图。

执行【文件】|【新建】命令，在【类别】选项卡中选择【地图和平面布置图】选项，同时选择【HVAC 规划】选项，并单击【创建】选项，创建模板文档。

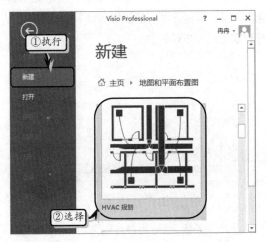

在【HVAC 规划图】模板中，将模具中的形状拖到绘图页中即可创建服务设置图。该模板中主要包括下列几种模具。

- ❑ **HVAC 设备** 主要包含了泵、冷凝器、风机扇叶等 HVAC 设备。

- ❑ **HVAC 管道** 主要包括管道、接合、过渡等 HVAC 管道。

- ❑ **通风装置格栅和扩散器** 主要包括回风、送风、线性扩散器与格栅等服务-设施。

- ❑ **绘图工具形状** 主要包含了测量工具、直角、反切线等构建管道系统所用的构造集合形状。

- ❑ **建筑物核心** 主要包括楼梯、水池、马桶等附属设施。

注意

用户可以通过右击形状并执行相应命令的方法，来设置 HVAC 规划形状的属性。

2. 构建 HVAC 控制逻辑图

"HVAC 控制逻辑图"主要包括传感器、测定数量与空气温度的控制设备，用于创建采暖、通风、空调和配电、制冷、自动建筑控制、环境控制和能源系统的 HVAC 系统和控制图。

执行【文件】|【新建】命令，在【类别】选项卡中选择【地图和平面布置图】选项，同时选择【HVAC 控制逻辑图】选项，单击【创建】按钮，即可创建控制逻辑图模板。在该模板中，主要包括"HVAC 控制"与"HVAC 控制设备"模具。用户直接将模具中相应的形状拖到绘图页中即可。

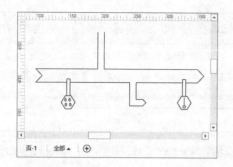

选择绘图页中的控制形状，右击执行【数据】|【形状数据】命令，在弹出的【形状数据】窗格中设置形状的属性。

该对话框中主要包括下列几种选项。

❏ **控制**　用来设置形状的控制种类。"传感器"表示所选形状代表的是测量 HVAC 系统中的设备，而"控制器"表示形状代表的是控制 HVAC 系统功能的设备。

❏ **类型**　用来设置形状在不同状态下的显示样式，该选项中的显示样式会跟随形状的改变而改变。

❏ **限制开关**　用来设置形状的开关的显示或隐藏状态。

❏ **复位开关**　用来设置具有复位开关形状的显示或隐藏状态。

❏ **B-O-M 标记**　用来设置控制设备的 ID。

❏ **部件号**　用户设置部件的编号，便于跟踪部件。

> **注意**
> 【形状数据】窗格中的选项会根据形状的改变而改变，但是"HVAC 控制"模具中的大多数形状都具有相同的选项。

3. 创建天花板反向图

执行【文件】|【新建】命令，在【类别】选项卡中选择【地图和平面布置图】选项，同时选择【天花板反向图】选项，单击【创建】按钮，即可创建天花板反向图模板。创建模板之后，用户会发现在该模板中并未包含任何创建反向天花板设计图的工具。用户可以使用绘制工具或"排列形状"命令，来制作天花板反向图。

首先，在绘图页中绘制"矩形"形状，复制形状并在形状上添加"电气和电信"与"通风装置格栅和扩散器"模具中的形状。然后，选择所有形状，执行【视图】|【宏】|【加载项】|【其他 Visio 方案】|【排列形状】命令，在弹出的【排列形状】对话框中，设置相应的选项即可。

4. 创建电气和电信规划图

执行【文件】|【新建】命令，在【类别】选项卡中选择【地图和平面布置图】选项，同时选择【电气和电信规划】选项，单击【创建】按钮，创建模板文档。

然后，将"电气和电信"模具中代表灯光设施、电气开关、插座等电气设备形状拖到绘图页中，即可创建电气和电信设施图。

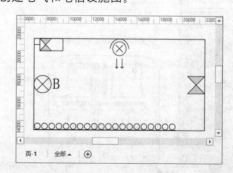

添加完形状之后，用户可以使用"电线连接线"

形状连接绘图中的电气形状。另外，还可以通过执行【开始】|【工具】|【指针工具】命令中的"线条""弧形""任意多边形"或"铅笔"工具来连接形状。

> **注意**
>
> 用户可以通过拖动形状中的选择手柄来旋转形状，还可以使用快捷键 Ctrl+L 与 Ctrl+R 将形状向左或向右旋转 90°。

5．创建管线和管道平面图

执行【文件】|【新建】命令，在【类别】选项卡中选择【地图和平面布置图】选项，同时选择【管线和管道平面图】选项，单击【创建】按钮。将相关模具中代表阀门、供水设施与锅炉设施等形状拖到绘图页中，即可创建管道设施图。

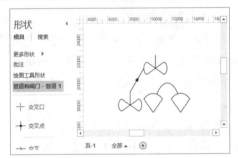

【管线和管道平面图】模板中主要包括下列几种模具。

- ❑ **管道和阀门-管道 1 和管道和阀门-管道 2**
  在【管道和阀门-管道 1】与【管道和阀门-管道 2】两个模具中，主要包含了代表管线和管道设施的线性形状。
- ❑ **管道和阀门-阀门 1 和管道和阀门-阀门 2**
  在【管道和阀门-阀门 1】与【管道和阀门-阀门 2】两个模具中，主要包含了用于粘附管线形状的所有类型的阀门。
- ❑ **水暖设备** 该模具中主要包含了锅炉、散热板等标准类型的水暖设备形状。

6．创建安全和门禁平面图

执行【文件】|【新建】命令，在【类别】选项卡中选择【地图和平面布置图】选项，同时选择【安全和门禁平面图】选项，单击【创建】按钮，

创建模板文档。

然后，将相关模具中代表刷卡器、键盘、打印机与探测器等形状拖到绘图页中，即可创建安全与门禁设施。

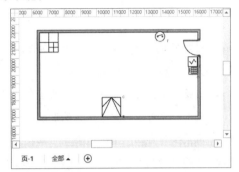

【安全和门禁平面图】模板中主要包括下列几种模具。

- ❑ **警报和出入控制** 主要包含了代表刷卡器、摄像机、探测器等形状的门禁设施。
- ❑ **启动和通知** 主要包含了对讲机、打印机、面板等形状。
- ❑ **视频监视** 主要包含了探测器、传感器、摄像机等视频设备形状。

14.2.2 创建现场平面图

现场平面图主要用来显示花园、停车场等现场设施中的元素。在绘图页中，执行【文件】|【新建】命令，在【类别】选项卡中选择【地图和平面布置图】选项，同时选择【现场平面图】选项，单击【创建】按钮，即可创建【现场平面图】模板。

1．添加景观元素

景观元素即是在绘图页中添加代表植物与结构图景观特性的形状，通过上述形状可以美化商业景观与院落花园。

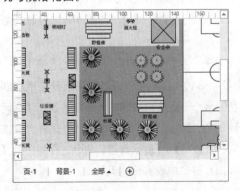

在【现场平面图】模板中，可以利用下列几种模具来创建景观平面图。

❏ **庭院附属设施** 主要包含了代表通道、围墙、门、天井等形状。

❏ **灌溉** 主要包括代表灌溉管道、喷头、阀门等灌溉形状，该类型的形状包含用户设置形状属性的形状数据。

❏ **植物** 主要包括了代表不同类型的树木、灌木、绿化带、盆栽植物等形状，可以使用"植物标注"形状来描述植物。

❏ **运动场和娱乐场** 主要包括了代表游泳池、秋千、篮球场等形状。

注意

对于以固定间距摆放的形状，可以使用【排列形状】命令来快速创建多个相同的形状。

2．添加道路与停车场

用户可以使用"停车场和道路"与"机动车"模具中的形状，来绘制道路或停车场平面图。一般情况下，可使用下列操作方法，来创建道路和停车场。

❏ **添加"路缘"与"车道"形状** 将形状拖到绘图页中，并使用"连接线"工具连接形状。

❏ **添加"停车带""停车线"与"安全岛"形状** 将形状拖到绘图页中，将形状的端点粘附到参考线中，便于重新定位形状。

❏ **添加附属形状** 将"机动车"、"现场附属设施"与"植物"模具中代表机动车、停车场、室外设施与植物等的形状拖到绘图页中。

对于"停车场和道路"模具中的"停车带"与"隔栏"形状，用户可以通过拖动选择手柄来调整形状的大小，还可以通过右击形状并执行【密闭环绕】命令，来改停车带的环绕形式。另外，右击形状执行【数据】|【形状数据】命令，在弹出的【形状数据】窗口中设置形状属性。

该窗口中主要包括下列 3 种选项。

❏ **隔栏宽度** 用来设置形状隔栏的宽度。

❏ **隔栏长度** 用来设置形状隔栏的长度。

❏ **隔栏角度** 用来设置形状隔栏的角度，其默认值为 70 deg。

14.2.3 创建方向图

方向图主要用来显示道路地图、地铁路线图等面积较大的现场平面图。在 Visio 中，方向图又分为平面方向图与三维方向图。

1．创建平面方向图

平面方向图在 Visio 中称为方向图，主要用于创建高速公路、交叉路口、道路和街道标志、路线、铁路轨道、交通终点站等一些运输和公共交通形状。

在 Visio 中，执行【文件】|【新建】命令，在【类别】选择卡中选择【地图和平面布置图】选项，同时选择【方向图】选项，单击【创建】按钮，即可创建【方向图】模板。在该模板中，用户可以通过下列操作来绘制方向图。

❏ **添加道路** 在"道路形状"模具中，将"方端道路""圆端道路"等形状拖到绘图页中，并拖动形状的端点来改变形状的长度。另外，可以使用【绘图】工具栏中的"铅笔"工具，拖动形状的顶点来改变道路的弯曲程度，或按住 Ctrl 键为道路添加顶点。

❏ **设置道路的厚度** 选择道路形状，右击执行【数据】|【形状数据】命令，在【路宽】文本框中输入数值。或右击形状并执行【狭窄道路】【宽阔道路】或【自定义】命令。

❏ **添加岔路口** 将"三向""四向"或"菱

形立交桥"形状拖到绘图页中，并将"道路"形状粘附在岔路口形状的连接点上。

- ❑ **绘制地铁线路** 在"地铁形状"模具中，将代表地铁线路、站或换乘站的形状拖到绘图页中，并拖动形状的端点来改变形状的大小。
- ❑ **添加河流、机场等地标** 在"路标形状"模具中，将代表房屋、购物中心、机场等地标的形状拖到绘图页中，并拖动选择手柄调整形状的大小。
- ❑ **添加交通标志** 在"交通形状"模具中，将代表红绿灯、城市点、高速公路等交通标志的形状拖到绘图页中，并拖动选择手柄调整形状的大小与方向。
- ❑ **添加娱乐区域标志** 在"娱乐形状"模具中，将代表滑冰、码头、骑马等娱乐标注的形状拖到绘图页中，并拖动选择手柄调整形状的大小。

2．创建三维方向图

三维方向图用于创建道路、机动车、交叉路口和标志建筑物等一些运输图形。

在 Visio 中，执行【文件】|【新建】命令，在【类别】选项卡中选择【地图和平面布置图】选项，同时选择【三维方向图】选项，单击【创建】按钮，即可创建"三维方向图"模板。在该模板中，只包含"三维方向图形状"模具，将该模具中的形状按

绘图顺序拖到绘图页中即可创建三维方向图。

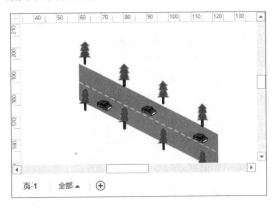

用户可通过下列操作，来编辑三维方向图。

- ❑ **改变形状大小** 可以通过拖动形状上的选择手柄来改变形状的大小。
- ❑ **复制形状** 可以使用快捷键 Ctrl+D 来快速复制形状。
- ❑ **旋转形状** 可以通过形状上的旋转手柄来旋转形状。
- ❑ **组合形状** 选择需要组合的形状，右击并执行【组合】|【组合】命令。

> **知识链接 14-2：创建城市公园规划图**
>
> 在本知识链接中，将运用 Visio 中的"现场平面图"模板，制作一份城市公园规划图，以帮助用户掌握创建现场平面图的基础操作与使用技巧。

Visio **14.3** 创建空间设计图 　　　　　难度星级：★★★★

空间设计图主要用来安排建筑中的空间，从而帮助用户合理分配建筑空间。另外，利用 Visio 创建的空间设计图，还可以帮助用户记录空间的使用、标识资源以及分派资源等空间情况。

14.3.1　创建空间设计图

在 Visio 中用户不仅可以利用"空间规划启动向导"创建空间设计图，而且还可以使用"导入数据向导"或直接为绘图添加空间形状的方法，来创

建空间设计图。

1．使用向导创建

空间规划启动向导是基于 Excel 中的房间编号来创建空间的，它只是简化了创建空间的步骤，并不能按照用户的设计需要创建功能齐全的空间设计图。

在 Visio 中，执行【文件】|【新建】命令，在【类别】选项卡中选择【地图和平面布置图】选项，同时选择【空间规划】选项，并单击【创建】按钮。此时，

系统会自动弹出【空间规划启动向导】对话框。

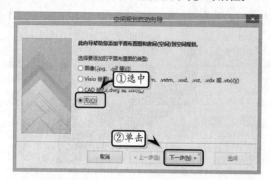

当用户选中【图像】【Visio 绘图】或【CAD 绘图】选项，则系统会自动弹出选择文件的对话框。当用户选择【无】按钮时，单击【下一步】按钮，将切换到【获取房间列表】界面中，选择数据来源并单击【下一步】按钮即可。

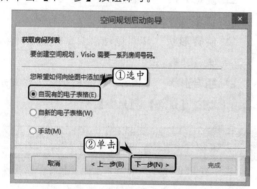

在【获取房间号码】界面中，单击【浏览】按钮，在弹出的【打开】对话框中，选择数据源文件。然后，在【选择工作表或范围】下拉列表中选择相应的选项，在【选择包含房间号码的列】下拉列表中选择相应的选项，并单击【下一步】按钮。

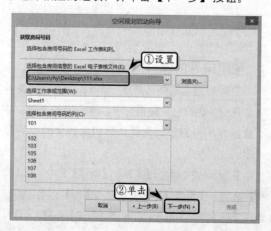

在【正在完成"空间规划启动向导"】界面中，单击【完成】按钮即可完成整个向导的规划。

如果向导没有将空间放置在绘图页中，用户可以在【空间资源管理器】窗口中，将【未定位的数据】文件夹下面的空间拖到绘图页中。

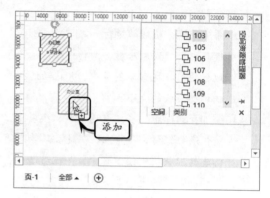

2. 手动创建

首先，创建模板文档并将"资源"模具中的"边界"形状拖到绘图页中，拖动选择手柄调整形状的大小。然后，将"空间"形状拖到绘图页中，调整形状大小，并使用【绘图工具】中的"线条"工具，根据边界线条绘制空间的轮廓。

最后，选择所有"直线"形状，右击形状并执行【组合】|【组合】命令。选择组合后的形状，执行【计划】|【形状】|【分配类别】命令，在【类别】下拉列表中选择【空间】选项即可。

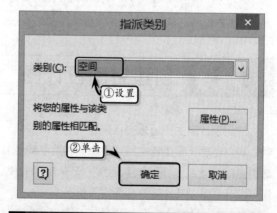

> **注意**
>
> 在绘图页中，只可以将代表部门的空间形状放置在"边界"形状中，不能把人员或资源指派给"边界"形状。

14.3.2 分派资源

创建空间设计图之后，只有将人员、设备、家具等项目指派给类别，并指派给空间规划中的空间，才可以记录与管理空间资源。

1．手动添加资源

用户可以手动添加资源，也可以通过导入源数据来添加资源。其中，手动添加资源即是将"资源"模具中的资源形状拖到绘图页中，右击形状并执行【属性】命令，在弹出的【形状数据】对话框中，输入资源的名称或标识符即可。

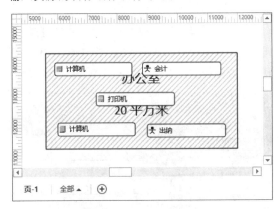

2．导入资源数据

执行【计划】|【数据】|【导入数据】命令，在弹出的【导入数据向导】对话框中，选择存放导入数据的位置。

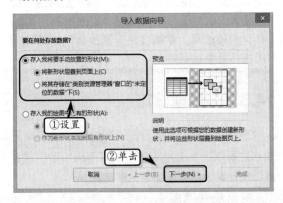

【要在何处存放数据？】列表中主要包括下列两种选项。

- ❑ **存入我将要手动放置的形状** 选择该选项组中的单选按钮，可以将数据存放在需

要创建的形状中，主要包括存放在层叠在页面上，或存放在【类别资源管理器】窗口中的【未定位的数据】文件夹中。

- ❑ **存入我的绘图中已有的形状** 选择该选项组中的单选按钮，可以将数据存放在绘图中已存在的形状中，主要包括存放在形状数据中，或作为新形状存放在现有的形状上面。

单击【下一步】按钮，在【您要使用什么数据源？】列表中的【类型】下拉列表中选择数据类型。单击【浏览】按钮，在弹出的【打开】对话框中选择相应的文件，并单击【下一步】按钮。

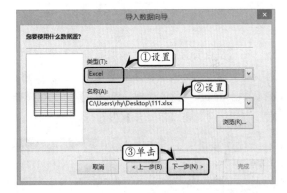

在【您要导入哪些数据？】列表中，选择工作表名称，并设置列字段与行记录，单击【下一步】按钮。

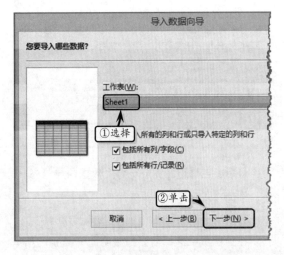

在【您要向绘图添加哪种形状？】列表中的【模具】下拉列表中选择模具类型，并在列表中选择具

体选项。或者，单击【浏览】按钮，在弹出的【打开模具】对话框中选择自定义模具。

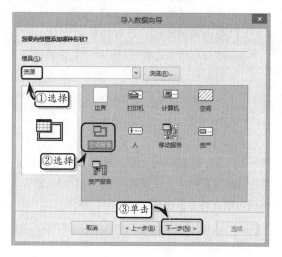

在【是否要为您的形状添加标签？】列表中，选项需要添加的标签项，并单击【下一步】按钮。在【数据中的哪一列包含唯一标识符】列表中选择唯一标识，并单击【下一步】按钮。

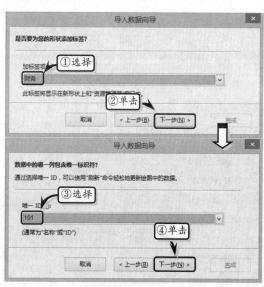

最后，在【正在完成"导入数据向导"】列表中，单击【完成】按钮即可。

3．为资源指派类别

在绘图页中选择需要指派给同一类别的所有资源，执行【设计】|【形状】|【分配类别】命令，弹出【指派类别】对话框，在【类别】下拉列表中

选择相应的选项，并单击【属性】按钮。

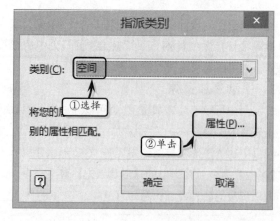

然后，在弹出的【属性】对话框中的【属性】列表框中选择相应的选项，然后在【类别属性】列表框中选择相应的选项，单击【添加】按钮即可。

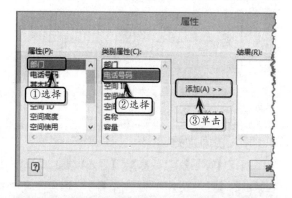

> **注意**
>
> 在【属性】对话框中的【结果】列表框中选择相应的选项，单击【删除】按钮即可删除已选的结果选项。

14.3.3　管理设施

创建空间设计图并指派资源之后，用户还需通过标注形状、产生报告等方法来管理绘图中的设施，从而帮助用户准确地记录资源。

1．刷新规划数据

确保源数据没有被删除或移动到绘图页中，执行【设计】|【数据】|【刷新】命令，系统会自动刷新数据并弹出【刷新数据】对话框。在对话框中查看"绘图更新摘要"情况。

2．标注形状

选择需要标注的形状，执行【计划】|【形状】|【标签形状】命令，弹出【给形状加标签】对话框，设置相应选项即可。

该对话框中主要包括下列几种选项。

□ **形状类型** 用来设置需要添加标签的形状类型。

□ **选择要在每个形状中显示的属性** 用来设置显示形状标签的形状数据，最多可以设置4个标签。

□ **导入数据** 单击该按钮，可在弹出的【导入数据向导】对话框中导入外部数据。

3．查找与移动资源

由于各类资源在绘图中的频繁变动，空间规划也会随之变动。为了能轻松而快速地管理与规划资源，用户需要查找与移动绘图规划中的资源。

用户可以通过下列几种方法来查找资源。

□ **使用"资源管理器"窗口** 在【空间或类别资源管理器】窗口中，右击需要定位的资源名称，执行【显示】命令。在绘图页中，定位所显示的形状即可。

□ **使用"查找"命令** 执行【开始】|【编辑】|【查找】|【查找】命令，在【查找内容】文本框中输入需要查找的文本，在【搜索范围】选项组中选择相应的选项，并单击【查找下一个】按钮即可。

另外，用户也可以通过下列几种方法来移动资源。

□ **使用"资源管理器"窗口** 在【空间或类别资源管理器】窗口中，将文件夹中的资源拖到绘图页中即可。

□ **直接移动** 在绘图页中直接拖动需要移动的资源即可。

Visio 14.4 练习：办公室布局图 难度星级：★★★★

一般情况下，在装修或更换办公室时，用户习惯事先规划一下办公室的布局，以满足其实用性和舒服性。在本练习中，将使用 Visio 中的"办公室布局"模板，来构建一份办公室布局图，以满足用户对办公室布局进行整体设计的需求。

练习要点

● 创建模板文档
● 设置缩放比例
● 添加形状
● 设置形状格式
● 添加文本框
● 设置背景效果
● 设置主题效果
● 设置边框和标题

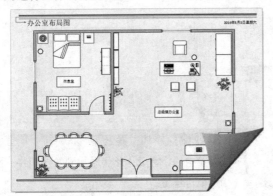

操作步骤 ▶▶▶▶

STEP|01 创建模板文档。执行【文件】|【新建】命令，在展开的列表中选择【类别】选项卡，同时选择【地图和平面布置图】选项。

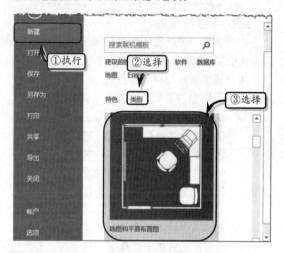

STEP|02 然后，在展开的【地图和平面布置图】列表中，双击【办公室布局】选项，创建模板文档。

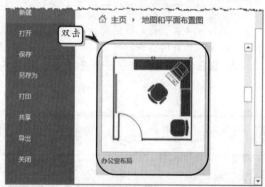

STEP|03 设置绘图页。在【设计】选项卡【页面设置】选项组中，单击【对话框启动器】按钮。选择【绘图缩放比例】选项卡，设置页面的大小。

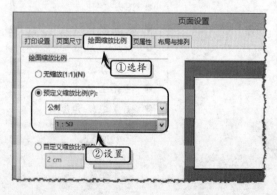

STEP|04 执行【设计】|【主题】|【无主题】命令，取消绘图页中的主题效果。

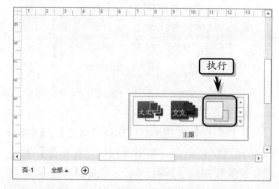

STEP|05 添加建筑形状。将"墙壁和门窗"模具中的"房间"形状添加到绘图页中，并调整其大小与位置。

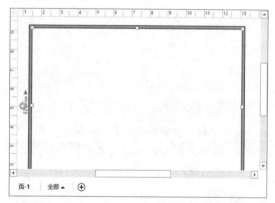

STEP|06 添加"窗户"形状。将"墙壁和门窗"模具中的"窗户"形状添加到绘图页中，复制窗户形状并调整其位置与大小。

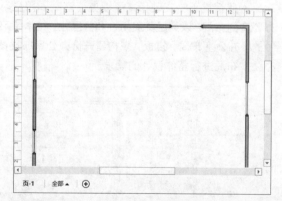

STEP|07 添加"墙壁"形状。将"墙壁和门窗"模具中的"墙壁"形状添加到绘图页中，并调整其大小与位置。

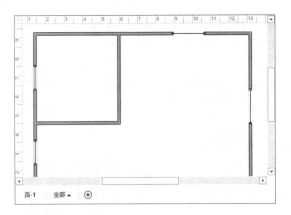

STEP|08 添加 "门" 和 "双门" 形状。然后，将 "墙壁和门窗" 模具中的 "门" 与 "双门" 形状拖放到绘图页中，并根据布局要求其调整大小与位置。

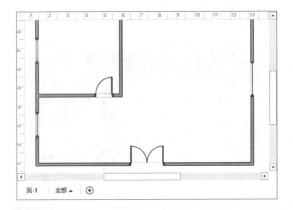

STEP|09 添加家具形状。将 "办公室家具" 模具中的 "书桌" "可旋转倾斜的椅子" 与 "椅子" 等形状拖放到绘图页中，并根据布局调整其位置。

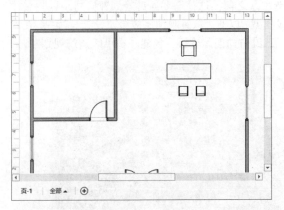

STEP|10 将 "办公室设备" 模具中的 "电话"、"PC 监视器" 形状，及 "办公室附属设施" 模具中的 "台

灯"、"圆形垃圾桶" 等形状添加到绘图页中，并调整其位置。

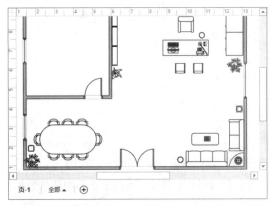

STEP|11 在【形状】窗格中，单击【更多形状】下拉按钮，选择【地图和平面布置图】|【建筑设计图】|【家具】命令，添加模具形状。

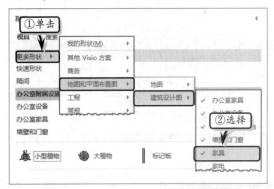

STEP|12 将【家具】模具中的【可调床】【床头柜】等形状添加到绘图页中，并调整其位置与大小。

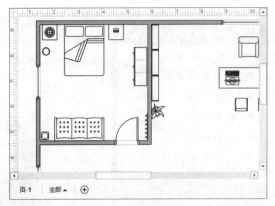

STEP|13 美化绘图。执行【插入】|【文本】|【文本框】|【横排文本框】命令，插入 2 个文本框并输入文本。

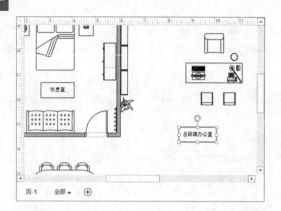

STEP|14 添加背景效果。执行【设计】|【背景】
|【背景】|【世界】命令，为绘图页添加背景效果。

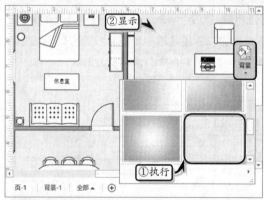

STEP|15 添加边框和标题样式。执行【设计】|【背

景】|【边框和标题】|【霓虹灯】命令，为绘图页
添加边框和标题样式，并修改标题文本。

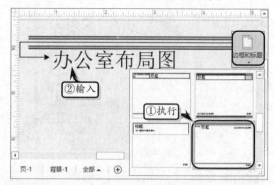

STEP|16 设置填充颜色。选择标题形状中最上方
的长方形，执行【开始】|【形状样式】|【填充】|
【红色】命令，设置形状的填充颜色。使用同样方
法，设置其他形状样式。

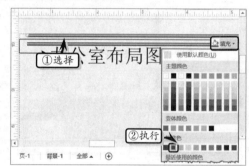

<table>
<tr><td>Visio</td><td>**14.5**</td><td>练习：小区建筑规划图</td><td>难度星级：★★★★</td></tr>
</table>

练习要点

- 创建模板文档
- 设置页面方向
- 设置背景
- 添加形状
- 设置形状大小
- 设置背景颜色

开发商在建造小区之前，往往需要通过规划部门将小区的整体
规划设计为图纸或模型，以便可以直观地反应给建设者与客户。在本
实例中，将运用"三维方向图"模板，创建一份小区建筑规划图。

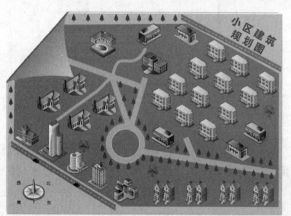

操作步骤 〉〉〉〉

STEP|01 创建模板文档。执行【文件】|【新建】命令，在展开的列表中选择【类别】选项卡，同时选择【地图和平面布置图】选项。

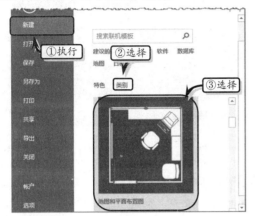

STEP|02 然后，在展开的【地图和平面布置图】列表中，双击【三维方向图】选项，创建模板文档。

STEP|03 美化绘图页。将页面方向设置为横向，在【形状】窗格中，单击【更多形状】下拉按钮，添加"路标形状"和"基本形状"模具。

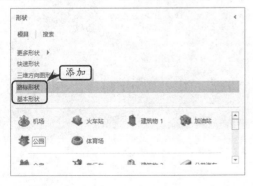

STEP|04 执行添加背景效果。【设计】|【背景】|【背景】|【实心】命令，为绘图页添加背景效果。

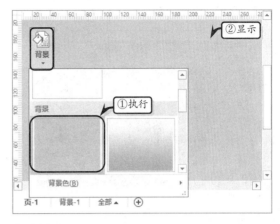

STEP|05 设置背景颜色。执行【背景】|【背景色】|【橄榄色，着色 2，淡色 40%】命令，设置背景颜色。

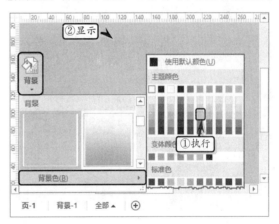

STEP|06 添加形状。将"路标形状"模具中的"指北针"形状添加到绘图页的左下角，并添加方向文字。

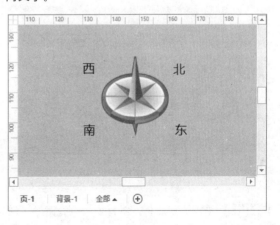

STEP|07 将"基本形状"模具中的"六边形"形状添加到绘图页中，使用【铅笔】工具调整其形状，并自定义填充颜色。

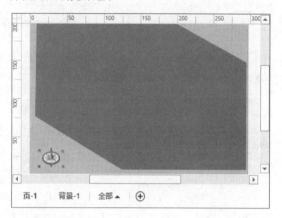

STEP|08 将"三维方向图形状"模具中的"道路4"形状添加到绘图页中，并调整其位置。

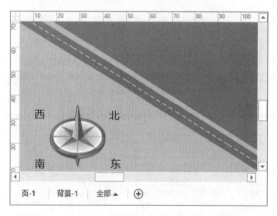

STEP|09 将"路标形状"模具中的"针叶树"形状添加到绘图页中，调整大小并复制形状。

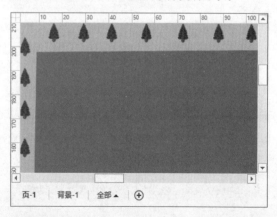

STEP|10 添加形状。将"体育场"、"旅馆"、"便

利店"和"仓库"形状添加到绘图页内部的顶端位置，并设置其大小。

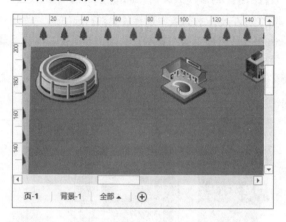

STEP|11 添加"落叶树"形状。将"路标形状"模具中的"落叶树"形状添加到"体育场"形状的下方，并调整其宽度。

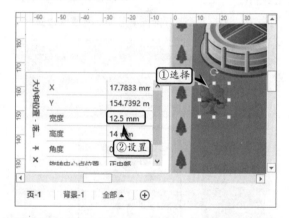

STEP|12 添加"学校"和"公寓"形状。在绘图页的右侧添加"学校"和"公寓"形状，并调整其位置与大小。

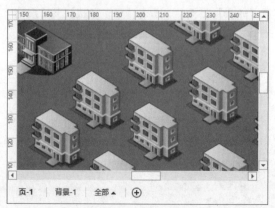

STEP|13 在"落叶树"形状的右下方添加 4 个"郊外住宅"形状和 1 个"落叶树"形状，并水平翻转"郊外住宅"形状。

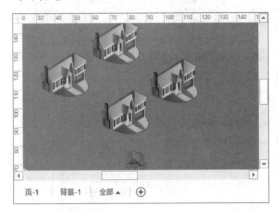

STEP|14 在"公寓"形状的周围添加"便利店""仓库"和"落叶树"形状。

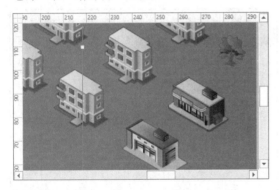

STEP|15 在绘图页的左下方添加"市政厅""摩天大楼""建筑物 2""建筑物 1"和"户外购物中心"形状，调整形状的大小并排列形状的位置。

STEP|16 在绘图页的底部添加 4 个"市区住宅"形状，并调整形状之间的距离。

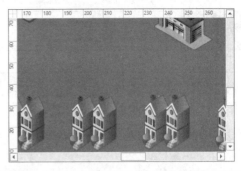

STEP|17 使用"方端道路""可变道路"与"圆形"形状制作"小区"内的道路，以及环形道路，并在道路两侧添加"针叶树"形状。

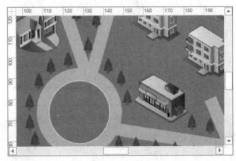

STEP|18 将"小轿车 1"与"小轿车 2"形状添加到"道路"上，并调整形状的位置和大小。

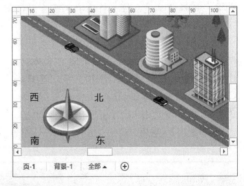

STEP|19 在绘图页的右上方添加标题文本框，并设置文本的字体格式。

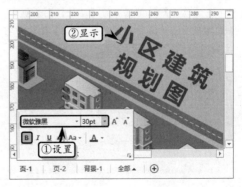

Visio 14.6 高手答疑

难度星级：★★★★

问题 1：门形状中包含什么组件？

解答：门形状中的各组件的具体位置与组成情况如下图所示。

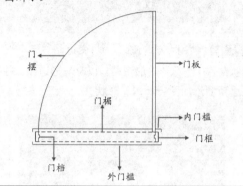

问题 2：在"空间规划启动向导"操作中可以使用哪几种平面布置图？

解答：启用"空间规划启动向导"对话框，在首界面中，包括可以设置平面布局图和房间的平面图类型，其具体情况如下所述。

- ❏ **图像** 选择该单选按钮，将显示建筑的 JPG 或 GIF 图像文件。
- ❏ **Visio 绘图** 选择该单选按钮，可以设置一个现有的 Visio 绘图，作为空间设计图的基础规划。
- ❏ **CAD 绘图** 选择该单选按钮，可以选择一个 CAD 格式的平面布置图。
- ❏ **无** 选择该单选按钮，表示将使用 Visio 工具绘制建筑图的轮廓。

问题 3：如何删除为资源指派的类别？

解答：为资源指派类别之后，选择形状，执行【计划】|【形状】|【分配类别】命令，单击【属性】按钮，在【属性】对话框中的【结果】列表框中，选择需要删除的资源指派，单击【删除】按钮即可。

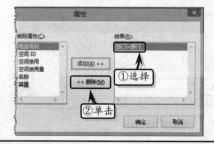

问题 4：如何将两个"空间"形状联合成单独的形状？

解答：在绘图页中添加两个"空间"形状，将两个形状叠加在一起并同时选择两个形状，右击执行【联合】命令，即可将两个形状联合成单独的 1 个形状。

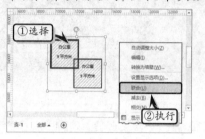

问题 5：如何显示【空间资源管理器】窗格？

解答：在绘图页中的【计划】选项卡【管理】选项组中，勾选【资源管理器窗口】复选框，即可显示【空间资源管理器】窗格。

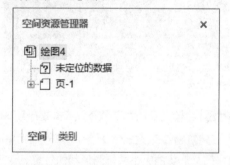

第 15 章

创建工程图

Visio 为用户提供了用于创建工程图的工程类模板，以帮助用户构建机械、电气和工艺流程图图表。在工程类模板中，不仅可以通过数百个可以配置的形状轻松实现用户想要的各类工程图表，而且还可以以部件和组件图所要求的精度摆放这些形状，并用连接线来定义工艺流程图所表达的关系。除此之外，在工艺流程图模板中还包含了一些创建模型的工具，以帮助用户在参见组件的情况下记录模型中的元素，并在 Visio 绘图中或以纲要形式查看你的模型。

在本章中，将详细介绍创建机械图、电气图和工艺流程图的基础知识和使用技巧，以及如何使用组件向工程绘图中的形状添加数据、标记和编号组件、产生组件列表和物料清单等。

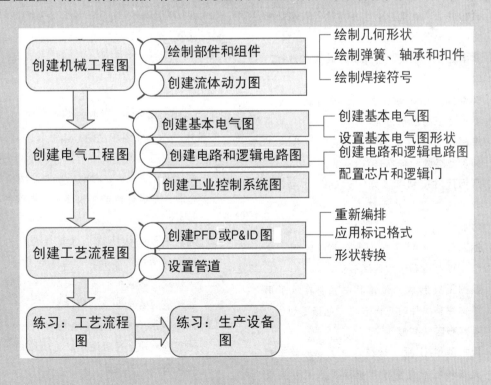

Visio 15.1 创建机械工程图

Visio 中的机械工程图模板包括"流体动力"与"部件和组件绘图"两个模板，用户不仅可以使用"部件和组件绘图"模板来构建包含详细部件说明和设备工具的复杂机械绘图；而且可以使用"流体动力"模板来创建用于记录水力或风力发电系统、流体动力图表和装备等图表。

15.1.1 绘制部件和组件

在 Visio 中，运用"部件和组件绘图"模板，可以绘制一份具有详细说明部件尺寸、边缘、位面和弯曲度，以及明确显示组件组合方法的机械工程技术图、图表、设计图、示意图、设计机械工具和机械装置等图表。

执行【文件】|【新建】命令，在【类别】选项卡中选择【工程】选项，同时选择【部件和组件绘图】选项，单击【创建】按钮，创建模板文档。在该模板中，主要包括下列 9 种模具。

❏ **紧固件 1** 该模具中主要存放代表螺母和螺钉的形状。

❏ **紧固件 2** 该模具中主要存放代表铆钉、螺钉和垫圈的形状。

❏ **弹簧和轴承** 该模具中主要存放弹簧和不同类型的轴承形状。

❏ **焊接符号** 该模具中主要存放了代表不同类型焊接的标准形状。

❏ **几何尺寸度量和公差** 该模具中主要存放了代表显示尺度度量原点和公差符号的形状。

❏ **标题块** 该模具中主要存放了边框、表格、标题块和修订区域形状。

❏ **绘图工具形状** 该模具中主要存放了用于部件和组件的几何形状，包括圆切线、垂线和圆角矩形等。

❏ **尺寸度量-工程** 该模具中主要存放了对直线和射线度量使用标注工程尺寸度量模式的尺寸度量形状。

❏ **批注** 该模具中主要存放了标注、文本块、向北箭头和引用等标注形状，以及绘图缩放比例形状。

1. 绘制几何形状

"绘图工具形状"模具中的形状不同于 Visio 其他模具中的形状，该模具中的形状简化了绘制几何形状的工作，无需使用"形状操作"工具，便可以独立绘制机械类部件。用户只需将该模具中的形状添加到绘图页中，调整并排列形状即可。

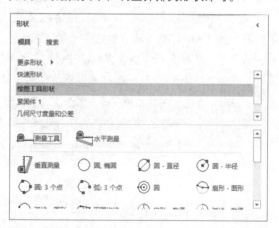

"绘图工具形状"模具使用了 4 种不同的数据集和 4 种不同类型的矩形，来绘制圆形状。该模具中一些常用形状的介绍和说明，如下所述。

❏ **尺寸度量** 尺寸度量形状类似于测量带，包括测量工具、水平测量和垂直测量 3 种形状，可通过拖动形状端点，来调整度量距离。

❏ **圆切线和弧线切线** 该类型的形状适用于绘制由传送带和轮子组成的系统。"弧线切线"形状中的黄色控制手柄，可以调整切线的长度和端点的位置。

❏ **圆角矩形** 使用该类型的形状可以绘制过程存储池，同时还可以拖动控制手柄来改变圆角的弧度。

- 扇形-图形和弧线-图形 模具中的"扇形-图形"形状是一种饼状切块,具有选择手柄和控制手柄,其选择手柄可以调整其半径、原点和切块的旋转,而控制手柄则可以改变扇形的角度。"弧线-图形"形状与"扇形-图形"形状具有同样的行为。

- 扇形-数据和弧线-数值 该类型的形状类似于"扇形-图形"和"弧线-图形"形状,唯一不同的是该类型的形状必须依靠输入的角度值来更改其角度。

- 三角形状 该类型的形状主要用于绘制各种不同的三角形,以及通过控制手柄调整三角形中的高度、直角边和角度。

- 多边形形状 该类形状包括"正多边形边"和"正多边形中心"两种形状,将该形状添加到绘图页中,右击形状可更改多边形,最多为八边形。

2. 绘制弹簧、轴承和扣件

在"弹簧和轴承"模具中,包含了一些常用的弹簧、轴承和扣件形状。该模具中的形状除了可以配置其形状数据之外,还可以通过右击鼠标,执行相应命令的方法,来调整形状的尺寸、阴影线和替代符号等。由于每种形状所涉及的数据类型不同,所以下面将介绍一些形状常用数据的设置方法。

- 设置尺寸 右击形状执行【设置尺寸】命令,可在弹出的【形状数据】对话框中,设置形状的尺寸大小。

- 使用手柄调整大小 右击形状执行【使用手柄调整大小】命令,可解除形状的锁定状态,通过拖动手柄即可调整形状的大小。

- 标阴影线 右击选择执行【标阴影线】命令,即可为形状添加交叉影线。

- 取消阴影线 右击选择执行【取消阴影线】命令,即可取消形状的交叉影线。

- 简化 简化是删除形状中的一些线条,显示形状的简化版本,右击形状执行【简化】命令即可。

- 设置维度 右击形状执行【设置维度】命令,可在弹出的【形状数据】对话框中,设置形状的维度值。

除了上述常用数据之外,用户还可以右击形状,设置形状的直径、孔切角、切角角度等数值。

3. 绘制焊接符号

"焊接符号"模具中显示了一些表示焊接类型和位置的形状,用户只需将表示"箭头"的形状添加到绘图页中,右击形状执行相应命令即可。例如,将"带弯头的箭头"形状添加到绘图页中,右击形状执行【显示所有圆环】和【显示尾部】命令,显示形状尾部和圆环。

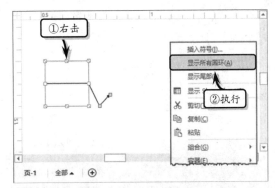

注意

显示形状的圆环和尾部之后,右击形状执行【隐藏所有圆环】和【隐藏尾部】命令,即可隐藏形状中的圆环和尾部形状。

另外,右击形状执行【插入符号】命令,在展开的窗格中,添加相应的焊点符号即可。

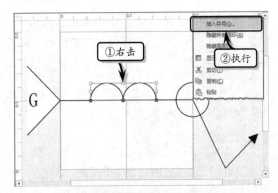

15.1.2 创建流体动力图

Visio 中的流体动力图主要用于创建带有批注的液压和气体系统、流体流量组件、流量控制装置、流动线路、阀和阀组件以及流体动力设备等图表。

在绘图页中，执行【文件】|【新建】命令，在【类别】选项卡中选择【工程】选项，同时选择【流体动力】选项，并单击【创建】按钮，创建模板文档。

1. 组建流体动力图

在该模板中一共包含了流体动力-设备、流体动力-阀装组件、流体动力-阀、连接符和批注 5 种模具。用户可将不同模具中的形状添加到绘图页中，并排列连接形状，来创建流体动力图。

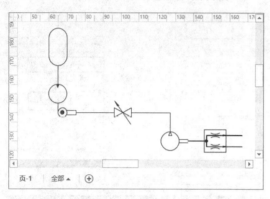

2. 调整流体动力形状

在绘图页中添加流体动力形状之后，除了通过拖动形状手柄的方法来调整形状的大小和方向之外，还可以右击形状，通过执行相应命令的方法，来调整流体动力形状的类型和外观。

例如，选择绘图页中的"泵"类形状，右击执行【气压】命令，即可将该形状的液压状态更改为气压。

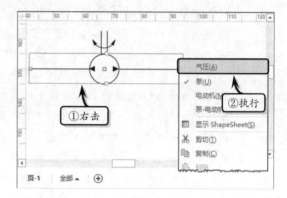

同样道理，用户还可以右击执行相应命令，来更改"泵"的类型和外观；或者拖动形状中间的黄色控制手柄，调整其具体显示位置。

15.2 创建电气工程图

难度星级：★★★★　●知识链接 15-1：创建系统图

Visio 为用户提供了基本电气、工业控制系统、电路和逻辑电路，以及系统等 4 种类型创建电气工程图的模板，以方便用户创建各种类型的电路板图、集成电路示意图、单线连接图和设计图等专业图表。

15.2.1 创建基本电气图

基本电气图主要用于创建示意性的单线连线图和设计图，该模板中包含用于开关、继电器、传输路径、半导体、电路和电子管等形状。

1. 创建基本电气图

在绘图页中，执行【文件】|【新建】命令，在【类别】选项卡中选择【工程】选项，同时选择【基本电气】选项，并单击【创建】按钮，创建基本电气模板文档。该模板为用户提供了"基本项""限定符号""半导体和电子管""开关和继电器"，以及"传输路径"模具。用户只需要将相应模具中的形状添加到绘图页中，并排列和连接形状即可创建基本电气图。

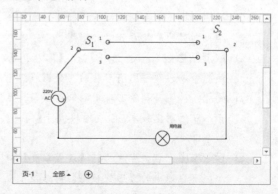

2．设置基本电气图形状

在 Visio 中，用户可通过右击基本电气形状的方法，来设置基本电气图的形状数据、类型和外观样式。

例如，右击"电阻器"形状，执行【可变】命令，即可更改形状的使用类型。

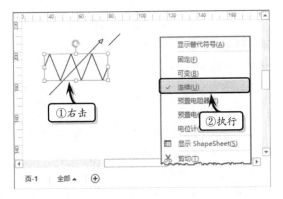

另外，除了更改基本电气图中某些形状的使用类型之外，还可以在【形状数据】对话框中，设置形状的具体类型。右击"继电器"形状，执行【设置继电器类型】命令，可在弹出的【形状数据】对话框中，单击【继电器类型】下拉按钮，选择相应选项即可。

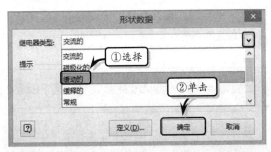

注意

在【形状数据】对话框中，还可以设置其他基本电气图形状的线数、标签等形状数据。

15.2.2　创建电路和逻辑电路图

电路和逻辑电路图主要用于创建带批注的电路和印刷电路板图、集成电路示意图和数字、模拟逻辑设计等图标，其模板中包含终端、连接器和传输路径等形状。

1．创建电路和逻辑电路图

在绘图页中，执行【文件】|【新建】命令，在【类别】选项卡中选择【工程】选项，同时选择【电路和逻辑电路】选项，并单击【创建】按钮，创建电路和逻辑电路模板文档。该模板为用户提供了"模拟和数字逻辑""集成电路组件""端子和连接器"，以及"传输路径"模具。用户只需要将相应模具中的形状添加到绘图页中，并排列和连接形状即可构建电路和逻辑电路图。

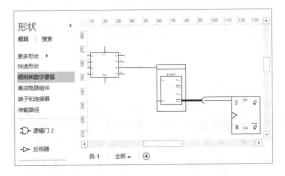

2．配置芯片和逻辑门

创建电路和逻辑电路图之后，还需要根据图表类型，设置电路板的芯片和逻辑门的类型，以使形状适合整体图表的布局所需。

在绘图页中，右击电路板形状，例如右击"4X组块全部"形状，执行【配置芯片】命令，在弹出的【形状数据】对话框中，设置各项选项即可。

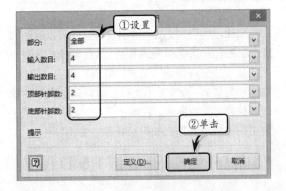

然后，右击绘图页中的逻辑门形状，执行【配置逻辑门】命令，设置各项选项即可。

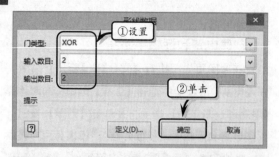

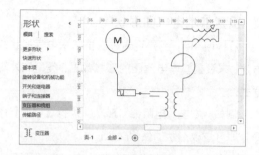

注意

使用同样的方法，还可以在【形状数据】对话框中，配置触发器类型、转换器类型等形状数据。

15.2.3 创建工业控制系统图

工业控制系统图主要用于创建带批注的工业电力系统图，包含用于旋转电机、半导体、固态设备、开关、继电器和变压器等形状。

在绘图页中，执行【文件】|【新建】命令，在【类别】选项卡中选择【工程】选项，同时选择【工业控制系统】选项，并单击【创建】按钮，创建工业控制系统模板文档。该模板为用户提供了"基本项""旋转设备和机械功能""开关和继电器""端子和连接器""变压器和绕组"，以及"传输路径"模具。用户只需要将相应模具中的形状添加到绘图页中，并排列和连接形状即可创建工业控制系统图。

在绘图页中，右击"旋转机器"形状，执行【设置机器类型】命令，可在弹出的【形状数据】对话框中，设置旋转机器的类型和限定符。

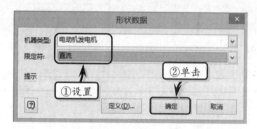

使用同样的方法，用户可以设置其他形状的芯、可调整性、抽头、标签和价值等形状数据。

知识链接 15-1：创建系统图

在 Visio 中的系统图主要用来创建带批注的电气原理图、维护和修复图以及共用电力基础设施设计等图表，包含用于创建静止设备、通信设备和固态设备的形状。

15.3 创建工艺流程图

难度星级：★★★★ ●知识链接 15-2：创建双控开关示意图

Visio 为用户提供了用于创建管道和仪器图和工艺流程图的工艺流程图模板，该类型模板主要用于创建管线工程系统（工业、炼制、真空、流体、水力和气体）、管线工程支持、材料配送和液体输送系统等方面的图表。在本小节中，将详细介绍创建工艺流程图的基础知识和操作方法。

15.3.1 创建 PFD 或 P&ID 图

在实际操作中，管道和仪器图又称为 P&ID 图，而工艺流程图又称为 PFD 图。用户只需在绘图页中，执行【文件】|【新建】命令，在【类别】选项卡中选择【工程】选项，然后选择【工艺流程图】或【管道和仪表设备图】选项，单击【创建】按钮即可。

Visio 中的"工艺流程图"和"管道和仪表设备图"模板中具有相同的模具，用户只需要创建一个模板文档，将不同模具中的形状按照设计要求添加到绘图页中，便可以制作各种类型的工艺流程图图表。

1．重新编排

重新编排是根据定义的标记格式将编号应用到组件形状。当用户创建图表之后，系统会根据形状类别自动为形状添加编号。此时，执行【工艺工

程】|【组件】|【重新编排】命令，在弹出的【重新对组件编号】对话框中，可以为绘图页中的形状进行重新编号。

在【重新对组件编号】对话框中，主要包括下列选项。

□ **文档** 表示对当前绘图文档中的所有组件重新编号。
□ **页面** 表示对当前绘图页中所有组件重新编号。
□ **所选内容** 表示只对所选组件重新编号。
□ **包含标记格式** 在该列表框中显示了绘图文档中所有类型的组件信息，可通过启用或禁用名称前面复选框的方法，来选中或取消组件重新编号。
□ **起始值** 表示编号的开始数值。
□ **间隔** 表示两个编号之间的增量值。
□ **编辑格式** 单击该按钮，可在弹出的【编辑标记格式】对话框中，自定义标记格式。

> **注意**
>
> 对组件进行重新编号后，新添加组件的标记将从最后一个被编号组件的结束值开始编号。

2．应用标记格式

Visio 使用标记来标识工艺流程图中的形状，默认情况下标记出现在形状下方的文本块中。当用户不满足于系统自带的标记样式时，可以使用标记格式将组件属性和数字计数器嵌入到各个形状的组件标记中。

在绘图页中，执行【工艺工程】|【组件】|【应用标记格式】命令，在弹出的【应用标记格式】对话框中，设置【标记格式】选项，并设置应用范围。

当用户选中【应用于绘图中所选的形状】选项时，可以将标记格式应用到用户所选择的形状中；

而选中【应用于模具中的形状】选项时，则表示将标记格式应用到主控形状中。

> **注意**
>
> 选中【应用于模具中的形状】选项，单击【选择形状】按钮，可在弹出的【选择形状】对话框中，选择所需应用的形状类型。

3．形状转换

当 Visio 提供的工艺流程图形状无法满足用户需求时，可以使用"形状转换"功能，将其他源中的形状或对象转换成自定义 Visio 形状或 CAD 符号以便用作工艺程序组件。

在绘图页中，执行【工艺工程】|【管理】|【形状转换】命令，在弹出的【形状转换】对话框中，设置各项选项即可。

在【形状转换】对话框中，主要包括下列一些选项：

□ **所选形状** 表示转换用户选中的形状。
□ **Visio 模具中的形状** 表示转换 Visio 模具中的主控形状，单击【选择形状】按钮，可选择形状类型。
□ **CAD 文件中的符号** 表示转换 CAD 文件中的符号，单击【浏览】按钮可以选择需要转换符号的 CAD 文件。如需设置绘图缩放比例，则需要设置【一个 CAD 单位】选项。
□ **类别** 用来设置将其分派给转换形状的

类别名称。

❑ **标记格式** 用来设置将其分派给转换形状的标记格式。

15.3.2 设置管道

在工艺流程图中，管道是连接设备的必备组件。在连接过程中，Visio 默认将"管道"形状拆分为多个独立的形状，其各个独立的形状共享"管道"相同的标记和数据。

当用户需要更改管道的某些行为时，可执行【工艺工程】|【管理】|【图表选项】命令，在弹出的【图表选项】对话框中，设置管道布局选项即可。

其中，在【图表选项】对话框中，包括下列 4 种选项。

❑ **拆分组件周围的管道** 该选项表示将形状添加到"管道"形状上时，系统将自动拆分"管道"形状。

❑ **创建分支时拆分管道** 该选项表示将其他"管道"形状添加到"管道"形状上时，系统将自动拆分"管道"形状；可单击【在管道分支处使用此形状】下拉按钮，来设置插入作为分支的形状。

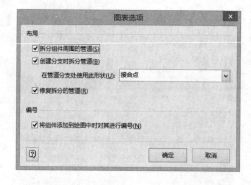

❑ **修复拆分的管道** 该选项表示当删除组件或其他"管道"形状时，系统会自动恢复"管道"形状的最初状态。

❑ **将组件添加到绘图中时对其进行编号** 该选项表示 Visio 将自动对组件添加编号。

> **知识链接 15-2：创建双控开关示意图**
>
> 电路图是通过各种图形符号来描述具体电路中的各种线路、用电器和仪表之间的连接关系。在本实例中，将使用 Visio 中的"基本电气"模板，制作双控开关电路示意图。

15.4 练习：工艺流程图

难度星级：★★★★

练习要点
- 创建模板文档
- 应用主题效果
- 应用背景
- 添加边框和标题
- 插入页
- 重命名页
- 添加形状
- 设置字体格式

工艺流程图是描述通用化学工业生产工艺流程的一种示意图，其可以展示化工生产时所需用的设备及配套工艺之间的关系，以及其中的操作过程等，帮助用户了解某种加工工艺的大体过程。在本练习中，将使用 Visio 的"工艺流程图"模板，来创建一份有关"精馏操作流程"的工艺流程图。

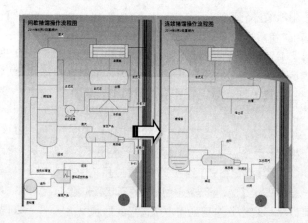

操作步骤 ▶▶▶▶

STEP|01 创建模板文档。执行【文件】|【新建】命令，在展开的选项卡中选择【类别】选项，同时选择【工程】选项。

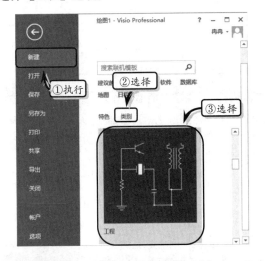

STEP|02 然后，在展开的【工程】列表中，双击【工艺流程图】选项，创建模板文档。

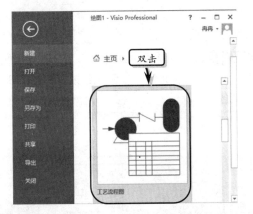

STEP|03 设置页面。执行【设计】|【页面设置】|【纸张方向】|【纵向】命令，同时执行【大小】|【A4】命令，设置纸张方向和大小。

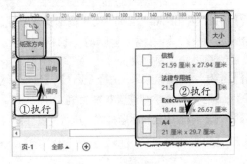

STEP|04 插入新页。单击状态栏中的【插入页】按钮，插入新页。然后，分别双击"页-1"和"页-2"标签，重命名页标签。

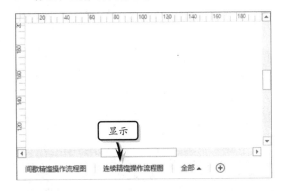

STEP|05 创建间歇精馏操作流程图。选择"间歇精馏操作流程图"绘图页，将"设备-容器"模具中的"多层塔"形状添加到绘图页中，并设置其大小。

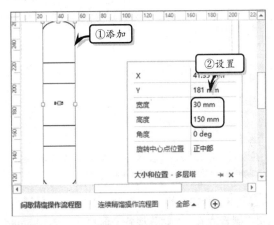

STEP|06 将"储料球"形状添加到绘图页中，并设置其大小和位置。使用同样方法，添加其他形状。

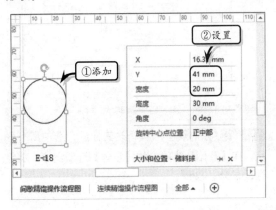

STEP|07 将"管道"模具中"主管道 R"形状添加到绘图页中,分别拖拽其两个连接点,连接"储料球"和"燃烧式加热器"等两个设备。

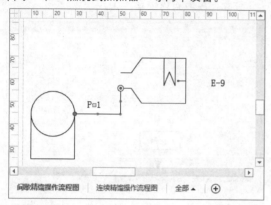

STEP|08 将"副管道 R"形状添加到绘图页中,分别拖曳其两个连接点,连接"离心泵"和"多层塔"的形状。

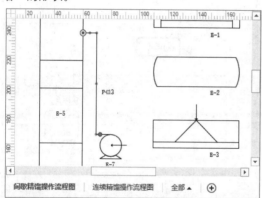

STEP|09 使用同样的方法,分别使用"主管道 R"和"副管道 R"形状连接各个形状。

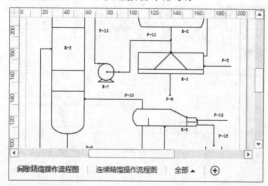

STEP|10 分别双击形状修改其标记,选中所有形状,在【开始】选项卡的【字体】选项组中,将字号设置为"12pt"。

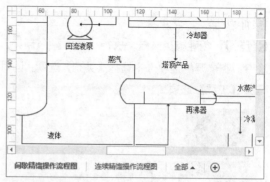

STEP|11 创建连续精馏操作流程图。选择"连续精馏操作流程图"绘图页,将"设备-容器"模具中的"多层塔"形状添加到绘图页中,调整其大小并修改名称。

STEP|12 分别将其他模具中的形状添加到绘图页中,调整并排列形状。然后,使用"管道"类形状连接各个形状。

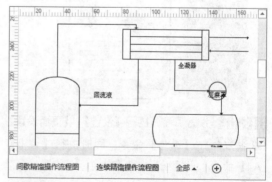

STEP|13 美化图表。选择"间歇精馏操作流程图"绘图页,执行【设计】|【主题】|【环保】命令,设置绘图页的主题效果。

STEP|14 添加背景效果。执行【设计】|【背景】|【背景】|【活力】命令,设置背景效果。

STEP|15 添加边框和标题样式。执行【设计】|【背景】|【边框和标题】|【凸窗】命令,为图表添加

边框和标题样式，并修改标题文本。

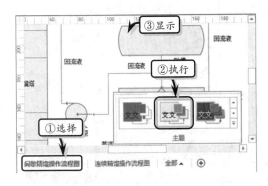

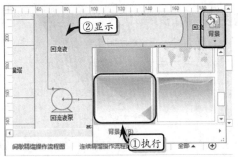

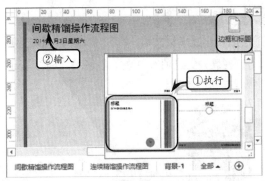

STEP|16 选择"连续精馏操作流程图"绘图页，重复步骤（13）～（15），美化绘图页。

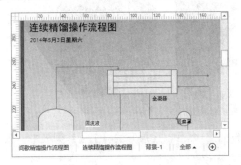

Visio

15.5　练习：生产设备图

难度星级：★★★★

　　生产设备图是描述具体化工产品生产过程的一种设备装配示意图，相比工艺流程图，生产设备图的内容更加具体化，其通常以符号的形式标注各种设备和管路中的流体，从而辅助化工工艺设计。本例就将使用 Visio 的"管道和仪表设备图"模板，构建一个简要的三氧化硫膜式磺化过程图。

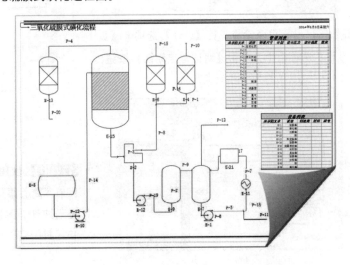

操作步骤 ▶▶▶▶

STEP|01 创建模板文档。执行【文件】|【新建】命令，在展开的选项卡中选择【类别】选项，同时选择【工程】选项。

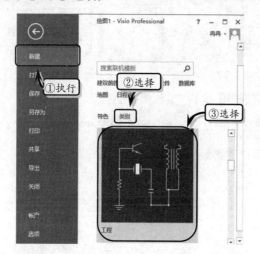

STEP|02 然后，在展开的【工程】列表中，双击【管道和仪表设备图】选项，创建模板文档。

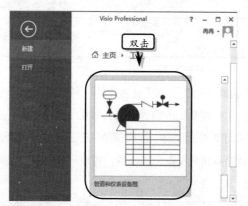

STEP|03 设置页面设置。在【设计】选项卡【页面设置】选项组中，单击【对话框启动器】按钮，设置打印机纸张的大小与纸张方向。

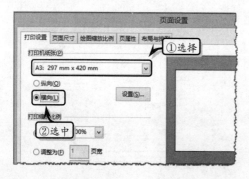

STEP|04 激活【页面尺寸】选项卡，选中【预定义的大小】选项，并设置相应参数。

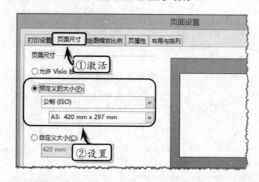

STEP|05 添加模具形状。将"设备-容器"模具中的"流体接触塔"形状添加到绘图页中。

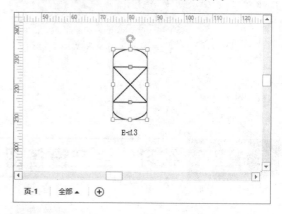

STEP|06 执行【视图】|【显示】|【任务窗格】|【大小和位置】命令，设置形状的大小和位置。

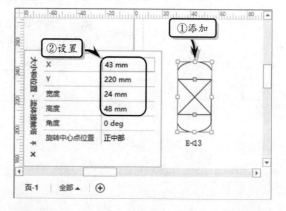

STEP|07 使用同样方法，分别添加1个"容器"、3个"离心泵"、1个"反应塔"、2个"流体接触塔"、1个"配量泵"、2个"塔"、1个"热交换器"和"封闭箱"形状，并设置其大小与位置。

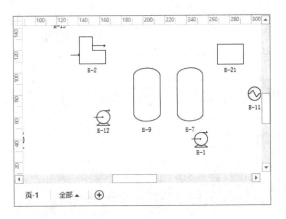

STEP|08 使用"管道"模具中的"主管道 R"形状连接各个形状，并设置标注文本的字体大小。

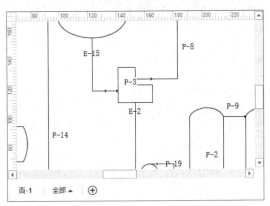

STEP|09 添加形状列表。将"工序批注"模具中的"管道列表"形状添加到绘图页中，双击形状输入管道信息。

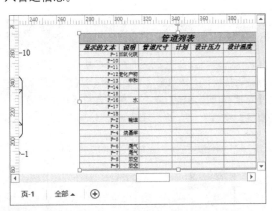

STEP|10 将"工序批注"模具中的"设备列表"形状添加到绘图页汇总，双击形状输入设备信息。

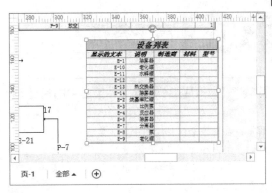

STEP|11 美化绘图。执行【设计】|【主题】|【离子】命令，设置绘图页的主题效果。

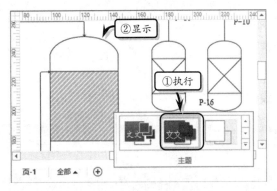

STEP|12 添加边框和标题样式。执行【设计】|【背景】|【边框和标题】|【简朴型】命令，添加边框和标题样式，并输入标题文本。

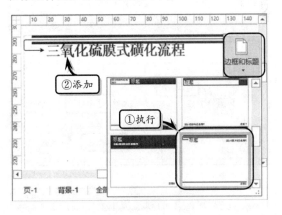

15.6 高手答疑

难度星级：★★

问题 1：如何注解部件和组件绘图中的尺寸和公差？

解答：在部件和组件绘图中，其形状与尺寸是相关联的，用户可以将"尺寸度量-工程"和"几何尺寸度量和公差"模具中相应形状添加到绘图页中，来注解尺寸和公差。

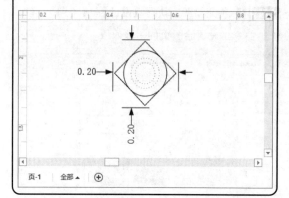

问题 2：如何设置传输路径的线数？

解答：在"基本电气"模板中，将【传输路径】模具中的"四线总线"形状添加到绘图页中。右击形状，执行【配置四线总线】命令，在弹出的【形状数据】对话框中，设置【线数】选项即可。

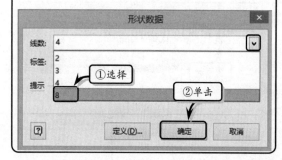

问题 3：如何配置函数生成器？

解答：在"电路和逻辑电路"模板中，将"模拟和数字逻辑"模具中的"函数生成器"形状添加到绘图页中。右击该形状，执行【配置函数生成器】命令，在弹出的【形状数据】对话框中，设置各项选项即可。

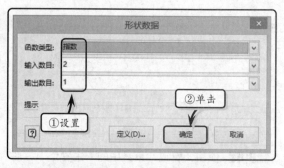

问题 4：如何查看工艺流程图中的组件？

解答：执行【工艺工程】|【显示/隐藏】|【组件资源管理器】命令，可在弹出的【组件资源管理器】窗格中，查看绘图页中的组件情况。

问题 5：如何查看工艺流程图中资源的连接情况？

解答：在工艺流程图中，用户可以查看绘图页中资源的连接情况。即执行【工艺工程】|【显示/隐藏】|【连接资源管理器】命令，在弹出的【连接资源管理器】窗格中，查看资源的连接情况。

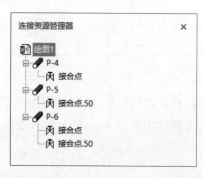

第 16 章

创建软件和数据库图

Visio 为用户提供了强大的软件和数据库模板，用于规划网站的结构与导航、维护和刷新现有网站的状态，以及查看当前网站内容、组织及断链情况。同时，还用于创建不同类型的用于记录软件系统的 UML 类图表，以及数据流图表、程序结构图、COM 和 OLE 等图表。在本章中，将详细介绍使用 Visio 创建网站图、软件开发图，以及界面图等软件和数据库图表的基础知识和实用技巧。

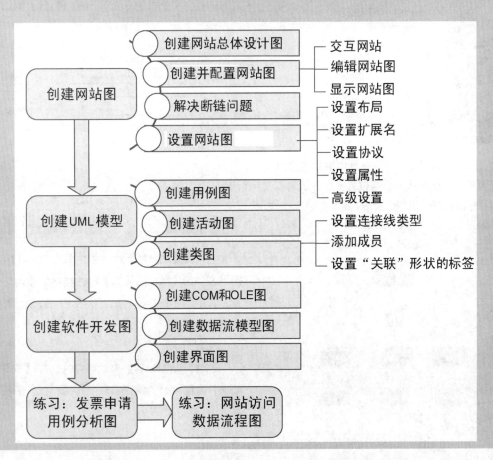

Visio 中的网站图，不仅可以具备维护网站、搜索与显示网站中元素的功能，而且还具备发现与显示网站中的修改、断链等功能，以帮助用户分析与维护已有的网站。

16.1.1　创建网站总体设计图

在构建网站图之前，需先创建一个网站总体设计图，以便可以形象地显示网站中各元素的组织结构。

启动 Visio 组件，在【类别】选项卡中选择【软件和数据库】选项，然后选择【网站总体设计】选项，单击【创建】按钮，创建模板文档。

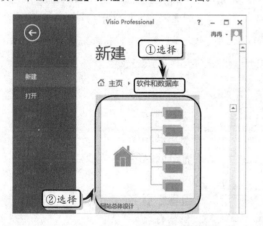

将"网站总体设计形状"模具中的相应形状拖到绘图页中，调整形状大小与位置，为形状输入文本标志，并使用将"动态连接线"或"曲线连接线"形状连接形状。

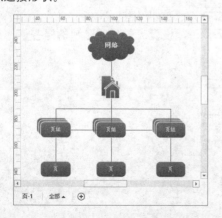

另外，用户还可以利用【主题】或【填充】等命令，设置形状的颜色与效果。

> **注意**
>
> "网站总体设计图"模板中的"网站图形状"模具适用于创建单个网页中的详细布局。

16.1.2　创建并配置网站图

在绘图页中，执行【文件】|【新建】命令，在【类别】选项卡中选择【软件和数据库】选项，同时选择【网站图】选项，并单击【创建】按钮，创建模板文档。此时，系统会自动弹出【生成站点图】对话框。在【地址】文本框中输入网站地址，或单击【浏览】按钮，在弹出的【打开】对话框中选择网页文件，单击【确定】按钮即可。

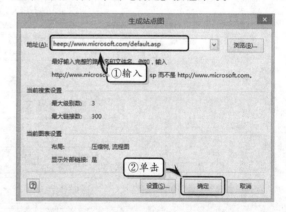

在【生成站点图】对话框中单击【设置】按钮，即可在弹出【网站图设置】对话框中修改网站图设置。其中，主要包括布局、扩展名、协议、属性与高级 5 种设置。

1．设置布局

在【网站图设置】对话框中，选择【布局】选项卡，设置网站的搜索级数、布局样式、形状大小等选项即可。

续表

选项组	选项	功　能
形状大小	根	用来设置根链接的大小
	第 1 级	用来设置链接的第一级的大小
	第 2 级	用来设置链接的第二级的大小
	更深级别	用来设置链接的其余级别的大小

【布局】选项卡中各项选项的功能，如下表所示。

选项组	选项	功　能
搜索	最大级别数	用于设置要搜索的级别数，取值介于 1～12 之间
	最大链接数	用于设置要搜索的 Web 链接的最大数量。其最大值为 5000
	搜索到最大链接数后完成当前级别	勾选该复选框，可以完成对网站某一级的搜索
布局样式	放置	用于显示网站图初始布局中的形状放置样式
	传送	用于显示网站图初始布局中的连接线样式
	修改布局	可以在【配置布局】对话框中更改网站图的初始布局
形状文本	默认形状文本	用于设置形状文本的显示样式。其中，"绝对 URL" 表示以根开头显示每个链接的完整 URL。"相对 URL"表示显示每个链接相对于其父级的 URL。"仅文件名"表示显示每个链接的文件名。"HTML 标题"表示显示每个链接的 <TITLE> 标记内的文本。"无文本"表示在每个链接上不显示文本
形状大小	形状大小随级别变化	该复选框表示链接形状的大小随级别的改变而改变

2. 设置扩展名

在【网站图设置】对话框中，选择【扩展名】选项卡，设置网站图的文件类型，以及用于表示这些类型的形状。

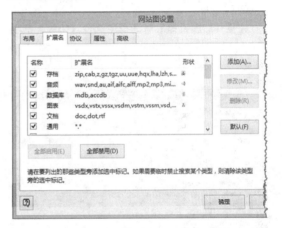

在【扩展名】选项卡中，主要包括下列选项。

- 名称 用于显示文件类型的名称。启用名称左侧的复选框，即可将该文件类型纳入生成的网站图。
- 扩展名 用来显示该文件类型的扩展名。
- 形状 用来显示在生成的网站图中表示该文件类型的形状，每个形状只能用于一种文件类型。
- 添加 单击该按钮，可在【添加扩展名】对话框中设置扩展名的名称、形状等属性，单击【确定】按钮即可将新设置的扩展名添加到"扩展名"列表中。
- 修改 单击该按钮，可在【修改扩展名】对话框中编辑所选文件类型的属性。
- 删除 单击该按钮，可以删除"扩展名"

列表中所选的文件类型。

- **默认** 单击该按钮，将恢复"扩展名"列表中的默认文件类型（包括已经删除的类型），并且撤销所做的任何修改。
- **全部启用** 单击该按钮，可选择"扩展名"列表中的所有文件类型。
- **全部禁用** 单击该按钮，可以清除"扩展名"列表中的所有文件类型。

> **注意**
>
> 用户也可以通过禁用名称左侧复选框的方法，删除"扩展名"列表中的文件类型。

3．设置协议

在【网站图设置】对话框中选择【协议】选项卡，设置要纳入网站图的协议，以及用于表示它们的形状。

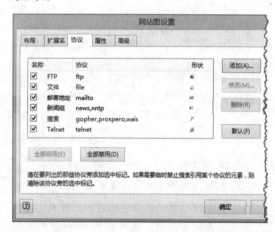

在【协议】选项卡中，主要包括下列选项。

- **名称** 用于显示协议类型的名称。启用名称左侧的复选框，即可将该协议类型纳入生成的网站图。
- **协议** 用来显示每种协议类型中的协议。
- **形状** 用来显示在生成的网站图中表示该协议类型的形状，每个形状只能用于一种文件类型。
- **添加** 单击该按钮，可在【添加协议】对话框中设置扩展名的名称、形状等属性，单击【确定】按钮即可将新设置的协议添加到"协议"列表中。

- **修改** 单击该按钮，可在【修改协议】对话框中编辑所选协议的属性。
- **删除** 单击该按钮，可以删除"协议"列表中所选的协议类型。
- **默认** 单击该按钮，将恢复"协议"列表中的默认协议类型（包括已经删除的类型），并且撤销所做的任何修改。
- **全部启用** 单击该按钮，可选择"协议"列表中的所有文件类型。
- **全部禁用** 单击该按钮，可以清除"协议"列表中的所有文件类型。

> **注意**
>
> 由于无法删除或禁用 HTTP 协议，所以该协议未列在【协议】选项卡中。

4．设置属性

在【网站图设置】对话框中，激活【属性】选项卡，设置"网站图"模板要搜索的 HTML 属性。

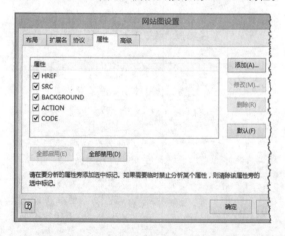

在【属性】选项卡中，主要包括下列选项。

- **属性** 用来显示 HTML 属性列表。启用属性旁边的复选框，即可在搜索过程中搜索该属性以查找链接，并在生成的网站图上显示这些链接。
- **添加** 单击该按钮，可在【添加属性】对话框中设置属性名称。
- **修改** 单击该按钮，可在【修改属性】对话框中编辑所选属性的名称。
- **删除** 单击该按钮，可以删除"属性"列表中所选的协议类型。

❑ **默认**　单击该按钮，将恢复"属性"列表中的默认属性（包括已经删除的属性），并且撤销所做的任何修改。

❑ **全部启用**　单击该按钮，可选择"属性"列表中的所有文件类型。

❑ **全部禁用**　单击该按钮，可以清除"属性"列表中的所有文件类型。

5. 高级设置

在【网站图设置】对话框中，选择【高级】选项卡，可以限制网站搜索的范围，选择要显示的链接，以及为需要 HTTP 验证的网站设置验证名称与密码。

【高级】选项卡中各项选项的功能，如下表所示。

选项组	选　项	功　能
搜索 条件	分析搜索到的所有文件	表示可以搜索能找到的所有链接。该选项搜索范围最广
	分析指定域中的文件	表示只搜索位于指定域中的链接
	分析指定目录中的文件	表示只搜索位于指定文件夹中的文件
	包含与搜索条件之外的文件的链接	表示包含与上述所选搜索条件以外的文件的链接
	将重复链接显示为可展开链接	表示将重复链接显示为可展开的形状

续表

选项组	选　项	功　能
搜索 条件	搜索 VBScript 和 JavaScript 中的链接	表示尝试搜索 HTML 嵌入式脚本内的链接
合并	合并不可展开的链接	表示将不可展开的链接合并为一个形状
	忽略片段标识符	表示将带有片断标识符的链接合并为一个形状。这样的链接在地址后面有一个"#"符号
	忽略查询组件	表示将带有查询组件的链接合并为一个形状。这样的链接在地址后面有一个"?"。其中，查询组件通常用于服务器端脚本
Internet 属性	Internet 属性	可以在【Internet 属性】对话框中编辑用于 Web 搜索的内容或安全筛选器
HTTP 验证	名称	表示在要搜索的网站输入 HTTP 验证名称
	密码	表示在要搜索的网站输入 HTTP 验证密码

16.1.3　设置网站图

生成站点之后，用户可通过模板提供的"筛选器窗口"与"列表窗口"窗格查看概括与详细的网站图。另外，还可以通过"网站图"选项卡中各项命令，来编辑和管理网站图。

1. 交互网站

创建网站图之后，网站中的某些区域未被填充。此时，为了保证网站的搜索进展，需要对网站本身进行交互，也就是对网站图中受保护的区域进行映射。

首先，在网站图中选择包含链接的形状，右击该形状并执行【交互式超链接选择】命令，弹出【交互式搜索】对话框。

在该对话框中，用户可以直接选择相关搜索下面的链接，也可以在【搜索】文本框中输入搜索内容，单击【搜索】按钮即可。最后，单击【关闭】按钮，选择的链接便会自动添加到网站图中。

2．编辑网站图

用户可通过下列操作，来编辑网站图。

- ❏ **展开超链接** 右击形状，执行【展开超链接】命令，或在【列表窗口】与【筛选器窗口】中单击元素左边的加号。
- ❏ **展开所有链接** 右击形状，执行【选择其下所有超链接】命令。
- ❏ **叠平链接** 在【列表窗口】与【筛选器窗口】中单击元素左边的减号。
- ❏ **集中元素** 右击【列表窗口】与【筛选器窗口】中的元素，执行【在页面上显示】命令。
- ❏ **添加超链接** 右击【列表窗口】与【筛选器窗口】中的元素，执行【配置超链接】命令。
- ❏ **删除元素** 右击【列表窗口】与【筛选器窗口】中的元素，执行【删除】命令。
- ❏ **修改形状文本** 右击形状，执行【修改形状文本】命令，在弹出的【修改形状文本】对话框中设置文本的显示方法。

3．显示网站图

在 Visio 中，大型网站图为了划分类别，需要将不同的类别分布到多个页面上。为了便于查看网站图的结构，需要导航放置不同类型网站图的绘图页。

首先，右击子链接形状，执行【创建子页】命令，系统会自动添加新页，并在网站图中添加"离

页链接"形状。

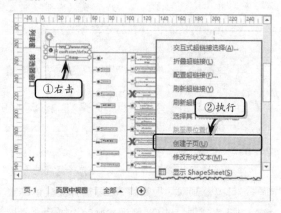

创建子页之后，双击"离页链接"形状，或右击该形状并执行【页-2】命令即可导航到新页中。

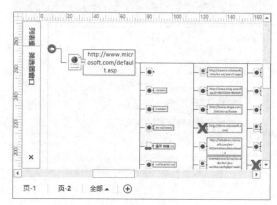

16.1.4 解决断链问题

在 Visio 中，网站图将以红色的 X 显示链接或元素的断链情况。用户可通过【列表窗口】或【筛选器窗口】，或右击链接并执行【在页面上显示】命令来查找断链。查找到断链之后，可以通过下列方法来修复网站中的断链。

- ❏ **检查网站地址** 仔细检查网站地址，确保正确地输入地址中的每一个字符。如果输入的地址为 HTML 文件的路径，应该确保 HTML 文件位于该路径中。
- ❏ **刷新链接** 可以通过使用【交互式搜索】对话框，来解决某个链接连接到网站图中需要验证身份的问题。
- ❏ **修复链接** 如果无法解决断链问题，可以在网站中修复超链接。修复链接后需要右击链接并执行【刷新超链接的父级】命令，

系统会再次生成父 HTML 页与该页的超链接。

另外，用户还可以使用网址链接报告，来查看或解决断链问题。在绘图页中，执行【网站图】|【管理】|【创建报表】命令，弹出【报告】对话框。在列表框中选择"网站图所有链接"选项，并单击【运行】按钮。

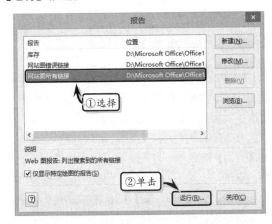

在弹出的【运行报告】对话框中选择报告格式，并单击【浏览】按钮，在弹出的对话框中选择保存

位置。最后，单击【确定】按钮即可。

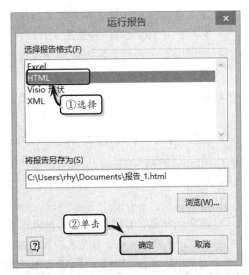

知识链接 16-1：创建网上商店网站设计图

在本知识链接中，将运用 Visio 2013 中的"软件和数据库"中的"网站总体设计"模板，来制作网上商店类型的网站总体设计图。

16.2　创建 UML 模型

难度星级：★★★★　◎知识链接 16-2：创建状态机图和序列图

UML 是面向对象开发中一种通用的图形化建模语言，具有定义良好、易于表达及功能强大等优点。而 UML 建模则是使用模型元素来组建系统模型，主要分为结构建模、动态建模和模型管理建模 3 个方面。Visio 根据用户对 UML 建模的需求，特内置了不同类型的 UML 模具和形状，以供用户选择使用。

16.2.1　创建用例图

用例图主要用于显示参与者在系统中的交互和产生事件，它并非单个步骤，而是强调了过程之间的交互。

Visio 2013 中将 UML 模型图拆分成各个独立的图表类型，用户只需在【新建】页面中，选择【类

别】选项卡，同时选择【软件和数据库】选项，双击"UML 用例"选项，即可创建 UML 用例模板文档。在模板中的"UML 用例"模具中，将相应形状添加到绘图页中即可。

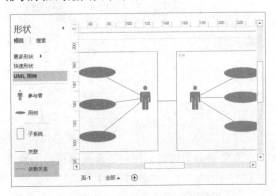

在"UML 用例"模具中，主要包括下列 6 类

形状。

- **子系统** 该形状用于包含多个用例的系统组件，可拖动边框调整其大小。
- **用例** 表示系统或类提供的一致的功能单位。
- **参与者** 表示与系统进行交互的用户或外部系统。
- **扩展** 表示用例行为的扩展，一般用来连接 2 个用例。
- **包含** 用于显示一个用例使用另一个用例的行为。
- **通信** 该类型的形状用于链接用例或参与者，包括关联、依赖关系和归纳形状。

注意

选择扩展、包含或通信类形状，右击执行【曲线连接线】命令，即可更改线条类型。

16.2.2　创建活动图

UML 活动图可以对业务和软件过程进行建模，并能够描述复杂业务规则和操作逻辑。

在 Visio 中，执行【文件】|【新建】命令，选择【类别】选项卡，同时选择【软件和数据库】选项，双击【UML 活动】选项，创建 UML 活动模板文档。然后，将 "UML 活动" 模具中相应的形状添加到绘图页中，并排列和连接形状。

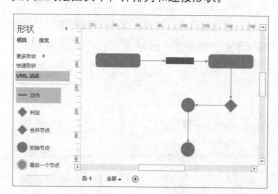

在创建活动图时，用户还需要遵循以下操作方法。

- **显示活动响应** 可使用模具中的 "泳道" 形状来显示每一个要求的类、人或组织

单位。

- **表示状态** 可以使用模具中的 "动作" 形状来表示每个状态，并使用 "初始节点" "最后一个节点" 等形状来表示状态中的节点。
- **状态转换** 可以使用模具中的 "分叉节点" 或 "连接节点" 形状显示多个并行或同步的状态。

16.2.3　创建类图

在 Visio 中，可以使用 "UML 类" 模板来创建 UML 类图表，用于显示阐明系统中上下文和类环境中的操作、特性和关联术语。

在 Visio 中，执行【文件】|【新建】命令，选择【类别】选项卡，同时选择【软件和数据库】选项，双击 "UML 类" 选项，创建 UML 类模板文档。然后，将【UML 类】模具中相应的形状添加到绘图页中，并排列和连接形状。

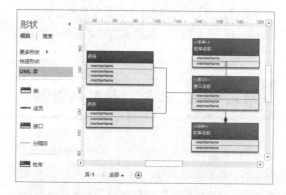

创建 UML 类图表之后，还需要对图表中的对象进行如下编辑操作，以使图表形状符合整体布局以增加图表的美观性。

1．设置连接线类型

Visio 为 UML 图表提供了多种类型的连接线，用户只需右击连接线，执行【设置连接线类型】命令，选择相应的选项即可。

2．添加成员

当用户将 "UML 类" 模具中的 "类" "接口" 或 "枚举" 形状添加到绘图页中时，为了满足多名称显示的需求，还需要为其添加 "成员" 形状。此时，用户只需将 "UML 类" 模具中的 "成员" 形状拖动到 "类" "接口" 或 "枚举" 形状中即可。

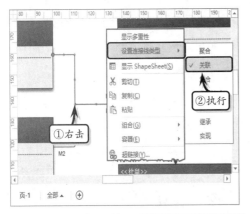

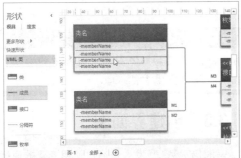

将无法分辨某个标签所应用的形状。此时，右击"关联"形状，执行【显示 ShapeSheet】命令，在展开窗口中的【Protection】列表中，修改【LockTextEdit】单元格值即可。

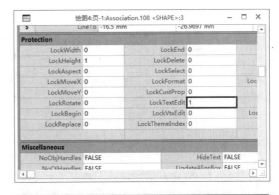

> **注意**
>
> 在单元格中输入数值后，按下 Enter 键即可完成输入。

> **注意**
>
> 用户可以使用同样的方法，为"类""接口"或"枚举"形状添加"分隔符"形状，以按类别区分成员。

Visio 知识链接 16-2：创建状态机图和序列图

　　UML 状态机图主要创建用于描述对象对外部激励响应的状态和转换图表，而 UML 序列图则用于表示类、组件、子系统或参与者的实例之间的消息序列。

3. 设置"关联"形状的标签

　　当多条"关联"形状连接到同一个形状中时，

Visio 16.3 创建软件开发图

难度星级：★★★★　◉知识链接 16-3：建模和记录数据库

　　Visio 具有强大的绘图功能，不仅可以绘制网站图和 UML 模型图，而且还可以根据设计需求利用不同的软件开发模板，创建多类型的软件图。

　　本节将详细介绍使用不同类型的软件模板创建软件开发图的基础知识，以及创建应用窗口开发图表、向导以及对话框。

16.3.1 创建 COM 和 OLE 图

　　COM 和 OLE 图在面向对象的程序设计中创建系统图、COM 和 OLE 图表，或公共接口图表、

COM 接口图表和 OLE 接口图表。

　　在 Visio 中，执行【文件】|【新建】命令，在【类别】选项卡中选择【软件和数据库】选项，并双击【COM 和 OLE】选项，创建模板文档。然后，将"COM 和 OLE"模具中的形状拖到绘图页中，调整形状大小与位置，并连接形状。

　　创建 COM 和 OLE 图表之后，可通过下列操作，来设置 COM 和 OLE 图表。

　　❑ **操作 IUnknown 接口**　该接口为 COM 对象默认的接口，可以通过拖动控制手柄的

方法，调整接口的位置。

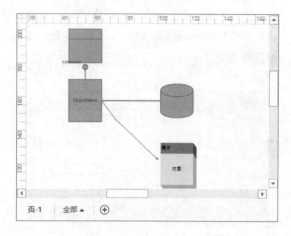

□ **数据流**　该形状表示数据流方向。

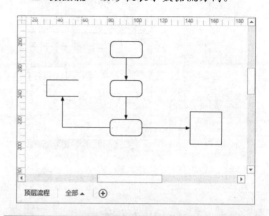

□ **为 COM 形状添加接口**　将形状中央的控制手柄拖到 COM 对象的接口处即可。

□ **设置 COM 形状的外观**　右击形状，执行【COM 样式 1】或【COM 样式 2】命令。

□ **设置"Vtable"形状显示的数目**　右击形状，执行【设置单元格的数目】命令，在弹出的【形状数据】对话框中重新设置单元格的数目。

□ **创建 COM、Vtable 与接口之间的连接**　将模具中的"引用"或"弱引用"形状拖到绘图页中，连接形状即可。

16.3.2 创建数据流模型图

数据流模型图可以显示数据存储、转换数据的过程与数据流。在绘图页中，执行【文件】|【新建】命令，在【类别】选项卡中选择【软件和数据库】选项，双击【数据流模型图】选项即可。然后，将"Gane-Sarson"模具中的形状拖到绘图页中，调整并连接形状即可。

"Gane-Sarson"模具中主要包括下列 4 种形状。

□ **流程**　该形状表示操作数据中的过程。

□ **接口**　该形状表示流程图中实体的接口。

□ **数据存储**　该形状表示数据存储器。

16.3.3 创建界面图

一般情况下，开发人员通过使用专业的原型创建工具，以及 Visual Basic 来开发软件界面图。对于普通用户来讲，利用 Visio 中的"线框图表"模板，一样可以创建软件应用界面图。

执行【文件】|【新建】命令，在【类别】选项卡中选择【软件和数据库】选项。然后，选择【线框图表】选项，并单击【创建】按钮。将"对话框"模具中的"对话框窗体"形状拖到绘图页中，调整形状大小及位置。然后，将相应的形状拖到"对话框窗体"形状中即可。

用户可通过下列操作，来添加窗体内的主要形状。

□ **在标题栏上添加按钮**　将"对话框"模具

中的"对话框按钮"形状拖到窗体中的右上角处，在弹出的【形状数据】对话框中选择按钮类型即可。

❑ **添加状态栏** 将"对话框"模具中的"状态栏图标"形状拖到"对话框窗体"形状中，并将"状态栏拆分器"形状拖到"状态栏"形状中。

❑ **添加上/下选项卡** 将"对话框"模具中的"上选项卡项目"或"下选项卡项目"形状拖到"对话框窗体"形状中即可。

❑ **添加滚动条** 将"对话框"模具中的"滚动条"形状拖到"对话框窗体"形状中。

❑ **添加按钮** 将"控件"模具中的"按钮"形状拖到"对话框窗体"形状中，并双击按钮形状添加按钮文本。

> **Visio**
> **知识链接 16-3：建模和记录数据库**
>
> 在 Visio 中，用户可以通过"软件和数据库"类别中各种数据库表示法模板，绘制一些建模和记录数据库图表。

Visio 16.4 练习：发票申请用例分析图 难度星级：★★★★

由于企业发票的申请需要经过多个管理层人员的审核才能通过，所以申请发票也需要制定一个流程。在本练习中，将运用 Visio 中的"UML 用例"模板文档，来制作一个发票申请用例分析图。

练习要点
● 创建模板文档
● 插入图片
● 应用主题
● 应用变体
● 应用边框和标题
● 设置形状样式
● 使用线条工具

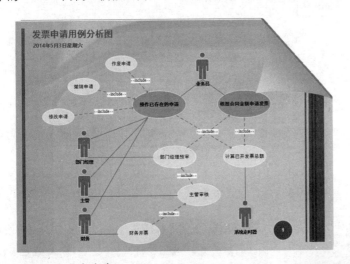

操作步骤 ❯❯❯❯

STEP|01 创建模板文档。执行【文件】|【新建】命令，选择【类别】选项卡，同时选择【软件和数据库】选项。

STEP|02 然后，在展开的【软件和数据库】列表中，双击【UML 用例】选项，创建模板文档。

STEP|03 美化绘图。执行【设计】|【主题】|【线性】命令，同时执行【变体】|【线性,变量 4】命令，设置绘图页的主题和变体效果。

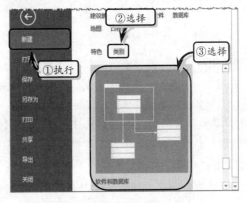

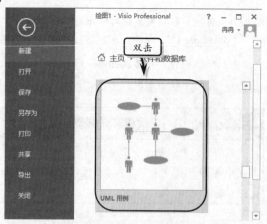

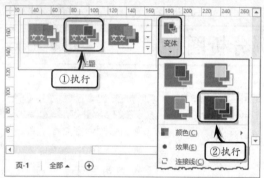

STEP|04 添加边框和标题样式。执行【设计】|【背景】|【边框和标题】|【凸窗】命令，添加边框和标题样式，并在"背景-1"绘图页中修改标题文本。

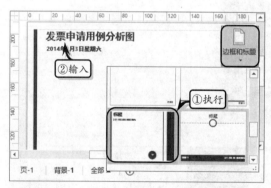

STEP|05 插入并调整图片。执行【插入】|【插图】|【图片】命令，选择图片文件，单击【打开】按钮，插入并调整图片的大小。

STEP|06 选择图片，执行【开始】|【排列】|【置于底层】命令，将图片放置于所有形状的下层。

STEP|07 添加"用例"形状。切换到"页-1"绘图页中，将"UML 用例"模具中的"用例"形状

添加到绘图页中，调整其大小和位置。

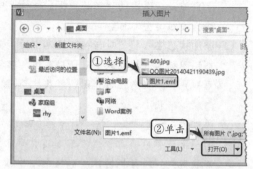

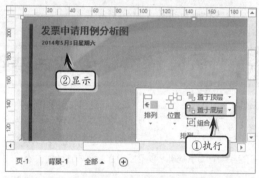

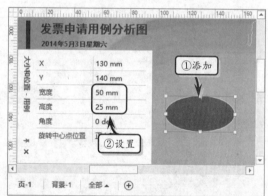

STEP|08 设置形状样式。选择形状，执行【开始】|【形状样式】|【主题样式】|【强烈效果-橙色，变体着色 4】命令，设置形状样式。

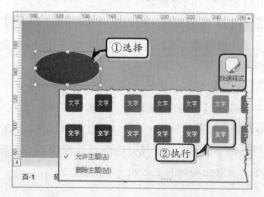

STEP|09 双击"用例"形状，输入用例名称，并设置文本的字体格式。使用同样的方法，添加其他"用例"形状。

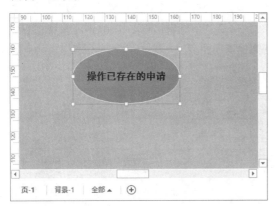

STEP|10 添加"参与者"形状。将"参与者"形状添加到绘图页的右上方，并设置其填充颜色与名称。

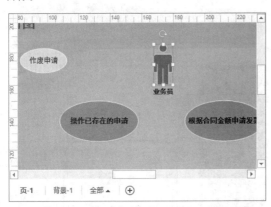

STEP|11 使用同样的方法，添加其他"参与者"形状，并设置形状的填充颜色与名称。

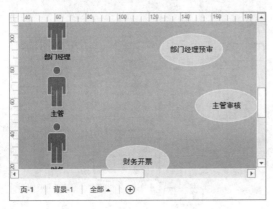

STEP|12 连接形状。将"扩展"形状添加到绘图页中，并连接"撤销申请"与"操作已存在的申请"用例。

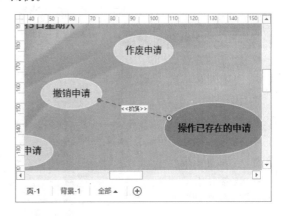

STEP|13 双击"扩展"形状，输入形状名称。使用同样方法，分别添加其他"扩展"形状。

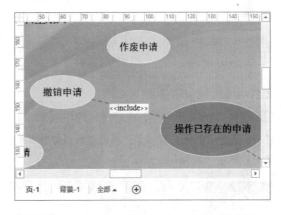

STEP|14 执行【开始】|【工具】|【指针工具】|【线条】命令，使用直线连接剩余的参与者与用例。

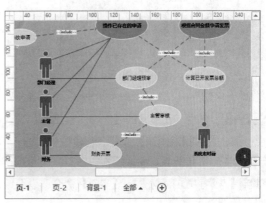

Visio 16.5 练习：网站访问数据流程图

难度星级：★★★★

随着计算机的不断发展，数据流模型已引起了广泛的关注，并被应用到各种数据类型中。在本实例中，将运用"数据流图表"模板，来制作一个网站访问数据流程图。

练习要点

- 设置字符格式
- 设置段落格式
- 插入形状
- 设置形状格式
- 插入图片
- 设置图片格式
- 设置背景格式

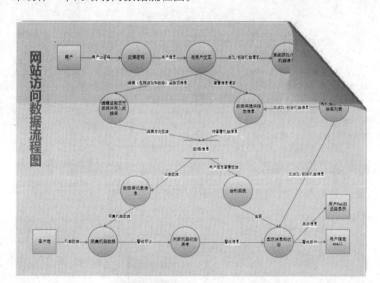

操作步骤 >>>>

STEP|01 创建模板文档。执行【文件】|【新建】命令，选择【类别】选项卡，同时选择【软件和数据库】选项。

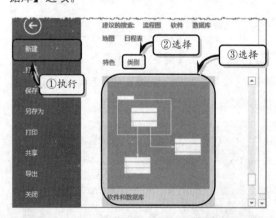

STEP|02 然后，在展开的【软件和数据库】列表中，双击【数据流图表】选项，创建模板文档。

STEP|03 美化图表。设置纸张的横向方向，执行【设计】|【背景】|【背景】|【实心】命令，设置绘图页的背景效果。

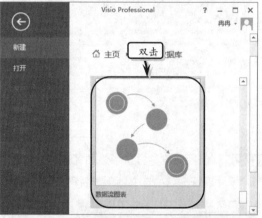

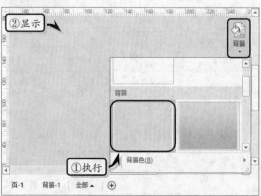

STEP|04 切换到背景页中，选择背景形状，执行【开始】|【形状样式】|【填充】|【其他颜色】命令。在【自定义】选项卡中，设置填充颜色值。

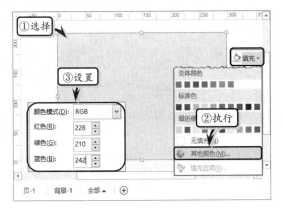

STEP|05 执行【设计】|【主题】|【丝状】命令，为绘图页添加主题效果。

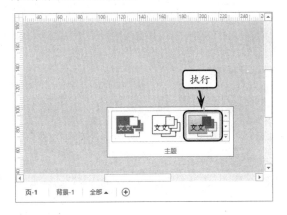

STEP|06 设置图表标题。执行【开始】|【工具】|【文本】命令，输入标题文本并设置文本字体样式和效果。

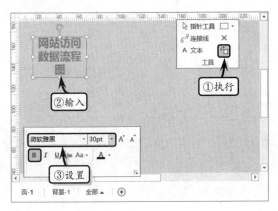

STEP|07 选择标题文本，执行【开始】|【段落】|【文字方向】命令，更改文本的显示方向。

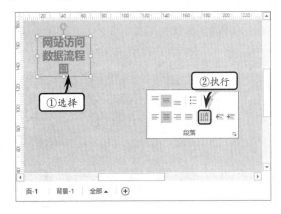

STEP|08 同时，执行【开始】|【字体】|【字体颜色】|【其他颜色】命令，在【自定义】选项卡中自定义文本的填充颜色。

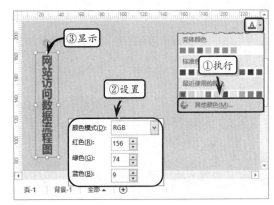

STEP|09 添加形状。将"数据流图表形状"模具中的"实体 1"形状拖到绘图页中，双击形状输入文本。

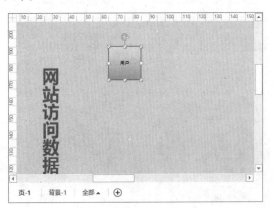

STEP|10 选择"实体 1"形状，执行【开始】|【形状样式】|【主题样式】|【平衡效果-橙色,变体着色7】命令，设置形状样式。使用同样的方法，添加其他"实体 1"形状。

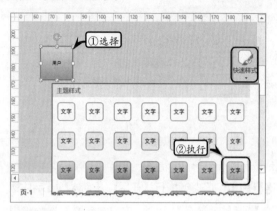

STEP|11 将多个"数据流程"形状添加到绘图页中，调整形状大小和位置，并双击形状添加说明文本。

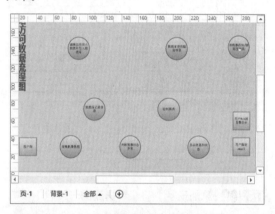

STEP|12 将"数据流图表形状"模具中的"数据存储"形状拖到绘图页中，并输入相关文本。

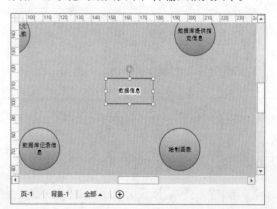

STEP|13 连接形状。使用"动态连接线"形状,连接"用户"与"处理密码"形状。

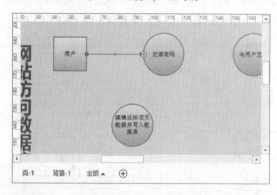

STEP|14 双击连接线形状，输入"用户 ID 密码"文字，并设置文本的字体格式。使用同样的方法，分别连接其他形状。

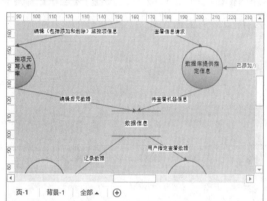

Visio

16.6 高手答疑

难度星级：★★★★

问题 1：如何修改网站图中的形状文本？

解答： 在网站图模板中，执行【网站图】|【管理】|
【修改形状文本】命令，在弹出的【修改形状文本】
对话框中，设置各项选项即可。

问题 2：如何将网站图居中显示在页面中？

解答： 在网站图模板文档中，执行【网站图】|【地
图】|【页居中视图】命令。此时，系统会自动创建
一个新页面，并将页面元素放置于页面中间。

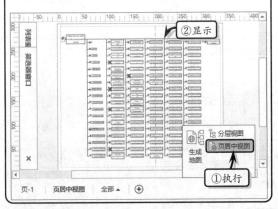

问题 3：如何显示 UML 类图中连接线的多重性？

解答： 在 UML 类图表中，选择连接线，右击执行
【显示多重性】命令，即可显示连接线的多重性。

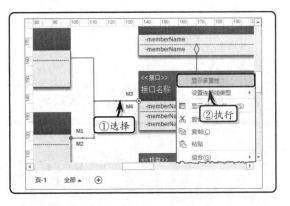

问题 4：如何构建企业应用图？

解答： 在绘图页中，执行【文件】|【新建】命令，
在【类别】选项卡中选择【软件和数据库】选项，
同时双击【企业应用】选项，创建企业应用模板文
档。然后，将"企业应用"模具中的形状添加到绘
图页中，排列并连接形状。

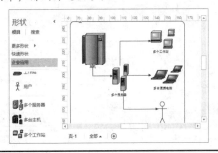

问题 5：如何构建程序结构图？

解答： 在绘图页中，执行【文件】|【新建】命令，
在【类别】选项卡中选择【软件和数据库】选项，
同时双击【程序结构】选项，创建企业应用模板文
档。然后，将"内存对象"或"语言级别形状"模
具中的形状添加到绘图页中，排列并连接形状。

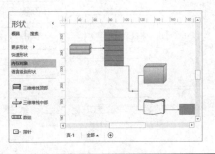

第 **17** 章

Visio 协同办公

　　Visio 除了拥有强大的形状绘制与数据结合功能外，还可以与多种类型的软件协同办公，包括 Office 系列软件、Autodesk AutoCAD，以及 Adobe Illustrator 等。用户既可以将 Visio 绘图文档插入到这些软件的编辑文档中，也可在这些软件中编辑相应的文档，并将其方便地导入Visio 绘图文档中，丰富 Visio 绘图文档的应用。在本章中，将详细讲解 Visio 与其他组件或软件进行协同办公，以及发布、共享数据的操作方法与基础知识。

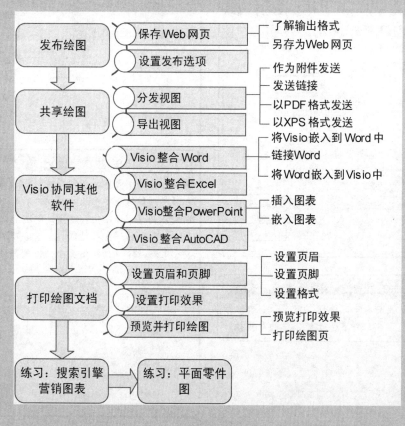

发布绘图

难度星级：★★★　●知识链接 17-1：使用 Visio Viewer

在 Visio 中，可以通过将绘图另存为 Web 网页，或另存为适用于 Web 网页的图片文件与 Visio XML 文件的方法。让任何没有安装 Visio 组件而安装 Web 浏览器的用户，也能观看 Visio 图表与形状数据。

17.1.1　保存 Web 网页

在 Visio 中，除了导入或导出数据之外，还可以将绘图保存为 Web 网页。在保存 Web 网页之前，还需要了解一下网页的输出格式。

1．了解输出格式

在将数据发布到 Web 之前，需要根据所发布的内容，来设置数据的输出格式。当用户希望达到如下 Web 显示效果时，可以选择"Web 网页"输出格式：

- ❑ 将形状发布到 Web 网页中。
- ❑ 将数据报告发送到 Web 网页中。
- ❑ 一次性发布多页绘图页中的绘图。

当用户希望达到如下 Web 显示效果时，可以选择"JPG、GIF、PNG 或 SVG"输出格式：

- ❑ 为 HTML 网页插入 Visio 绘图。
- ❑ 发布部分绘图。

2．另存为 Web 网页

在绘图页中，执行【文件】|【另存为】命令，在展开的【另存为】列表中选择【计算机】选项，并单击【浏览】按钮，如图 9-1 所示。

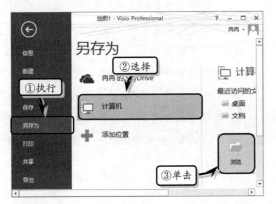

然后，在弹出的【另存为】对话框中，将【保存类型】设置为"Web 页"选项。同时，单击【更改标题】按钮，在弹出的【输入文字】对话框中输入标题名称。

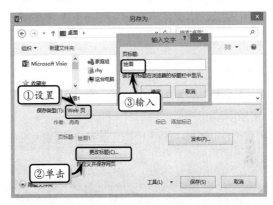

最后，单击【保存】按钮，即可将绘图保存为 Web 网页，并在浏览器中自动打开绘图网页。

Visio **知识链接 17-1：使用 Visio Viewer**

Visio Viewer 是一个 ActiveX 控件，可以在 IE 5.0 以上的版本中显示 Visio 绘图。用户可以在未安装 Visio 组件的计算机中，使用 Visio Viewer 查看或打印 Visio 文件。

17.1.2　设置发布选项

在将绘图数据发布到网页时，需要根据发布的具体要求设置发布选项。在【另存为】对话框中，单击【发布】按钮，弹出【另存为网页】对话框，设置需要发布的常规选项与高级选项即可。

1．设置常规选项

在【另存为网页】对话框中，选择【常规】选项卡，设置需要发布的绘图页、发布选项及附加选项等选项。

该【另存为网页】对话框中，各选项的功能如下表所示。

选项组	选项	功　能
要发布的页	全部	表示保存 Visio 绘图文件中的所有页
	页码范围	表示只保存指定的页
发布选项	详细信息（形状数据）	启用该选项，可显示形状的数据，用户可通过按住 Ctrl 键并单击网页上的形状来查看这些数据。该选项对 SVG 输出不可用
	转到页面（导航控件）	选中可显示用于在绘图中的页和报告之间移动的"转到页面"导航控件
	搜索页	启用该选项，可显示一个"搜索页"控件，使用该控件可以根据形状名称、形状文本或形状数据来搜索形状
	扫视和缩放	启用该选项，可显示"扫视和缩放"窗口，使用该窗口可在浏览器窗口中迅速放大绘图的各个部分
附加选项	在浏览器中自动打开网页	启用该选项，可在保存网页后立即在默认浏览器中打开保存的网页
	组织文件夹中的支持文件	启用该选项，可创建一个子文件夹，其名称包含存储网页支持文件的根 HTML 文件文件夹的名称
	页标题	指定出现在 Internet 浏览器标题栏中的网页的标题

2．设置高级选项

在【另存为网页】对话框中，选择【高级】选项卡，设置输出格式、目标监视器分辨率、样式表或用于嵌入网页的主文件。

在【高级】选项卡中，主要包括下列几种选项：

❑ **输出格式**　为网页指定 SVG、JPG、GIF、PNG 或 VML 输出格式。其中，SVG 与 VML 格式是可缩放的图形格式，当调整浏览器窗口的大小时，也会调整网页输出的大小。

❑ **提供旧版浏览器的替代格式**　指定在旧版浏览器中显示页面时的替代格式（GIF、JPG 或 PNG）。

❑ **目标监视器**　根据用户查看网页时使用的监视器或设备的屏幕分辨率，指定为网页创建的图形的大小，使网页图形的大小适合目标屏幕分辨率的浏览器窗口。

❑ **网页中的主页面**　指定要在其中嵌入已保存的 Visio 网页的网页。

❑ **样式表**　表示为 Visio 网页文件中的左侧框架和报告页面指定具有配色方案样式（与 Visio 中可用的配色方案匹配）的样式表。

Visio **17.2** 共享绘图　　　　　难度星级：★★★　◎知识链接 17-2：创建图表注释

为了达到协同工作的目的，可以将 Visio 绘图通过电子邮件发送给同事，或使用公共文件夹共享 Visio 绘图。

17.2.1 分发绘图

分发绘图是利用电子邮件，将绘图发送给同事或审阅者。另外，对于需要发送多个同事或审阅者的绘图来讲，可以将绘图按接收者的顺序分发。

1．作为附件发送

在绘图页中，执行【文件】|【共享】命令，在列表中选择【电子邮件】选项，同时选择【作为附件发送】选项。

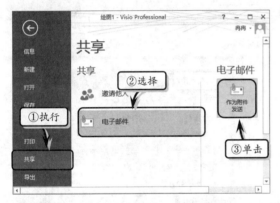

此时，系统会自动弹出 Outlook 窗口。在【收件人】文本框中输入电子邮件地址，并在正文区域输入正文，选择【发送】选项即可。

2．发送链接

如用户将演示文稿上传至微软的 MSN Live 共享空间，则可通过【发送链接】选项，将演示文稿的网页 URL 地址发送到其他用户的电子邮箱中。

3．以 PDF 格式发送

执行【文件】|【共享】命令，在展开的【共享】列表中，选择【电子邮件】选项，同时选择【以 PDF 形式发送】选项。

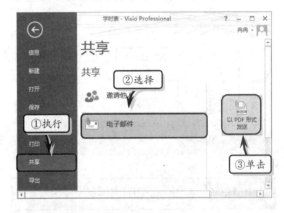

选中该选项，则 Visio 将把 Visio 文档转换为 PDF 文档，并通过 Microsoft Outlook 发送到收件人的电子邮箱中。

4．以 XPS 格式发送

执行【文件】|【共享】命令，在展开的【共享】列表中，选择【电子邮件】选项，同时选择【以 XPS 形式发送】选项。

选中该选项，则 Visio 将把 Visio 文档转换为 XPS 文档，并通过 Microsoft Outlook 发送到收件人的电子邮箱中。

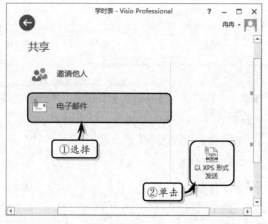

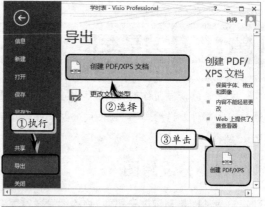

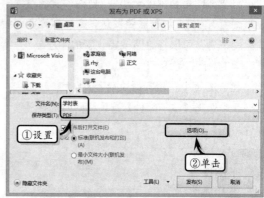

Visio
知识链接 17-2：创建图表注解

在制作绘图时，可以利用 Visio 提供的显示与强调形状信息的图表注解功能，来标注绘图中的重要信息，以及显示绘图文件、绘图容器与绘图中所使用的符号。

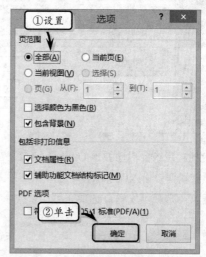

17.2.2 导出视图

使用 Visio，用户可以将演示文稿转换为可移植文档格式，也可以将其内容保存为图片或 CAD 等其他格式。

1. 创建 PDF/XPS 文档

执行【文件】|【导出】命令，在展开的【导出】列表中选择【创建 PDF/XPS 文档】选项，并单击【创建 PDF/XPS 文档】按钮。

在弹出的【发布为 PDF 或 XPS】对话框中，设置文件名和保存类型，并单击【选项】按钮。

然后，在弹出的【选项】对话框中，设置发布选项，并单击【确定】按钮。

最后，单击【确定】按钮后，返回【发布为 PDF 或 XPS】对话框，设置优化的属性，并单击【发布】按钮，即可将演示文稿发布为 PDF 文档或 XPS 文档。

2. 更改文件类型

使用 Visio，用户可将演示文稿存储为多种类型，既包括 Visio 绘图格式，也包括其他各种格式。

执行【文件】|【导出】命令，在展开的【导出】列表中选择【更改文件类型】选项，并在【更改文件类型】列表中选择一种文件类型，单击【另存为】按钮。

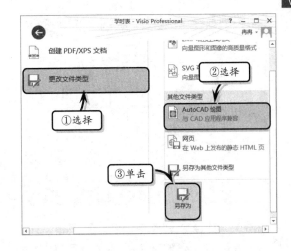

17.3　Visio 协同其他软件　　　　　　难度星级：★★

在 Visio 中，不仅可以利用电子邮件与公共文件夹共享绘图，而且还可以与 Word、Excel、PowerPoint 等 Office 组件进行协同工作。另外，用户还可以通过 Visio 与 AutoCAD、Internet 的相互整合，来制作专业的工程图纸及生动形象的高水准网页。

17.3.1　Visio 整合 Word

用户可通过嵌入、链接与转换格式 3 种方法，将绘制好的图表放入到 Word 文档中。

1．将 Visio 嵌入到 Word 中

打开 Visio 绘图文档，选择所有形状并右击鼠标，执行【复制】命令，复制这些形状。

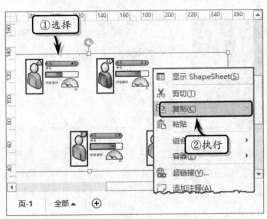

然后，切换到 Word 组件中，创建一个新的空白文档，右击鼠标，在弹出的菜单中执行【粘贴】命令，将其粘贴到该文档中即可。

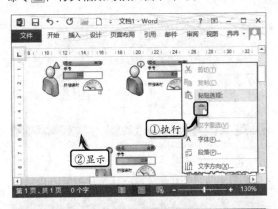

> **注意**
>
> 将 Visio 图表嵌入到 Word 文档中后，可以双击嵌入的图表，在弹出的 Visio 窗口中编辑图表。

2．链接 Word

在 Word 文档中，执行【插入】|【文本】|【对象】命令，弹出【对象】对话框。在【由文件创建】选项卡中单击【浏览】按钮，在弹出的【浏览】对话框中选择要添加的 Visio 图表。然后，勾选【链接到文件】与【显示为图标】复选框即可。

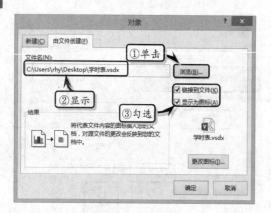

3．将 Word 嵌入到 Visio 中

在使用 Visio 绘制形状时，用户还可以为其插入由 Word 编辑的媒体文本内容。在 Word 程序中选中文本，执行【开始】|【剪贴板】|【复制】命令 ，将其复制到剪贴板中。

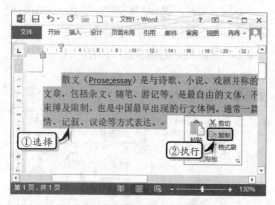

然后，切换到 Visio 软件中，执行【开始】|【剪贴板】|【粘贴】命令，将其粘贴到绘图文档中。

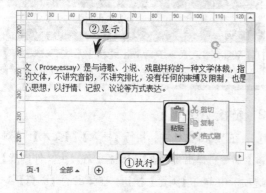

17.3.2　Visio 整合 Excel

用户不仅可以将 Excel 表格插入到 Visio 图表中，而且还可以将 Visio 图形的数据导出，生成数据报告。

1．将 Excel 嵌入或链接到 Visio 中

在 Visio 窗口中，执行【插入】|【文本】|【对象】命令，弹出【插入对象】对话框。选中【根据文件创建】选项，并单击【浏览】选项，在弹出的【浏览】对话框中选择需要插入的 Excel 表格即可。

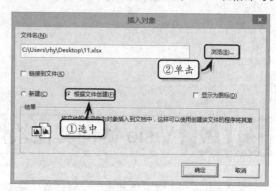

另外，在【插入对象】对话框中，勾选【链接到文件】复选框，即可将 Excel 表格链接到 Visio 图表中。

2．导出组织结构图

在绘图页中，执行【文件】|【新建】命令，在【类别】选项卡中选择【组织结构图】选项，并单击【创建】命令。

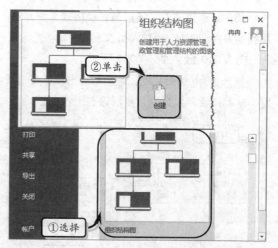

将"组织结构图形状"模具中的形状，添加到绘图页中，输入相应的文字，并为其添加连接线和设置格式。执行【组织结构图】|【组织数据】|【导出】命令。在弹出的【导出组织结构数据】对话框中，选择要保存的位置，输入文件名，并将【保存

类型】设置为"Microsoft Excel 工作簿"。

在该对话框中，单击【保存】按钮，在弹出的【组织结构图】对话框中单击【确定】按钮，即完成导出组织结构图数据的操作。

3．网站链接报告

在绘图页中，执行【文件】|【新建】命令，在【类别】选项卡中双击【软件和数据库】类别中的【网站图】选项，创建该模板文档。然后，在弹出的【生产站点图】对话框中的【地址】文本框中，输入地址。

执行【网站图】|【管理】|【创建报表】命令，在弹出的【报告】对话框中，选择【网站图所有链接】选项。单击【运行】按钮，弹出【运行报告】对话框。在该对话框中，选择【Excel】选项，单击【确定】按钮即生成相关的报告。

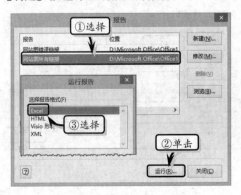

17.3.3　Visio 整合 PowerPoint

将 Visio 图表应用到 PowerPoint 演示文稿中，既可以增强演示文稿的美观，也可以使演示文稿更具有说服力。

1．插入图表

在 Visio 窗口中，执行【开始】|【剪贴板】|【复制】命令，复制需要插入到幻灯片中的图表。在 PowerPoint 窗口中，执行【开始】|【剪贴板】|【粘贴】命令，将 Visio 图表放入到幻灯片中。

2．嵌入图表

在 PowerPoint 窗口中，执行【插入】|【文本】|【对象】命令，在弹出的【插入对象】对话框中，选择【由文件创建】选项。单击【浏览】按钮，在弹出的【浏览】对话框中选择目标文件，同时勾选【显示为图标】复选框即可。

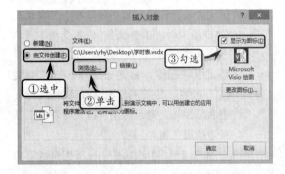

17.3.4　Visio 整合 AutoCAD

Visio 图表与 AutoCAD 的结合，可以使用户在两者之间方便、快捷地进行数据转换。

1．在 Visio 中使用 AutoCAD

在绘图页中，执行【插入】|【插图】|【CAD 绘图】命令，弹出【插入 AutoCAD 绘图】对话框。

选择要插入的文件,并单击【打开】按钮,弹出【CAD绘图属性】对话框。

在该对话框中,主要包括【常规】与【图层】两个选项卡。选择【常规】选项卡,设置 CAD 的比例与保护格式。

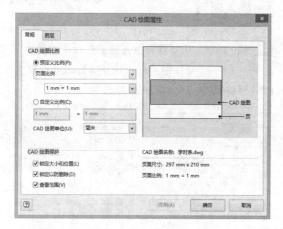

其中,【常规】选项卡中各选项的功能,如下所述:

❑ **预定义比例** 主要用来设置 CAD 绘图的类别与尺寸。其中,类别主要包括结构、土木工程、公制、机械工程、页面比例 5 种类型,而每种类型中又分别包含了不同的大小尺寸。

❑ **自定义比例** 表示用来指定 CAD 绘图的高度、宽度及绘图单位。

❑ **锁定大小和位置** 启用该选项,可以固定 CAD 绘图的大小和位置,使其变成不可调整的状态。

❑ **锁定以防删除** 启用该选项,可以锁定 CAD 绘图,防止用户删除或编辑。

❑ **查看范围** 启用该选项,将在绘图中无法查看绘图范围。

另外,选择【图层】选项卡,设置图形的可见性、颜色与线条粗细。

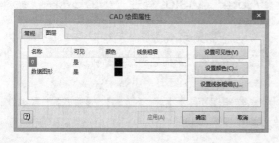

其中,【图层】选项卡中各选项的功能,如下所述:

❑ **设置可见性** 启用该选项,可以将绘图设置为可见或隐藏状态。

❑ **设置颜色** 启用该选项,可以在【颜色】对话框中设置绘图的颜色。

❑ **设置线条粗细** 启用该选项,可以在【自定义线条粗细】对话框中,输入线条的粗细值。

2.在 AutoCAD 中使用 Visio

启动 AutoCAD 组件,执行【插入】|【OLE对象】命令。在弹出的【插入对象】对话框中,选中【根据文件创建】选项,并单击【浏览】按钮,在弹出的【浏览】对话框中选择 Visio 图表即可。

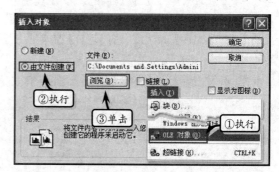

3.保存为 AutoCAD 格式

在绘图页中,执行【文件】|【另存为】命令。在弹出的【另存为】对话框中,单击【保存类型】按钮,在打开的下拉列表中选择"AutoCAD 绘图"或"AutoCAD 交换格式"选项。最后,单击【保存】按钮即可。

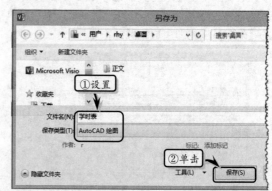

17.4　打印绘图文档　　　　　　　　　难度星级：★★

Visio 与 Office 其他组件一样，也可以将绘图页打印到纸张中，便于用户查看与研究绘图与模型数据。在打印绘图之前为了版面的整齐，需要设置打印颜色和打印范围等打印效果。同时，为了记录绘图页中的各项信息，还需要使用页眉和页脚。

17.4.1　设置页眉和页脚

页眉和页脚分别显示在绘图文档的顶部与底部，主要用来显示绘图页中的文件名、页码、日期、时间等信息。另外，页眉和页脚只会出现在打印的绘图上和打印预览模式下的屏幕上，不会出现在绘图页上。

1．设置页眉

执行【文件】|【打印】命令，选择【编辑页眉和页脚】选项。在弹出的【页眉和页脚】对话框中的【页眉】选项组中设置页眉的显示内容。

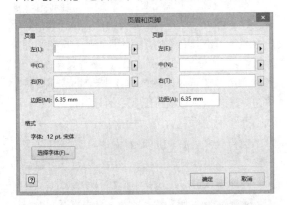

在【页眉】选项组中，主要包括下列各项选项：

- ❑ **左**　表示在页面左上方显示文本信息，用户可通过单击右侧的按钮来选择页码、页面名称等 9 种显示信息。其文本的长度为 128 个字符之内。
- ❑ **中**　表示在页面顶部居中部分显示文本信息，通过单击右侧的按钮来选择显示信息。
- ❑ **右**　表示在页面右上角显示文本信息，通过单击右侧的按钮来选择显示信息。

- ❑ **边距**　表示从文本到页面边缘的距离，即指从页眉文本的顶部到页面的上边缘之间的距离。

2．设置页脚

在【页眉和页脚】对话框中的【页脚】选项组中，设置相应的显示内容即可。【页脚】选项组各选项的具体含义如下所述：

- ❑ **左**　表示在页面左下角显示文本信息，用户可通过单击右侧的按钮来选择页码、页面名称等 9 种显示信息。其文本的长度为 128 个字符之内。
- ❑ **中**　表示在页面底部居中部分显示文本信息，通过单击右侧的按钮来选择显示信息。
- ❑ **右**　表示在页面右下角显示文本信息，通过单击右侧的按钮来选择显示信息。
- ❑ **边距**　表示从文本到页面边缘的距离，即指从页脚文本的底部到页面的下边缘之间的距离。

3．设置格式

格式主要用来设置页眉和页脚中的字体格式，单击【选择字体】按钮，在弹出的【选择字体】对话框中，可以设置字体样式、字形、大小与颜色等参数。

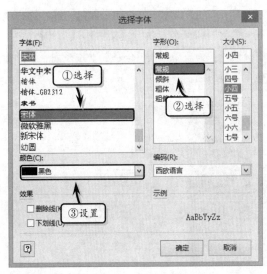

17.4.2 设置打印效果

对于大型的图表来讲，一般都具有多个绘图页，因此，在打印绘图时还需要设置其打印范围，以方便用户按照主次要点查看不同的绘图内容。另外，为了节省打印费用或打印多彩的图表，还需要设置打印颜色。

1．设置打印范围

在 Visio 2013 中，执行【文件】|【打印】命令，在【设置】列表中单击【打印所有页】下拉按钮，从下拉列表中选择打印页。

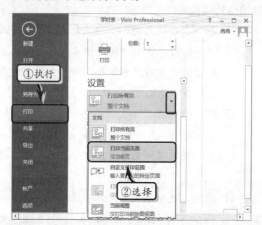

> **注意**
>
> 用户还可以在【打印所有页】选项下面，通过输入打印页码的方法，来设置打印范围。

2．设置打印颜色

Visio 2013 为用户提供了"颜色"和"黑白模式"两种打印颜色，执行【文件】|【打印】命令，在【设置】列表中单击【颜色】下拉按钮，选择相应的选项即可。

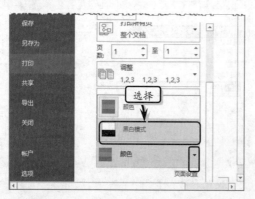

17.4.3 预览并打印绘图

设置绘图页的页面设置和页眉、页脚元素之后，便可以预览绘图页的页面效果，并打印绘图页了。

1．预览打印效果

执行【文件】|【打印】命令，在展开的页面右侧，查看绘图页的最终打印效果。

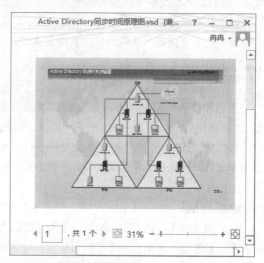

在该页面下方底部的左侧显示了当前页数和总页数，帮助用户查看绘图页的总页数。然后，用户可通过单击其右侧的【缩放到页面】按钮和缩放比例按钮，来缩放预览页面，以详细查看绘图内容。另外，用户还可以通过单击【显示/隐藏分页符】按钮，来显示或隐藏绘图页中的分页符。

2．打印绘图页

执行【文件】|【打印】命令，在预览页面预览整个绘图页的打印效果。然后，设置【份数】选项，并单击【打印】按钮，开始打印绘图页。

Visio **17.5** 练习：搜索引擎营销图表

难度星级：★★★★

制作一个完整的搜索引擎营销图表，才能够使搜索引擎营销获得最大效益。在本练习中，将使用 Visio 中的营销图表模板，制作"搜索引擎营销图表"，使读者在了解制作营销图表的操作技巧之余，更加了解 Visio 的实际应用。

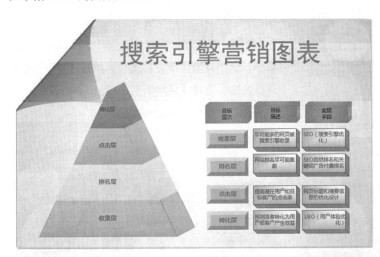

练习要点

- 创建模板文档
- 应用背景
- 设置形状格式
- 设置字体格式
- 设置形状数据

操作步骤 ▷▷▷▷

STEP|01 创建模板文档。启动 Visio 组件，选择【类别】选项卡，在展开的列表中选择【商务】选项。

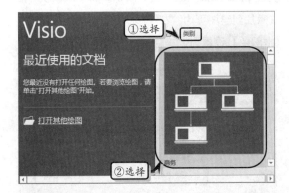

STEP|02 然后，在展开的列表中，双击【营销图表】选项，创建模板文档。

STEP|03 制作图表标题。将纸张方向设置为横向，执行【插入】|【文本】|【文本框】|【横排文本框】命令，输入标题文本，并设置文本的字体格式。

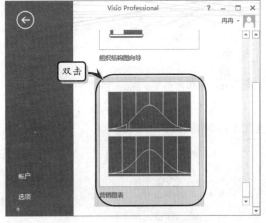

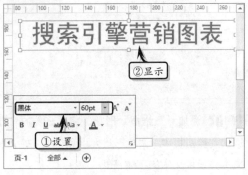

STEP|04 添加"三角形"形状。将"三角形"形状添加到绘图页中，在弹出的【形状数据】对话框中，将【级别数】设置为"4"。

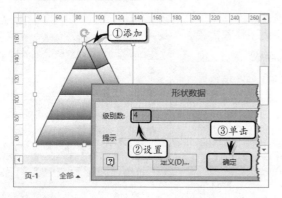

STEP|05 选择"三角形"形状中的顶部，将填充颜色设置为"浅蓝"，线条样式设置为"无线条"。

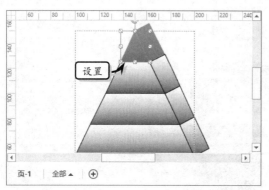

STEP|06 使用同样的方法，依次设置"三角形"形状其他层次的填充颜色，依次输入标注文本并设置文本的字体格式。

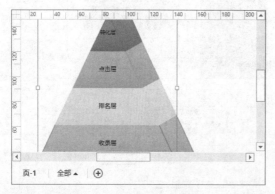

STEP|07 添加"三维框"形状。将"三维框"形状添加到绘图页中，调整形状大小和位置，输入标注文本并设置文本的字体格式。

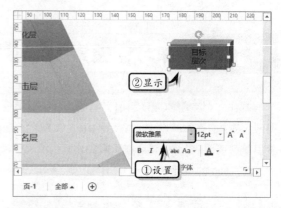

STEP|08 选择形状，右击执行【设置形状格式】命令。选中【渐变填充】选项，单击【预设渐变】下拉按钮，选择【径向渐变，着色 5】选项。用同样的方法，添加其他三维框形状。

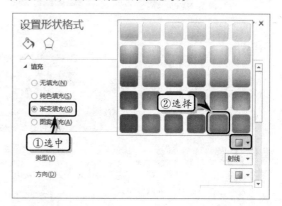

STEP|09 添加"彩色块"形状。将"彩色块"形状添加到绘图页中，在【形状数据】对话框中，将【框颜色】设置为"橙色"。

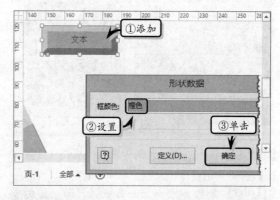

STEP|10 复制"彩色块"形状，设置其填充颜色并为形状添加标注文本。

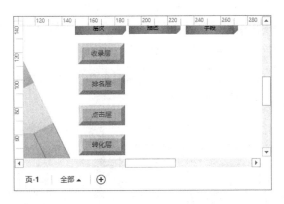

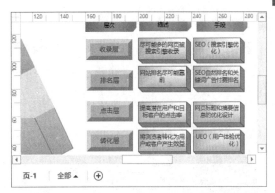

STEP|11 添加"三维矩阵"形状。将多个"三维矩阵"形状添加到绘图页中，设置其填充颜色并为形状添加标注文本。

STEP|12 添加绘图背景。执行【设计】|【背景】|【背景】|【货币】命令，为绘图页添加背景。

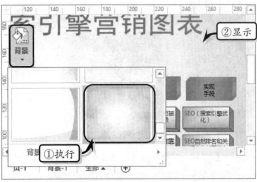

Visio 17.6 练习：平面零件图

难度星级：★★★★

在机械设计中，用户可使用 Visio 设计和绘制各种零件图，并通过 Visio 内置的标注功能，标记零件图中各种加工面的尺寸。在本练习中，将使用 Visio 的"部件和组件绘图"模板，来绘制一个立钻钻孔的平面图。

练习要点

- 创建模板文档
- 设置页面属性
- 绘制形状
- 设置形状格式
- 设置字体格式
- 应用背景
- 应用边框和标题

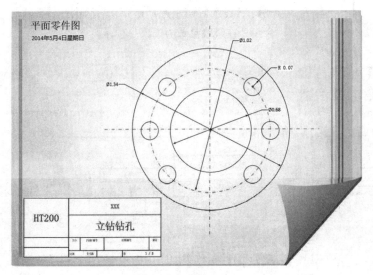

操作步骤 ▶▶▶▶

STEP|01 创建模板文档。执行【文件】|【新建】命令，选择【类别】选项卡，在展开的列表中选择【工程】选项。

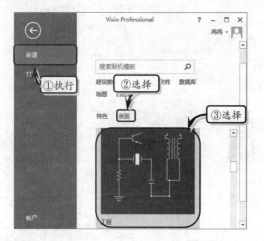

STEP|02 然后，在展开的【工程】列表中，双击【部件和组件绘图】选项，创建模板文档。

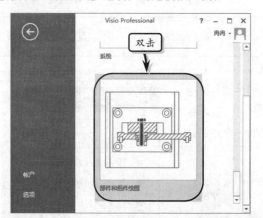

STEP|03 设置页面方向。在【设计】选项卡的【页面设置】选项组中，单击【对话框启动器】按钮。在【打印设置】选项卡中，设置打印纸张选项。

STEP|04 选择【页面尺寸】选项卡，设置纸张的预定义大小，并单击【确定】按钮。

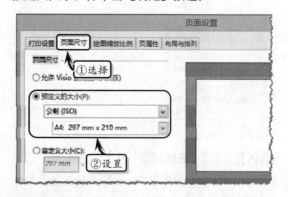

STEP|05 绘制辅助线。执行【开始】|【工具】|【指针工具】|【线条】命令，在【绘图页】中绘制交叉的两条直线。

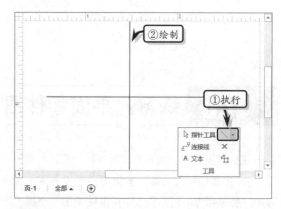

STEP|06 选择直线，执行【开始】|【形状样式】|【线条】|【红色】命令，同时执行【虚线】命令，在级联菜单中选择一种线条样式。

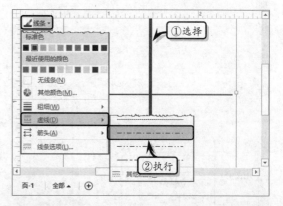

STEP|07 绘制辅助圆。将"绘图工具形状"模具中的"圆，椭圆"形状添加到绘图页中，并调整其

大小和位置。

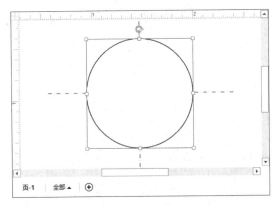

STEP|08 选择形状，执行【开始】|【形状样式】|
【填充】|【无填充】命令，取消形状的填充颜色。

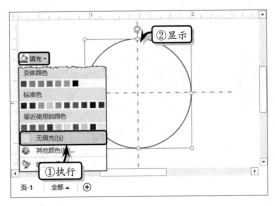

STEP|09 同时，执行【开始】|【形状样式】|【线
条】|【红色】命令，并执行【虚线】命令，在级
联菜单中选择一种线条样式。

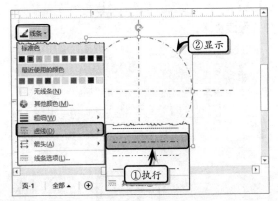

STEP|10 绘制同心圆。在绘图页中，添加 2 个"圆，
椭圆"形状，并调整其大小和位置。

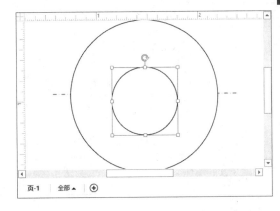

STEP|11 同时选择新添加的 2 个圆形状，执行【开
始】|【形状样式】|【填充】|【无填充】命令，取
消形状的填充颜色。

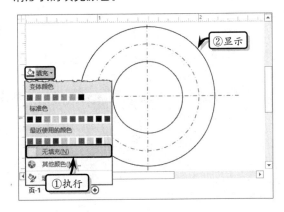

STEP|12 绘制圆-半径。将"绘图工具形状"模具
中的"圆-半径"形状添加到绘图页中，复制形状
并调整其大小和位置。

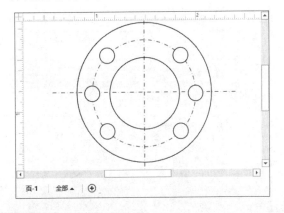

STEP|13 选择所有的"圆-半径"形状，执行【开
始】|【形状样式】|【填充】|【无填充】命令。

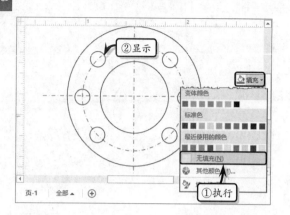

STEP|14 绘制直径。将"尺寸度量-工程"模具中的"直径"形状添加到辅助圆形中，拖动控制手柄调整形状的长度和位置。

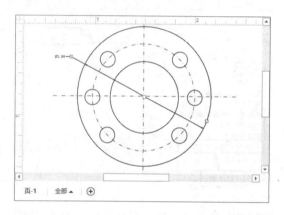

STEP|15 使用同样的方法，分别为其他圆形绘制直径，同时为"圆-半径"形状绘制半径，并设置标注文本的字体大小。

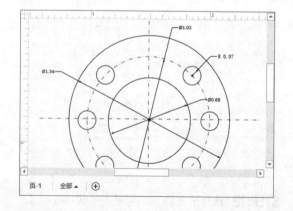

STEP|16 添加标题块。将"标题块"模具中的"小

标题块"形状添加到绘图页中，调整形状大小，输入说明性文本并设置文本的字体格式。

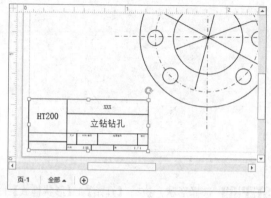

STEP|17 美化绘图。执行【设计】|【背景】|【背景】|【货币】命令，为绘图页添加背景效果。

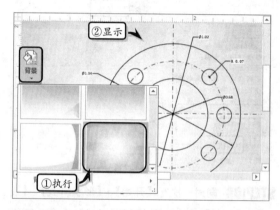

STEP|18 执行【设计】|【背景】|【边框和标题】|【凸窗】命令，为绘图页添加边框和标题样式，并修改标题文本。

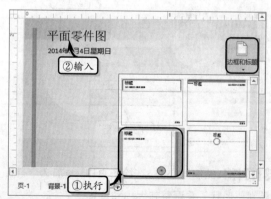

Visio

17.7　高手答疑

难度星级：★★

问题 1：如何将绘图文档导出为 SVG 可缩放的向量图形？

解答： 在绘图页中，执行【文件】|【导出】命令，在列表中选择【更改文件类型】选项，同时选择【SVG 可缩放的向量图形】选项，并单击【另存为】按钮。

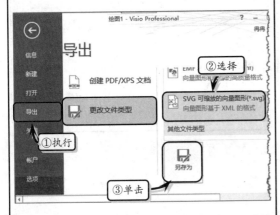

然后，在弹出的【另存为】对话框中，设置保存位置和名称，单击【保存】按钮即可。

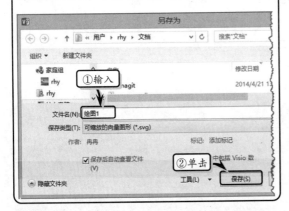

问题 2：如何转换 Visio 早期版本的兼容模式？

解答： 当用户打开早期版本的 Visio 时，系统会自动显示"兼容模式"提示文本。此时，可执行【文件】|【信息】命令，在展开的列表中单击【转换】按钮。

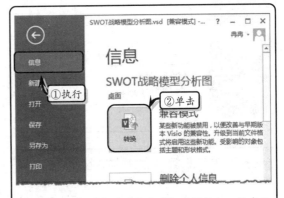

然后，在弹出的【另存为】对话框中，保存绘图文档即可。

问题 3：如何设置打印机类型？

解答： 执行【文件】|【打印】命令，在展开的【打印】列表中，单击【打印机】下拉按钮，在其下拉列表中选择一种打印机类型即可。

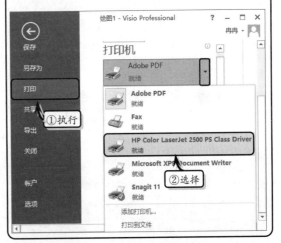

问题 4：如何设置 Office 背景和主题？

解答： 新版本的 Visio 内置了 Office 背景和主题，以方便用户选择使用。执行【文件】|【账户】命令，在展开的列表中设置【Office 背景】和【Office 主题】选项即可。

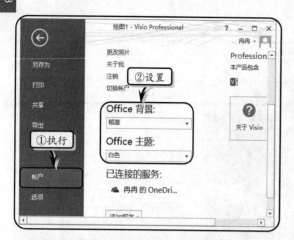

问题 5：如何设置绘图文档的属性？

解答： 执行【文件】|【信息】命令，在展开的列表中单击右侧的【属性】下拉按钮，选择【高级属性】选项。然后，在弹出的【属性】对话框中，选择【摘要】选项卡，设置绘图文档的各项信息即可。

第 **18** 章

自定义 Visio 应用

在了解了 Visio 的各种设计应用后，用户还可以掌握 Visio 更进阶的技巧，对 Visio 应用程序进行个性化定制，包括自定义 Visio 软件界面、使用自定义 Visio 菜单和模具等内容，以提高工作的效率。例如，用户根据工作习惯自定义菜单选项与工具栏，还可以自定义键盘快捷键、模板、模具与形状。

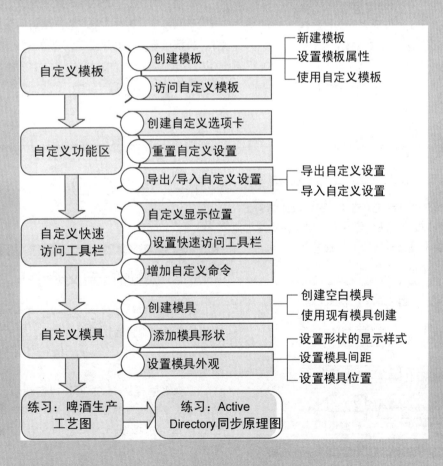

Visio【快速访问工具栏】功能，是微软新增加的功能之一。该工具栏可以提供各种直观的按钮，帮助用户快速实现相应的功能。除了可以使用【快速访问工具栏】中内置的命令，用户还可以根据工作习惯自定义【快速访问工具栏】中的命令。

> **注意**
>
> 用户也可以通过右击选项卡空白处，执行【在功能区下方显示快速访问工具栏】命令，来调整快速访问工具栏的显示位置。

18.1.1　自定义显示位置

用户可以修改快速访问工具栏的显示位置，将其定位于功能区的下方或上方。在快速访问工具栏中单击【自定义快速访问工具栏】按钮，然后执行【在功能区下方显示快速访问工具栏】命令，即可更改其位置。此时，快速访问工具栏就会显示于【工具选项卡】栏的下方。

另外，用户也可再次单击【自定义快速访问工具栏】按钮，执行【在功能区上方显示】命令，重新将其定位于【工具选项卡】栏的上方。

18.1.2　设置快速访问工具栏

Visio 为快速访问工具栏预设了 8 种快速访问工具。在默认状态下，仅显示其中的【保存】【撤销】和【恢复】三种。在快速访问工具栏中单击【自定义快速访问工具栏】按钮，在弹出的菜单中选择【新建】或【打开】等命令，将其勾选，即可将这些命令添加到快速访问工具栏中。

另外，用户也可以直接右键某选项卡中的某选项组中的命令，执行【添加到快速访问工具栏】命令，将该命令添加到快速访问工具栏中。

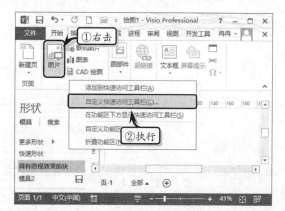

18.1.3　增加自定义命令

除添加预设的工具外，用户还可将 Visio 中任意的命令添加到快速访问工具栏中。单击【自定义快速访问工具栏】按钮，执行【其他命令】命令。

在弹出的【Visio 选项】对话框中，用户可单击【从下列位置选择命令】的下拉列表，在弹出的菜单中选择要添加的自定义命令所属的选项卡。

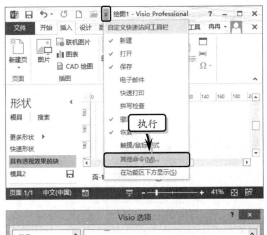

然后，在下方的列表中选择相应的命令，单击【添加】按钮，将其添加到自定义快速访问工具栏的列表中。

注意

在添加自定义命令时，用户还可在命令列表上方单击【用于所有文档（默认）】的下拉列表，选择该命令仅在当前打开的文档中显示。

Visio 18.2　自定义功能区

难度星级：★★　◎知识链接 18-1：妙用 Visio 中的选项设置

自定义功能区的作用是对 Visio 的【工具选项卡】栏进行个性化设置，添加自定义的选项卡、组和工具。

18.2.1　创建自定义选项卡

执行【文件】|【选项】命令，选择【自定义功能区】选项卡。在【主选项卡】列表框中选择一个选项卡，然后单击【新建组】按钮。

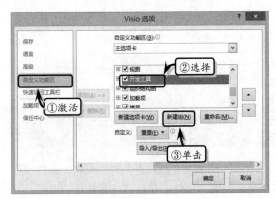

然后，选择新建组，单击【重命名】按钮，在弹出的【重命名】对话框中，输入新组名称，选择组符号，单击【确定】按钮即可。

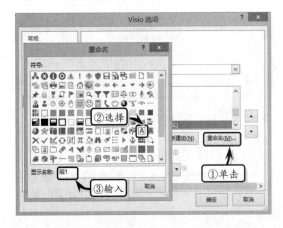

在【自定义功能区】选项卡中，将【从下列位置选择命令】选项设置为"所有命令"。然后，在列表中选择【编辑公式】选项，单击【添加】按钮

即可。

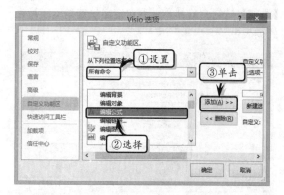

使用同样的方式，插入其他工具和组，然后单击【确定】按钮，完成自定义选项卡的创建。

18.2.2 重置自定义设置

在 Visio 中，用户如需要将自定义的快速工具栏和功能区等恢复为默认状态，则可以在【Visio 选项】对话框中激活【自定义功能区】或【快速访问工具栏】选项卡。然后，单击【重置】按钮，选择【重置所有自定义】选项，然后在弹出的 Microsoft Office 对话框中单击【是（Y）】按钮，即可重置所有自定义设置。

18.2.3 导出/导入自定义设置

Visio 提供了自定义设置的导入导出管理功能，允许用户将自定义【工具选项卡】栏和快速访问工具栏的设置存储为文件，以利于快速部署和备份。

1．导出自定义设置

在【Visio 选项】对话框中激活【自定义功能区】或【快速访问工具栏】选项卡，单击【自定

义】|【导入/导出】按钮，选择【导出所有自定义设置】选项。

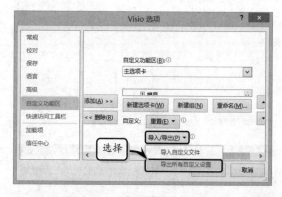

然后，在弹出的【保存文件】对话框中，选择保存设置文件的路径以及文件的名称，单击【保存】按钮，将其进行保存。

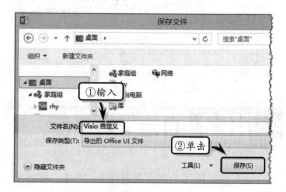

2．导入自定义设置

在【Visio 选项】对话框中选择【自定义功能区】或【快速访问工具栏】选项卡，单击【自定义】|【导入/导出】按钮，选择【导入自定义文件】选项。

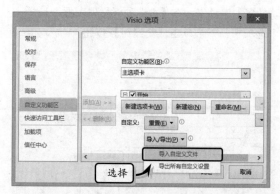

然后，在弹出的【打开】对话框中，选择保存的 Visio 自定义文件，单击【打开】按钮即可。

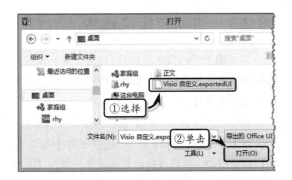

知识链接 18-1：妙用 Visio 中的选项设置

在 Visio 中，用户可通过设置【Visio 选项】对话框中一系列各类选项的方法，来设置 Visio 2013 的工作环境。

18.3　自定义模板

难度星级：★★

模板是包含模具、主题等一系列预设内容的文档。使用 Visio 模板，可以创建具有统一风格的绘图文档。除此之外，用户还可以根据需要使用自定义模板，以便于日后的重复使用。

18.3.1　创建模板

创建模板是使用模具、设置与内容创建绘图，并将绘图文档另存为模板文档，以方便重复使用。

1．新建模板

启动 Visio 2013 组件，新建空白绘图文档，在【形状】窗格中单击【更多形状】下拉按钮，添加新模板中所需的相关模具。

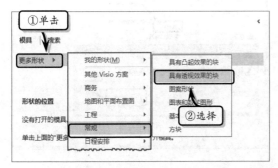

执行【文件】|【另存为】命令，选择【计算机】选项，并单击【浏览】按钮。在弹出的【另存为】对话框中，将【保存类型】设置为"Visio 模板"，在【文件名】文本框内输入模板名称，并单击【保存】按钮。

另外，通过执行【文件】|【打开】命令，选择【计算机】选项，并单击【浏览】按钮。在弹出

的【打开】对话框中，选择新创建的模板文件，即可在弹出的 Visio 绘图页内修改该模板文件。

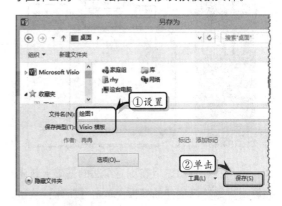

2．设置模板属性

创建模板之后，还可以根据需要设置模板内绘图页的尺寸大小、缩放比例等属性。一般情况下，用户可设置下列几种模板属性：

❑ **增减模具**　在模板中单击【更多形状】按钮，即可为模板添加模具。另外，右击模具执行【关闭】选项，即可减少模具。

❑ **设置绘图页**　右击绘图页标签执行【插入】选项，即可添加绘图页。然后，根据工作需要设置绘图页的属性。

❑ **设置图层**　可以通过为每一页创建图层的方法，来使用标准图层集。

❑ **设置形状**　通过模具为绘图页添加形状。

❑ **设置页面属性**　单击【设计】选项卡【页面设置】选项组中的【对话框启动器】按钮，设置打印设置、页面尺寸、缩放比例

等属性。

- □ **设置对齐和粘贴属性** 单击【视图】选项卡【视觉帮助】选项组中的【对话框启动器】按钮，在弹出的【对齐和粘贴】对话框中设置相应的选项即可。

- □ **设置主题与样式** 执行【设计】|【主题】命令，或执行【设计】|【变体】命令，设置模板应用的主题颜色、主题效果与样式。

3．使用自定义模板

在 Visio 中执行【文件】|【新建】命令，在展开的列表中选择【类别】选项卡，同时选择【根据现有内容新建】选项。

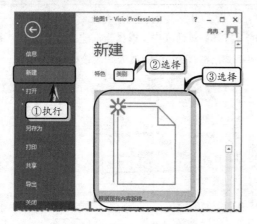

然后，在弹出的【在现有绘图的基础上新建】对话框中选择已创建的模板，单击【新建】按钮，即可创建新的绘图文档。

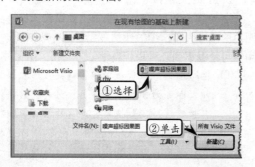

18.3.2　访问自定义模板

为了便于查找自定义模板，也为了保护自定义模板不会在软件升级时被删除，用户需要将自定义模板与内置模板分开保存。

另外，用户还可以指定模板所在的文件路径。即执行【文件】|【选项】命令，在弹出的【Visio 选项】对话框中，选择【高级】选项卡，单击【文件位置】按钮。

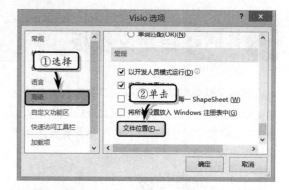

然后，在弹出的【文件位置】对话框中，设置自定义模板的访问位置即可。例如，单击【我的形状】选项右侧的按钮，在弹出的【选择文件夹】对话框中，选择新的文件夹即可。

Visio **18.4**　自定义模具　　　难度星级：★★　◎知识链接 18-2：编辑主控形状

模具是一种特殊的库，其中包含了多个可重用的形状。自定义模具是由第三方或用户自行绘制的

Visio 模具。相比软件预置的模具，自定义模具内容更丰富。

18.4.1　创建模具

在 Visio 中，用户可以创建、编辑或保存任意自定义模具。其中，创建模具包括使用现有模具创建和创建空白模具两种方法。

1. 创建空白模具

在绘图文档中，单击【形状】窗格中的【更多形状】命令，执行【新建模具（公制）】或【新建模板（美制单位）】命令，即可在【形状】窗格内创建一个可编辑的模具。

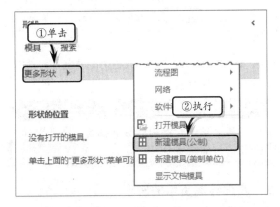

右击新建模具的标题栏，执行【属性】命令，弹出【模具 2 属性】对话框。在【摘要】选项卡中，对该模具的标题、作者、语言等内容进行设置即可。

2. 使用现有模具创建

在绘图页中，单击【形状】窗格中的【更多形状】下拉按钮，执行【打开模具】命令，弹出【打开模具】对话框。选择模具文件，单击【打开】选项旁边的下三角按钮，选择【以副本方式打开】选项。

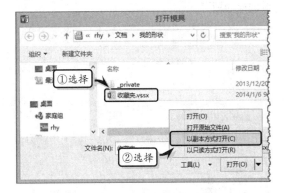

新打开的模具会以默认名称显示在【形状】窗格中，此时模具标题栏的图标中包含星号，表示该模板处于编辑状态，用户可以添加、删除或排列模具中的形状。编辑完之后，右击模具标题执行【另存为】命令，即可在弹出的【另存为】对话框中保存新建模具。

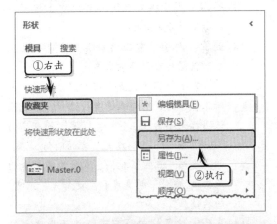

> **注意**
>
> 用户还可以利用搜索形状结果来创建模具，将搜索结果模具保存为自定义模具。

18.4.2　添加模具形状

自定义模具的主要作用是存放用户经常使用

的主控形状，无论是绘图页中的形状，还是其他模具中的形状，都可以将其添加到自定义模具中。另外，用户还可以在自定义模具中创建主控形状。

1. 创建模具形状

右击自定义模具的空白处，执行【新建主控形状】命令，弹出【新建主控形状】对话框，设置相应的选项即可。

在该对话框中，主要包括下列选项：

- **名称** 用于指定在模具窗口中主控形状图标下显示的名称。
- **提示** 用于指定在指向模具窗口中的主控形状图标时显示的文本。
- **图标大小** 用于设置图标的显示大小。包括正常、高、宽与双倍4种选项，系统默认图标大小为"正常"。"高"的宽度与"正常"相同，其高度是后者的两倍；"宽"的高度与"正常"相同，其宽度是后者的两倍；"双倍"的宽度和高度都是"正常"的两倍。
- **主控形状名称对齐方式** 用于指定主控形状名称在图标下的对齐方式。
- **关键字** 列出了在"形状"窗口中搜索形状时使用的关键字。
- **放下时按名称匹配主控形状** 用于保留自定义模具中主控形状的格式。

在模具中右击新建主控形状，执行【编辑主控形状】|【编辑主控形状】命令，在弹出的形状编

辑窗口中绘制形状，单击窗口右上角的【关闭窗口】按钮，并在弹出的对话框内，单击【是】按钮，即可在模具内保存该形状。

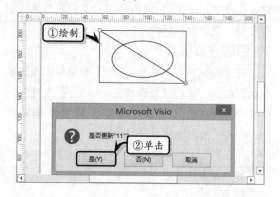

最后，单击自定义模具栏上的【保存】按钮，即可保存自定义模具。

> **注意**
>
> 在模具中双击新绘制的形状图标，也可以弹出形状的编辑窗口。

2. 添加绘图页中的形状

打开模具，在绘图页中选择需要添加的形状，执行下列操作即可添加绘图页中的形状：

- **向模具中复制形状** 按下Ctrl键的同时向模具中拖动形状。
- **向模具中移动形状** 直接将形状拖动到模具中。
- **更改形状名称** 在模具中右击形状图标，执行【重命名主控形状】命令，输入形状名称即可。

3. 添加其他模具中的形状

同时打开两个模具，在源模具中右击形状，执行【添加到我的形状】命令。在级联菜单中选择相应的模具即可。

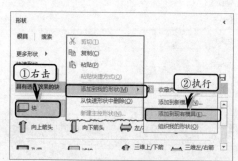

❑ **收藏夹**　表示将主控形状添加到收藏夹
模具中。

❑ **添加到新模具**　表示系统自动创建一个
新模具，并将形状添加到该模具中。

❑ **添加到现有模具**　执行该选项，在弹出的
【打开模具】对话框中，选择需要添加的
模具即可。

❑ **组织我的形状**　执行该选项，可在弹出的
对话框中，管理或添加模具。

> **Visio 知识链接 18-2：编辑主控形状**
>
> 在模具的编辑状态下，用户可对模具中的主
> 控形状进行修改，或将其添加到其他模具中。

18.4.3　设置模具外观

在 Visio 中为了满足屏幕尺寸或绘图窗口的紧
凑状态，可以设置模具的形状的显示格式、排列位
置、形状间隔及模具颜色等模具外观。

1．设置形状的显示样式

形状的显示格式是指形状在模具中显示的信
息数量，在绘图页中右击【形状】窗格的标题栏，
执行相应的选项即可。

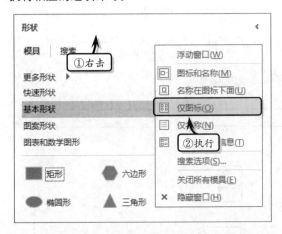

其中，形状的显示格式主要包括下列几种
格式：

❑ **图标和名称**　在模具中只显示形状的图
标与名称，其名称与图标并排显示。

❑ **名称在图标下面**　在模具中只显示形状
的图标与名称，其名称位于图标的下方。

❑ **仅图标**　在模具中只显示形状的图标。使
用该选项，需要用户熟悉每个形状的名称
及应用信息，但该选项可以节省屏幕的占
用面积。

❑ **仅名称**　在模具中只显示形状的名称。使
用该选项，需要用户熟悉每个形状的具体
信息。

❑ **图标和详细信息**　在模具中显示形状的
图标、名称与描述文字。使用该选项可以
快速查看形状的简短提示，但需要占用较
大的屏幕面积。

> **注意**
>
> 右击模具标题栏，执行【搜索选项】命令，
> 即可在弹出的【Visio 选项】对话框中，设置
> 搜索选项。

2．设置模具间距

设置形状间隔是指定形状文本的字符数及形
状之间的行数。执行【文件】|【选项】命令，弹
出【Visio 选项】对话框。在【高级】选项卡的【显
示】选项组中，设置【每行字符数】与【每个主控
形状行数】的值即可。

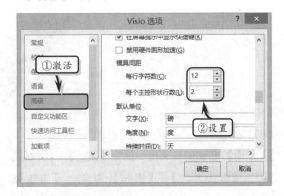

3．调整模具位置

在【形状】窗格中，右击模具标题栏执行【顺
序】|【上移】或【下移】命令，即可调整墨迹的
排列位置。

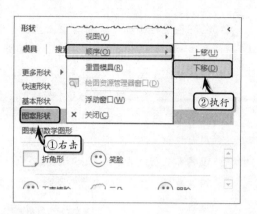

Visio **18.5** 练习：啤酒生产工艺图　　　难度星级：★★★★

生产工艺图反映了产品从原材料投入到成品产出的流程，通过生产工艺图可以清晰地查看产品的加工环节。在本练习中，将运用"形状"模具中的"设备-容器"形状以及【绘图工具】，来制作一份"啤酒生产工艺图"图表。

练习要点

- 创建空白文档
- 设置形状格式
- 设置字体格式
- 连接形状
- 应用背景
- 应用边框和标题

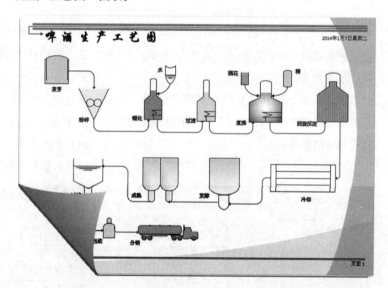

操作步骤 ▶▶▶▶

STEP|01 新建空白文档，执行【设计】|【页面设置】|【纸张方向】|【横向】命令，设置纸张方向。

STEP|02 添加背景。执行【设计】|【背景】|【边框和标题】|【霓虹灯】命令，为绘图页添加背景页，然后输入标题文字并设置其字体格式。

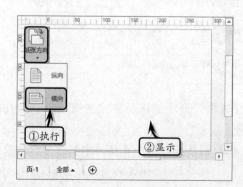

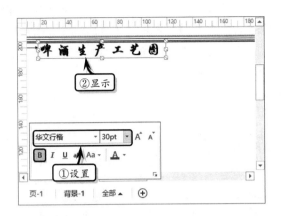

STEP|03 在【形状】窗格中，添加相应的模具形状。然后，将"设备-容器"模具中的"贮气灌"形状拖到绘图页中，并设置其填充颜色。

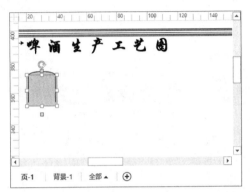

STEP|04 将"滚筒式破碎机"形状、"燃烧式加热器"形状与"塔"形状拖到绘图页中。选择"燃烧式加热器"形状，设置其填充颜色，调整"塔"形状的大小，并组合"塔"形状与"燃烧式加热器"形状。

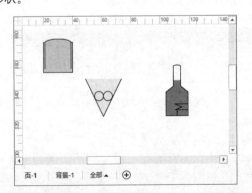

STEP|05 复制组合形状，调整大小与位置，并设置其填充颜色。将"储液箱"与"塔"形状拖到绘图页中，调整两个形状的大小，组合形状并设置其

填充颜色。

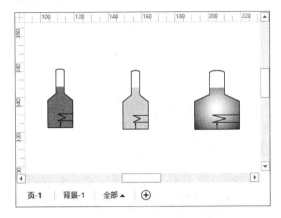

STEP|06 将"冷凝器"与"高压气瓶"添加到绘图页中，调整位置与大小。选择"高压气瓶"形状，复制该形状，并为形状设置填充颜色。

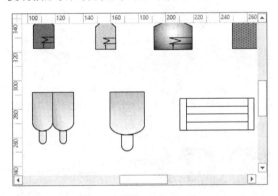

STEP|07 添加"澄清池""塔"与"水面"形状，调整"塔"形状的大小，组合"澄清池"与"塔"形状，将"水面"形状粘贴在"澄清池"形状上。

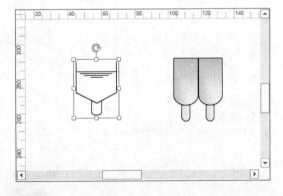

STEP|08 将"OR 门"和"水面"形状添加到绘图页中，并调整其位置。同时将"敞口箱"与"容器"形状添加到绘图页中，调整大小与颜色即可。

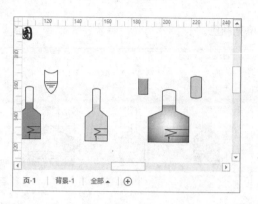

STEP|09 将"管道"模具中的"主管道"形状拖到绘图页中，连接各个形状。选择所有的"主管道"形状，设置线条样式。

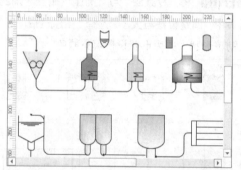

STEP|10 执行【开始】|【工具】|【指针工具】|【弧形】命令，绘制 3 条连接弧线。选择所有的弧线形状，设置线条样式。

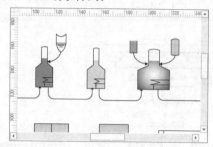

STEP|11 为绘图页中的形状添加文本，并执行【设计】|【背景】|【背景】|【技术】命令，为绘图页添加背景。

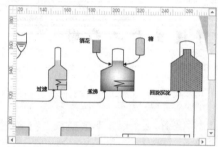

18.6 练习：Active Directory 同步原理图 　　难度星级：★★★★

练习要点

- 创建模板文档
- 应用背景
- 应用边框和标题
- 应用主题
- 设置形状格式
- 设置字体格式
- 连接形状

　　Active Directory 可以使用一种结构化的存储方式，并以此为基础对目录信息进行合乎逻辑的分层组织。在本实例中，将使用 Active Directory 创建 Active Directory 同步时间原理图。

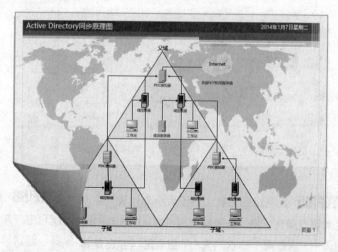

操作步骤 》》》》

STEP|01 创建模板文档。启动 Visio 组件，在【类别】选项卡中选择【网络】选项，同时双击 Active Directory 选项。

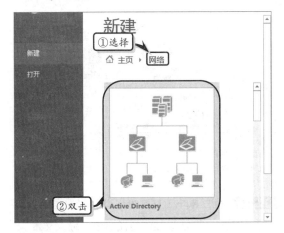

STEP|02 美化绘图。单击【设计】选项卡【页面设置】选项组中的【对话框启动器】按钮，在【打印设置】选项卡中，设置页面大小。

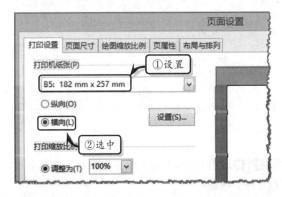

STEP|03 添加背景效果。执行【设计】|【背景】|【背景】|【世界】命令，为绘图页添加背景效果。

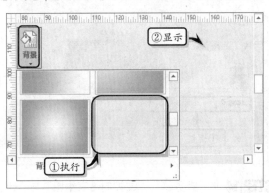

STEP|04 执行【设计】|【背景】|【边框和标题】|【都市】命令，输入标题文本并设置文本的字体格式。

STEP|05 执行【设计】|【主题】|【线性】命令，设置绘图页的主题样式。

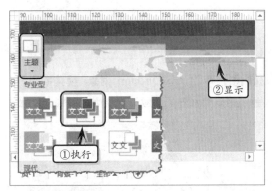

STEP|06 设置变体效果。同时，执行【设计】|【变体】|【线性，变量 3】命令，设置变体效果。

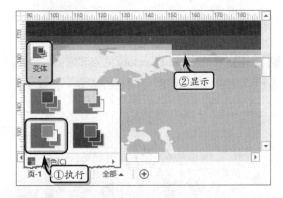

STEP|07 添加图表形状。将"Active Directory 站点和服务"模具中的"域二维图"形状添加到绘图页中，输入文本并设置其填充颜色。

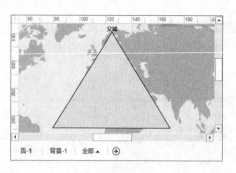

STEP|08 复制形状，设置形状的位置，输入形状文本并设置文本的字体格式。

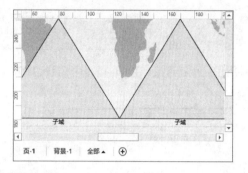

STEP|09 将"Active Directory 对象"模具中的"服务器"形状添加到"父域"形状中，并输入文本。

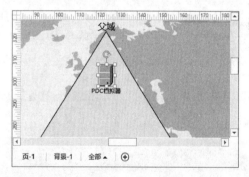

STEP|10 将"Active Directory 站点和服务"模具中的"域控制器三维图"添加到"父域"形状中。

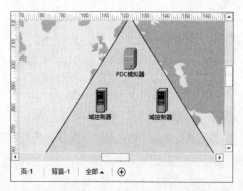

STEP|11 将"Active Directory 对象"模具中的"计算机"与"服务器"形状添加到"父域"形状中，并输入文本。

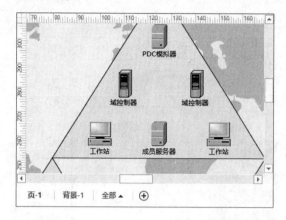

STEP|12 将"Active Directory 站点和服务"模具中的"WAN"形状添加到绘图页中，输入文本。

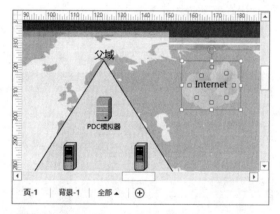

STEP|13 在绘图页中插入横排文本框，并在文本框中输入说明性文本。

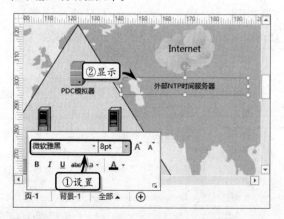

STEP|14 将"服务器"、"域控制器三维图"与"计

算机"形状分别添加到两个"子域"形状中，调整位置并输入相应的文本。

STEP|15 连接形状。执行【开始】|【工具】|【连接线】命令，连接绘图页中的各个形状。

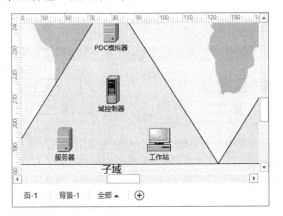

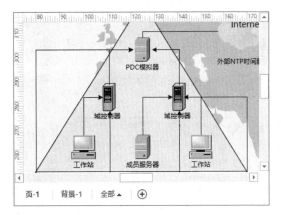

Visio 18.7 高手答疑

问题 1：如何删除快速访问工具栏中的命令？

解答：当用户需要更换或更高快速访问工具栏中的命令时，则需要右击该命令，选择【从快速访问工具栏删除】选项，即可删除该命令。

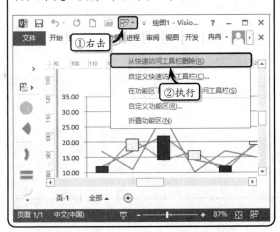

问题 2：如何调整快速访问工具栏中命令的排列顺序？

解答：当用户为快速访问工具栏添加多个命令时，可以单击【自定义快速访问工具栏】右侧的下拉按钮，选择【其他命令】选项。在弹出的【Visio 选项】对话框中的【自定义快速访问工具栏】列表框中，选择需要调整位置的命令，单击【上移】或【下移】按钮，即可调整命令的排列顺序。

问题 3：如何查看某个绘图文档的文档模具？

解答：文档模具是保存于绘图文档中随时供用户引用的模具。在使用官方模板创建绘图文档时，Visio 会自动将模板中的模具设置为文档模具。在【开发工具】选项卡【显示/隐藏】选项组中，勾选【文档模具】复选框，即可在【形状】面板中显示【文档模具】选项卡。

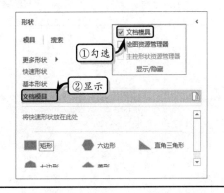

问题4：如何查看当前绘图文档的内容资源？

解答： Visio 提供了绘图资源管理器，可展示绘图文档中的所有资源，供用户查看并进行各种操作。在【开发工具】选项卡【显示/隐藏】选项组中，勾选【绘图资源管理器】复选框，即可打开【绘图资源管理器】面板。在该面板中，通过树形目录显示当前绘图文档存放的各种对象和属性。单击树形目录的节点，即可进行查看。

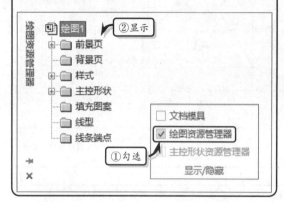

问题5：如何设置最近文件的显示数量？

解答： 在绘图页中，执行【文件】|【选项】命令，在弹出的【Visio 选项】对话框中，选择【高级】选项卡。在【显示】栏中，设置【显示此数目的"最近使用的文档"】和【显示此数目的取消固定的"最近的文件夹"】选项即可。

问题6：如何快速输入特定的文本？

解答： 在绘图页中，执行【文件】|【选项】命令，在弹出的【Visio 选项】对话框中，选择【校对】选项卡，单击【自动更正选项】按钮。

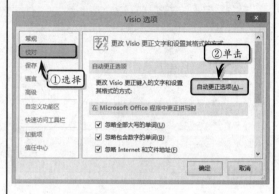

然后，在弹出的【自动更正】对话框中，选择【自动更正】选项卡，并分别在【替换】和【为】文本块中输入需要快速输入的文本，单击【添加】按钮即可。

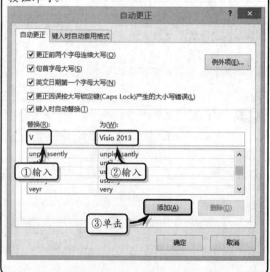